The History and
Natural History of

Spices

舌尖上的香料史

舌尖上的香料史：走過 5000 年，主宰政治、貿易、飲食的風味
The History and Natural History of Spices: The 5,000-Year Search for Flavour

作者	伊恩・安德森（Ian Anderson）
譯者	方玥雯
責任編輯	Victoria Liao
封面設計	Bianco Tsai
美術設計	郭家振
內頁排版	吳侑珊

發行人	何飛鵬
事業群總經理	李淑霞
社長	饒素芬
主編	葉承享

出版	城邦文化事業股份有限公司 麥浩斯出版
E-mail	cs@myhomelife.com.tw
地址	115 台北市南港區昆陽街16號5樓
電話	02-2500-7578
發行	英屬蓋曼群島商家庭傳媒股份有限公司城邦分公司
地址	115 台北市南港區昆陽街16號5樓
讀者服務專線	0800-020-299（09:30～12:00；13:30～17:00）
讀者服務傳真	02-2517-0999
讀者服務信箱	Email:csc@cite.com.tw
劃撥帳號	1983-3516
劃撥戶名	英屬蓋曼群島商家庭傳媒股份有限公司城邦分公司
香港發行	城邦（香港）出版集團有限公司
地址	香港灣仔駱克道193號東超商業中心1樓
電話	852-2508-6231
傳真	852-2578-9337
馬新發行	城邦（馬新）出版集團Cite（M）Sdn.Bhd.
地址	41,Jalan Radin Anum,Bandar Baru Sri Petaling,57000 Kuala Lumpur,Malaysia.
電話	603-90578822
傳真	603-90576622
總經銷	聯合發行股份有限公司
電話	02-29178022
傳真	02-29156275

製版印刷	凱林印刷事業股份有限公司
定價	新台幣550元／港幣183元

ISBN 978-626-7558-67-6（平裝）
2024年12月1版1刷・Printed In Taiwan
版權所有・翻印必究（缺頁或破損請寄回更換）

國家圖書館出版品預行編目(CIP)資料

舌尖上的香料史：走過5000年，主宰政治、貿易、飲食的風味/伊恩・安德森（Ian Anderson）；方玥雯譯. -- 初版. -- 臺北市：城邦文化事業股份有限公司麥浩斯出版：英屬蓋曼群島商家庭傳媒股份有限公司城邦分公司發行, 2024.12
面； 公分
譯自：The History and Natural History of Spices: The 5,000-Year Search for Flavour
ISBN 978-626-7558-67-6(平裝)

1.CST: 香料 2.CST: 歷史 3.CST: 國際貿易

427.61   113019168

The History and
Natural History of
Spices
The 5,000-Year
Search for Flavour

舌尖上的香料史

走過 5000 年，
主宰政治、貿易、飲食的風味

伊恩·安德森（Ian Anderson）——著

方玥雯——譯

目　次

　舌尖上的香料史

The Allure of Spices and
Botanical Origin

香料與植物起源
的吸引力

香料的吸引力在於富有強烈的風味、香氣與顏色。在野外，這些因素會吸引授粉者或保護植物免於掠食者的侵害。但對於過去四千多年或更久以來的人類而言，他們會去尋找香料來為平淡和日常飲食增添風味和異國情調。[1]

許多香料僅生長在異國的熱帶氣候，另外有些則在地中海的溫暖氣候中蓬勃成長；它們都確實暗示香料是某種特別、高不可攀，或需要花費許多心力和費用才能取得的東西。

在古典希臘時期，尋找、取得和研究香料和香草，最初是因為它們具備藥用功效，後來逐漸發展成料理用途。所以從很久以前開始，香料就一直被賦予高價值，之後發展成所謂的「香料貿易」（Spice Trade），透過活躍的網絡，在公元前最後幾世紀，橫跨南亞和地中海。[2]

到了公元 1 世紀，古羅馬人對香料的需求龐大，他們將其視為調味料與增添風味的介質，並砸下重金，用艦隊把黑胡椒從印度南邊經由印度洋和紅海載運回來。但他們需要的不只是黑胡椒：古羅馬上流階層的廚房和現代廚房一樣講究，會使用各式各樣的調味料與調味品。

因為每次調味料使用的量都只有一點點，營養價值相對不高，所以數千年來，對香料的需求都被視為是一種奢侈品的追求。從東方進口香料，無論是透過帆船越過印度洋航行，來回都需要花上好幾個月，或是陸路商隊沿著絲路或其他無數條貿易路線運送，實際上是一件令人發怵且危險的任務。

但對香料的持續需求總是比風險更重要。在西羅馬帝國衰亡後，阿拉伯和拜占庭的商人持續供應香料給西方社會。更有異國情調的香料受到嚴密的保護，例如肉豆蔻、肉豆蔻乾皮和丁香等，而且這種情況直到 16 世紀初期，葡萄牙人成為第一批踏上遙遠班達群島的西方人士為止，而班達群島是當時唯一的肉豆蔻產地。

一個世紀後，肉豆蔻可以賣到非常好的價格：在班達，不用 1 便士就能買到 10 磅的肉豆蔻，但在倫敦卻可以賣到 2 英鎊。[3] 那些從危險航程中返家的幸運人士都大賺一筆，但貿易也造成西班牙、葡萄牙、荷蘭和英國之間的激烈競爭，許多生命也因為氣候、船難、戰爭與疾病而消逝。

15 和 16 世紀對於香料的追尋，結合了政治野心，讓哥倫布發現了美洲大陸（並意外發現古巴和伊斯巴紐拉島〔Hispaniola〕的辣椒）、瓦斯科‧達伽馬（Vasco da Gama）證明了沿著非洲海岸可航行到印度的路線，以及麥哲倫（Magellan）找到了去香料群島的西側路線。這些非凡成就背後的動機，全都因為這個當時在歐洲的需求量龐大、體積小卻味道濃郁的香料，所帶來的鉅額獎賞。

「香料」的意義

由於香料在歷史的不同時期分別代表著不同的東西，所以需要有個定義。「香料」不是一個植物學術語，但我們可以用植物學中的詞彙來形容它。今日，我們也許會合理地把香料定義成一種植物（通常為）的乾燥部份，可用來調味或增添食物的風味，這個部位一般來說是種籽、果實、漿果、根部、根莖、樹皮、花朵或花苞，而不是綠葉和莖部。雖然不是一定，但它們通常有很濃郁的香氣。僅管這是一個滿不錯的定義，但不足以涵蓋早期被稱為香料的物質。

人們最早使用香料是出於醫藥目的，後來才逐漸演變成烹飪用途。黑胡椒是最廣為人知的例子，這個香料從羅馬帝國初期，就有非常多人用它來調味。自中世紀起，歐洲人就常常在料理時使用糖，但到 16 和 17 世紀才開始普及；在那之前，糖是一個昂貴的異國香料。

某些來自中東的樹，其樹脂充滿香味，從青銅時期起就被用來當成香水和薰香。在中世紀，食物不只需要調味，還需要看起來很得體，在許多情況下，這代表需要幫食物增加顏色。黃色來自於番紅花、蛋黃，和後來的薑黃，朱草根（Alkanet）是紫草科中一種香草的根部，過去用來把東西染成紅色，另一種被用來當紅色染料的樹——還有來自印度的「印度紫檀」（Red Sanders）。粉紅色可能來自玫瑰花瓣，而綠色則來自多種香草。

大尾搖（Turnesole）是大戟科（Spurge family）中的一種植物，則被用來當成紫色或藍色的染料（即使是黑色和白色也都經過細心處理：把血煮過或煎炸過，便有黑色，而白色則是透過蛋白、壓碎的杏仁和〔牛〕奶。）甚至還有特定種類的香料是取自動物，如麝香（取自麝香鹿的尾部腺體）和龍涎香（是抹香鯨的消化系統）這些都被用來當成香水與食物的調味品。

這些物質儘管有醫學用途，但共通點就在於它們都是低調的奢侈品，而且價值連城。尋找它們就是為了改變世界。

香料的植物分類法

我們只能簡單地談一談混亂的植物分類學——這是了解香料來源而必須做的。

植物中最大的群體是被子植物（Angiosperms），又稱開花植物，它們最早出現於白堊紀（約 1.45 億年前～ 6,500 萬年前），接著就迅速地蔓延開來。除了少數例外，大部分可取出香料的植物都屬於被子植物。觀察香料如何被歸在這個大分類中（在最新的被子植物 APG IV 分類法中，開花植物總共有 64 個「目」和 416 個「科」），真的非常有趣。

第 14 頁的表 1 會說明約 96 種常見香料植物之間的廣泛關係。在 39 個科中，其中有 3 個特別有趣：胡椒科（胡椒）、繖形科（芫荽／巴西利）和薑科（薑），這三科都包含許多不同的「種」（Spices，表中僅指出最重要的 10 個）。

雖然大家對熱門香料的介紹比較感興趣，但這樣就無法更廣義說明在許多不同的分類單元（Taxa）中，可能還有非常龐大數量的植物「種」可以被視為「香料」。例如，光是薄荷所屬的唇形科（Lamiaceae）就包含約 7,000 個種，其中有許多是常見的香草和芳香植物（Aromatic plants）；繖形科則有超過三萬個種。

在這一章中，對於要留下哪些種，以及要先刪掉哪一些種，我很猶豫。香料已經定義過了，所以從表面來看應該很簡單。但想一想胡椒科：「大約」包含 3,600 個種，此處用「大約」，是因為仍然在發現新的種，而某些則是具有爭議等。此外，這些種大多出現在「胡椒屬」（Piper genus）中。

同時，我也在想是不是應該納入住在雨林的原住民會用來調味的不知名香料，或只介紹有重要經濟價值的種呢？（解答：我限縮內容，並重點關注在最重要的種，但還是會聊一些比較鮮為人知的類型）至於用來當傳統草藥的種（其中有很多）呢？

許多我們今日使用的知名香料，一開始都是被古希臘人以及後來的世人當成藥物使用，後來才改為在廚房使用的香料。這兩種用途我都會聊，但著

重於烹飪用香料。某些香料有很近親，但氣味不強烈或不香，像這種我應該要包含嗎？

嗯，不，不太會，我已經拿掉塊根芹菜（Celeriac，它很顯然是樣蔬菜），它是芹菜的一個變體（芹菜既是蔬菜也是香草，而種籽是香料）。關於芹菜我們之後會詳談。

香草本身也應該被考慮在內。「香草」（Herb）是另一個不精準的籠統稱呼，通常指小型、非木本、有香氣的植物，可用於烹飪或醫學，而植物在冬天會枝葉枯萎。我們在本書中的許多例子會提到香草和草藥療法，但這部分不是本書最主要的重點。

那麼「根」被用來製成太平洋島嶼著名提神飲料「卡瓦」（Kava kava）的「卡瓦胡椒」（學名為 *Piper methysticum*）呢？（雖然它也具有某種嗆味，但嚴格來說不算一種香料，我把它包含在書裡頭，是因為其有趣且罕見的特性）。其他人想問用來當成食用色素的香料，像大蒜和芥末（嗆辣的調味料）等蔬菜、石榴籽（在印度料理中是種香料）是否要納入書中；這些全都包含在內。相反地，奇亞籽、亞麻籽、藜麥和松子等，則被排除在外，因為它們不香，味道也不強烈。

原生種（Native specie，也就是未經人類介入傳播的物種）的地理分布也非常有趣，只是對於其精準的地域起源，通常存在著相當大的不確定性。當把大家比較熟悉的 55 種香料植物，依照它們可能的起源地標繪在地圖上時，這個分布情形其實滿複雜的（見圖 1，P.321）。但若只注意兩個重要的植物「科」，就會出現兩個清楚的地理分布：一個在地中海到中東地區，由繖形科主導，另一個在南亞及東南亞，由薑科主導（見圖 2，P.321）。緯度似乎很重要，一組主要在溫帶，另一組則在熱帶。原生種的分布是相對較近歷史的快照（也就是公元前幾千年），且大部分的案例都和遠古地質分布沒什麼關係。

若要往回追溯到過去的地質，一開始可能會令人氣餒並感到困惑。有熱帶植物的化石紀錄顯示，它們曾存活在現今明顯是溫帶的地區，反之亦然，也就是溫帶植物的化石出現在現今為熱帶的地區。要了解這種情況的關鍵，

是了解到大陸板塊本身並非固定不動，而是曾經歷過大陸漂移的過程，在地質時期橫跨地球相當大的距離。

在中生代（Mesozoic era）初期，大約是距今略多於 2.5 億年前，世界是由一塊名為「盤古大陸」（Pangaea）的超大陸所支配。事實上，這塊大陸在該地質年代時間點，早已存在約一億年之久。盤古大陸後來分裂成兩個大的大陸，分別為北部的勞拉西亞（Laurasia）和南部的岡瓦納古陸（Gondwanaland）（見 P.17 的地圖）。

繖形科可能是在晚白堊紀（Late Cretaceous），迄今約 8,700 萬年前，起源於澳大拉西亞區域（Australasia region），[4] 這是在南部超大陸岡瓦納古陸開始分裂之後。繖形科的香料全部都屬於芹亞科（Apioideae subfamily），現在似乎已經出現在南非，表示其祖先在澳大拉西亞和南非依舊很近時所遷移過來。

還有讓人更困惑的事，現在許多廣為人知的種，它們真正的地理起源讓人狐疑。根據雷德倫（Reduron），這些香料包括印度藏茴香（Ajowan）、洋茴香、芫荽、孜然、蒔蘿、甜茴香和巴西利——因為它們自古時候就被使用、交易和種植等，而且到處更換地點，所以幾乎無法追蹤。

所謂的野生族群（Wild populations）可能是脫離人工栽培然後，成為自然生長的植物。早期從東非的發源地往北遷移的人類，是否協助移動了這些迷人且充滿香氣的果實（透過自然攝入／排泄）呢？也許，但其他動物也有可能傳播它們。所以對於某些著名的繖形科香料的原生地點，如圖 2 所示，需要持保留態度（請容我如此表達）。

然而，就廣義上而言，評估它們的原產區域的是滿合理的，也就是在人工培植農作物之前，即公元前 9000～前 10000 年的地中海沿岸－中東－中北非。如今繖形科植物分布於全球，但其中許多草本屬的似乎依舊固定生長在此區。

在談論薑科之前，我們要先細看印度次大陸。一想到今日在此處蓬勃生長的大量香料和其原生物種的多元性，就知道絕不可輕忽印度次大陸的重要性。此區域為薑科植物的原產地，但其母本的「薑目」（Zingiberales）則是

在迄今約 1 億 2,400 萬年前的早白堊紀，起源於岡瓦納古陸。[5]

　　印度和南美洲、非洲、南極洲和澳洲在當時都屬於這塊南方超大陸的一部分。岡瓦納古陸在這個時期已經開始分裂。薑科大約在迄今 1 億 500 萬年前（大概是岡瓦納古陸最後分裂之前），與閉鞘薑科（Costaceae）脫離緊密的關係，後者後來廣泛分布於美洲。大陸的碎塊間距離依舊夠近，所以會發生擴散。印度帶著其珍貴的薑科植物，向北漂移，最後與亞洲相撞。薑科植物在印度和南亞地區變成高度多元化且主導的植物（53 個屬／1,200 個種）。

　　那麼「天堂椒」（學名：*Aframoum melegueta*）這種生長於西非的地方性薑科香料，又該如何解釋呢？這個嘛，非洲也屬於薑科的發源地——岡瓦納古陸的一部分，但其植物的屬一直要到大約 2,700 萬年前的「更新世」（Pleistocene）才開始多元起來，這就地質學來說，是非常近代的事。[6]

　　「胡椒科」之所以特殊則出於其他原因：早期提到的約 3,600 個種大多都分布在兩個屬：胡椒屬（*Piper*）和椒草屬（*Peperomia*）。目前的分布是泛熱帶，有四個主要的起源中心：新熱帶（Neotropics，也就是美洲和加勒比海地區的熱帶地區）；東南亞和南亞；非洲；太平洋島嶼（見圖 3，P.322）。分子鐘則表明白堊紀晚期為兩個主要屬的起源時間，雖然目前的物種分布看起來是年代晚很多的第三紀（Tertiary）所造成的。[7]胡椒屬看起來是起源於新熱帶界，之後才擴散到其他地區。

　　種化（Speciation）已經出現在新熱帶界、亞洲和太平洋，但物種貧乏的非洲（在整個大陸只有胡椒屬的兩個原生種）似乎很久之後才有其他種傳入。今日物種的分布完全不同了，但要再一次說明，這是由於（生物）廣泛的歸化（Naturalisation）以及人類在適合和多種生態環境下栽種所造成的。

　　然而，這個早期地理分布的重要性在於這些群組全都明顯地影響區域料理，而且某些例子還發生在文明社會的最初時期。伴隨的效應是許多極度嗆辣的亞洲和東南亞料理，和香氣相對比較溫和的中東和地中海料理。不過，雖然辣椒現在與亞洲料理關係密切，它卻來自南美洲，而且是一直到 16 世紀才傳到亞洲。

表 1：一些知名香料植物的生物分類

	目	科	屬／種			
被子植物	繖形（花）目	繖形科	孜然 (Cuminum cynimum)	芫荽 (Coriander sativum)	印度藏茴香 (Trachyspermum ammi)	洋茴香籽 (Pimpinella anisum)
		五加科 (Araliaceae)	人參 (Panax ginseng)			
	薑目	薑科	小荳蔻 (Eletterria cardamomum, Amomum sp.)	薑 (Zingiber officinale)	薑黃 (Curcuma longa)	莪朮 (Zedoary; Curcuma zedoari)
		竹芋科 (Marantaceae)	葛根 (Maranta arundinacea)			
	胡椒目	胡椒科	黑胡椒 (Piper nigrum)	蓽澄茄 (Cubeb Pepper; Piper cubeba)	長胡椒 (Long Pepper; Piper longum)	幾內亞胡椒 (Ashanti Pepper; P guineense)
	茄目 (Solanales)	茄科 (Solanaceae)	辣椒屬 (Capsicum sp.*)	灌木番茄 (Kutjera; Solanum centrale)	寧夏枸杞 (Lycium barbarum L. chinense)	枸杞 (Lycium sp.)
	樟目 (Laurales)	樟科 (Lauraceae)	肉桂 (Cinnamomum verum, C. cassia, C. burmanii, C. loureroi, 其他)	樟樹 (Cinnamomum camphora)	馬拉巴肉桂 (Cinnamomum malabathrum, C. tamala)	黃樟／北美檫木 (Sassafras albidum)
	桃金孃目 (Myrtales)	桃金孃科 (Myrtaceae)	丁香 (Syzygium aromaticum)	洋茴香樹 (Syzygium anisatum)	黃金蒲桃（印度月桂） (Syzygium polyanthum)	多香果 (Pimenta dioica)
		使君子科 (Combretaceae)	欖仁 (Terminalia sp.)	卡卡杜李／費氏欖仁 (Kakadu Plum; Terminalia ferdinandiania)		
		千屈菜科 (Lythraceae)	石榴 (Punica granatum)			
	豆目 （Fabales）	豆科 (Fabaceae)	葫蘆巴 (Trigonella foenum-graecum)	甘草 (Glycyrrhiza glabra)	檀香木 (Pterocarpus Santolinus)	羅望子 (Tamarindus indica)
	天門冬目 (Asparagales)	石蒜科 (Amaryllidaceae)	大蒜 (Allium sativum)	多星韭 (Allium wallichii)		
		鳶尾科 (Iridaceae)	番紅花 (Crocus sativus)			
		蘭科 (Orchidaceae)	香草 (Vanilla planifolia)			
		天門冬科 (Asparagaceae)	血竭 (Dragon's Blood **; Dracaena sp.)		**也屬於「黃藤屬」（Daemonorops）和其他屬	
	十字花目 (Brassicales)	十字花科 (Brassicaceae)	芥末 (Brassica nigra, B. juncea, Sinapis)	辣根 (Armoracia Rusticana)	山葵 (Eutrema Japonicum)	
		山柑科 (Capparaceae)	刺山柑 (Capparis spinose)			
	木蘭目 (Magnoliales)	肉豆蔻科 (Myristicaceae)	肉豆蔻 (Myristica fragrans)	肉豆蔻乾皮 (Myristica Fragrans)		

(...etida; Ferula sp.)	蒔蘿 (Anethum graveolens)	葛縷子 (Caraway; Carum carvi)	芹 (Apium graveolens)	甜茴香 (Foeniculum vulgare)	巴西利 (Petroselinum crispum)
薑黃 ...go Ginger; ...uma amada)	天堂椒 (Aframomum melegueta)	衣索比亞荳蔻 (Korarima; Aframomum corrorima)	南薑 (Alpinia sp.,其他)	火炬薑 (Torch Ginger; Etlingera elatior)	凹唇薑 (Chinese Keys; Boesenbergier rotunda)
瓦胡椒 ...er methysticum)	小粒黑胡椒 (Rough-leaved Pepper; Piper amalago)	非洲長胡椒 (Piper capense)	長果胡椒 (Chui Jhal Pepper; Piper chaba)	樹胡椒 (Spiked Pepper; Piper aduncum)	墨西哥葉胡椒 (Hoja Santa; Piper auritum)

注意辣椒屬（Capsicum）中有五種人工培養的種

	目	科				
被子植物	毛茛目 (Ranunculales)	毛茛科 (Ranunculaceae)	黑種草籽 (*Nigella sativa*)			
		罌粟科 (Papaveraceae)	罌粟 (*Papaver somniferum*)			
	無患子目 (Sapindales)	芸香科 (Rutaceae)	花椒屬 (*Zanthoxylum sp.*)	山椒 (*Zanthoxylum piperitum*)	黑萊姆 (*Citrus aurantifolia*)	陳皮 (*Citrus reticulata*)
		漆樹科 (Anacardiaceae)	鹽膚木屬 (*Rhus sp.*)	印度山樣子 (Charoli; *Buchanania lanzan*)	印度乾芒果粉 (Amchoor; *Mangifera sp.*)	洋乳香 (Mastic; *Pistacia lentiscus*)
		橄欖科 (Burseraceae)	代沒藥 (Bdellium; *Commiphora wightii*)	沒藥 (Myrrh; *Commiphora sp.*)	乳香 (Frankincense; *Boswellia sp.*)	
	金虎尾目 (Malpighiales)	藤黃科 (Clusiaceae)	燭果乾 (Kokum; *Garcinia indica*)	棱果藤黃 (Malabar Tamarind; *Garcinia gummi-gutta*)	亞參果 (Asam Gelugur; *Garcinia atroviridis*)	
		大戟科 (Euphorbiaceae)	石栗 (Candlenut; *Aleurites moluccanus*)	非洲蓖麻桐 (Njangsa; *Ricinodendron Heudelotii*)		
	錦葵目 (Malvales)	錦葵科 (Malvaceae)	洛神 (Roselle; *Hibiscus sabdariffa*)	可可 (*Theobroma cacao*)		
		紅木科 (Bixaceae)	胭脂樹籽 (Annatto Seeds; *Bixa Orellana*)			
	檀香目 (Santalales)	檀香科 (Santalaceae)	檀香木 (*Santalum album*)	密花澳洲檀香 ／寬冬果 (Desert Quandong; *Santalum acuminatum*)		
	唇形目 (Lamiales)	脂麻科 (Pedaliaceae)	芝麻 (*Sesamum indicum*)			
	木蘭藤目 (Austrobaileyales)	五味子科 (Schisandraceae)	八角 (*Illicium verum*)			
	川續斷目 (Dipsacales)	忍冬科 (Caprifoliaceae)	穗甘松 (Spikenard; *Nardostachys Jatamansi*)			
	薔薇目 (Rosales)	薔薇科 (Roseaceae)	圓葉櫻桃 (Mahleb; *Prunus mahaleb*)			
	菊目 (Asterales)	菊科 (Asteraceae)	木香 (Costus; *Saussurea costus*)			
		桔梗科 (Campanulaceae)	桔梗 (*Platycodon grandifloru*)			
	杜鵑花目 (Ericales)	安息香科 (Styracaceae)	安息香／蘇合香 (Benzoin/Storax; *Styrax L.*)			
	紫草目 (Boraginales)	紫草科 (Boraginaceae)	紫朱草 (Alkanet; *Alkanna tinctoria*)			
	白樟目 (Canellales)	林仙科 (Winteraceae)	澳洲林仙屬 (Dorrigo Pepper; *Tasmannia stipitate*)			
裸子植物	針葉樹 (Conifers)	柏科 (Cupressaceae)	杜松 (*Juniperus sp.*)			
	銀杏目 (Ginkgoales)	銀杏科 (Ginkgoaceae)	銀杏 (*Ginkgo biloba*)			

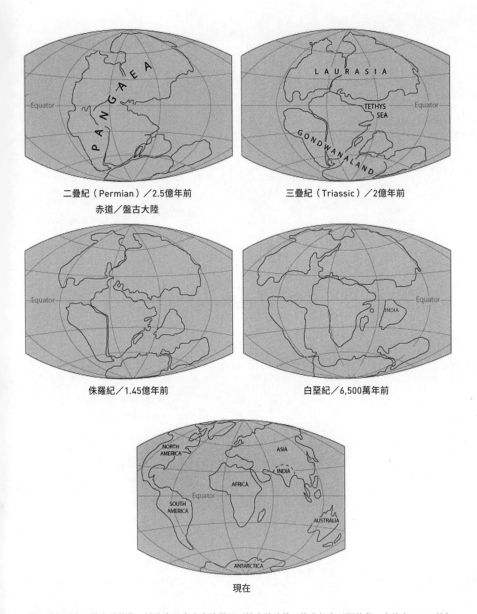

二疊紀（Permian）／2.5億年前
赤道／盤古大陸

三疊紀（Triassic）／2億年前

侏羅紀／1.45億年前

白堊紀／6,500萬年前

現在

從二疊紀到今日的大陸移動。請注意印度次大陸從岡瓦納古陸分離，往北朝向亞洲移動，大約在 5,000 萬年前開始有碰撞，造成喜馬拉雅山脈的隆起。

第一章

01

Botanists, Physicians
and Geographers:
The Pioneers

植物學家、醫生
與地理學家：先驅

　　最早描述植物、香料及其來源國家的人，常常搞錯它們的地理位置，因為這些人常倚賴傳聞，而且也不了解整個世界的情況。不過，當他們有機會直接接觸植物時，他們的描述雖然複雜卻準確。進行研究的主要原因是為了要編目大量的草藥，這也是大多數香料的最初用途。

　　這些早期的科學家，通常（但不絕對）是希臘人和羅馬人。地理學家則是由許多理論家與探險家所組成的。這些人的共通點是「成就非凡」：其中許多是博學家（Polymath），且在不同專業領域取得重大的發現，另外有一些則是專業人員和多產的作家；每個人無疑都是傳奇人物。

《埃伯斯紙草文稿》的匿名作者

　　《埃伯斯紙草文稿》（Ebers Papyrus）是一份用埃及僧侶體（Hieratic）寫成的紙卷，大約在公元前 1550 年寫成。這份用莎草紙寫成的紙卷在 1872 年曝光，當時有一名德國的埃及古物學家「喬治・埃伯斯」（Georg Ebers）正在古埃及底比斯城附近挖掘，接著有個埃及富人拿著紙卷來向他兜售。埃伯斯買下那份文件後，偷偷帶到至今仍保存紙卷的萊比錫大學（University of Leipzig）。

　　這份紙卷是一份醫學手稿，主要內容是關於疾病的用藥，但也細談了一些化妝品！這裡頭總共寫了 811 個處方，有些簡單，有些卻很複雜。如果這個數量聽起來覺得很多，讓我告訴你整份紙卷的長度約 2,073 公分 × 寬 30 公分（可惜萊比錫大學為了研究方便，把它裁成好幾頁）。其中許多處方如果就今日觀點來看，會覺得超乎尋常。

　　此類療法中簡單一點的像是「用油煮過的舊書」、「船隻木頭所形成的濕氣薄膜」、「腐爛的穀物」、血液、膽汁、糞便和尿液！最後，還有一些有趣的組合（像是治療條蟲用的蟲蟲蛋糕，由田裡的香草和泡鹼（Natron），再加牛大便一起烤成」。[1] 咒語也常是各種治療的一部分。

　　紙卷中共有 119 個植物療法，其中約有 30 個可被視為香草或香料，另外還有許多礦物和動物療法。包括大家比較熟悉的香料和香草包括刺葉薊（Acanthus）、蘆薈、香脂（Balsam）、葛縷子、芫荽、甜茴香、杜松子、胡椒薄荷、罌粟籽和番紅花。

　　許多紙卷中描述的療法可能都已經使用了數百年；雖然很奇怪，但我們可以看到「藥典」的雛形，在未來的一千年，藥典會慢慢演變成合乎邏輯、講求科學，也更有效。

蘇胥如塔（約公元前 8 世紀）

蘇胥如塔（Sushruta）是一名印度內科與外科醫生，也許是傳奇智者「維施瓦米卓」（Vishvamitr）的後代。[2]他的著作《蘇胥如塔文集》（*Sushruta Samhita*）是阿育吠陀醫學的基礎之一。他的專長是外科手術，這在當時是非常先進的，但書中還列出約 700 種藥用植物及其屬性。整套書共有六大卷、186 章。

第一卷第 46 章的內容是飲食，關於穀類、野生與畜養動物的肉類、水果及蔬菜等有很長篇幅的說明，接著還列出烹飪用香草與香料，包括眾人比較熟識的芝麻、白和紅芥末籽、長胡椒、黑胡椒、薑、阿魏、孜然、芫荽籽、聖羅勒（Holy basil）、九層塔（Common basil）、檸檬香茅、中國肉桂（Cassia）、甜羅勒、棕和黑芥末、蘿蔔、大蒜和洋蔥，以及其他比較鮮為人知的種類。

這些當中有許多是用來當草藥──可能是石胡荽（Sneezeweed；*Centipeda minima*）、辣木（Drumstick plant；*Moringa oleifera*）、毛蕊花（Mullein；毛蕊花屬〔*Verbascum*〕中的一種）、喜馬拉亞白楊樹（Himalayan poplar；樹皮是一種很有用的藥）、毛喉鞘蕊花（Gandira；可能是 *Coleus forskohlii Briq.*，其成熟的根部乾燥後是香氣非常濃郁的香草）、印度紫檀或室內盆栽香草「白花菜」（*Cleome gynandra*）、黃細心（Purnava；*Boerhaavia diffusa Linn.*）、烏面馬（Chitrak；*Plumbago zeylanica*）的乾燥根部和山黧豆（Grass pea；*Lathyrus sativus*）等。這本專著中出現與描述的一些植物，卻不是相當明確！

除了上面所提到的植物，書裡還列出非常多可食用的植物、樹木、室內盆栽香草、花和植物球莖，也描述它們的味道、是否容易消化、加熱／冷卻後的效果、對於阿育吠陀力量（風、火、水能）會造成的效果和治療能力。

這本書在所屬的年代而言，是一本巨作且非常成熟，在其悠久的歷史中，經歷了許多次修訂。現存最古老的手抄本應該是公元 878 年寫的棕櫚葉經，現今保存在尼泊爾的一座圖書館。

蟻垤
（沒有明確的年份，但大約是公元前 500 ～公元前 100 年）

史詩《羅摩衍那》（*Ramayana*）的作者為蟻垤（Valmiki），這個名字是阿耆尼‧沙瑪（Agni Sharma）在受到智者賜福與重新取名後而改名。他被尊為印度教第一位詩人。

《羅摩衍那》共約 48 萬字，述說著印度教神祇羅摩（Rama）的故事。這部史詩提到超過 100 種的植物、樹木和香草。[3] 香草、香料、水果及其來源包括印度藏茴香、沉香木（Agarwood）、蓮花、餘甘子／油甘子（Myrobalan）、蓖麻（Castor oil plant）、印度苦楝樹、印度棗（Indian jujube）、血竭、第倫桃（Elephant apple）、毗黎勒（Bastard myrobalan）、香櫞（Citron）、紅瓜（Ivy gourd）、黃玉蘭（Champak）、石榴、印度捕魚木（Phalsa）、優曇花（Cluster fig）、埃及香脂（Egyptian balsam）、蒲桃（Malabar plum）、皇家茉莉花（Royal jasmine）、番紅花、木棉、羊蹄甲（Kachnar）、多毛山柑（山柑屬植物；Karira）；樟樹、野生蔗、林投樹（Screw-pine）、穗花樹蘭（Pithraj tree）、珠仔樹（Lodh tree）、紫荊木屬（Madhuka）、阿拉伯茉莉（Mogra）、黑胡椒、錫蘭鐵木（Ceylon ironwood）、卡鄧伯木（Burflower tree）、野生喜馬拉雅山櫻花木（Wild Himalayan cherry）、白肉榕（White fig）、聖羅勒、印度山樣子（Charoli）、印度乳香（Indian frankincense）、油菜花、印度檀香（Indian sandalwood）、扇椰子（Toddy palm）、喜馬拉雅藤黃果（Himalayan Garcinia）、芝麻和冬瓜。其中許多植物在傳統阿育吠陀醫學中都很有價值。

希波克拉底（公元前 460 ～前 370 年）

希波克拉底（Hippocrates）是當今廣為人知的「醫學之父」。他出生於愛琴海科斯島的一個富裕家庭，父親是一名醫生。據說他的醫術是從父親、祖父和希羅迪庫斯（Herodicus）等其他著名的醫生那裡習得的。

幾乎可以確定是，他在科斯島的阿斯克勒庇（Askleipion）神廟裡研讀

學業。阿斯克勒庇在希臘非常普遍，據記載有數百間，它的功能類似於今日的健康水療中心，著重於休息、飲食和泡澡。我們對於希波克拉底的認識大多來自最早幫他寫傳記的作家——索蘭納斯（Soranus），一位公元 2 世紀的醫生。其他對於希波克拉底的資訊則來自更晚期的作者蘇達（Suidas）和策策斯（Tzetze）。[4]

我們從上面所提及的內容得知希波克拉底的足跡跨越整個希臘，且因為他的醫術精湛，連馬其頓國王佩爾狄卡斯（Perdiccas）和波斯國王阿爾塔薛西斯（Artaxerxes）都很推崇他。另外兩個和他同時期的人物，當然也知道他：柏拉圖用古希臘的醫學士頭銜稱他為 "Hippocrates Asclepiad"；亞里斯多德也知道他的名望，稱他為「偉大的希波克拉底」（The Great Hippocrates）。

柏拉圖（在《斐德羅篇》〔Phaedrus〕中）提到，希波克拉底醫術的基本原則是，想要了解身體，就必須了解整個大自然。事實上，由於希波克拉底把疾病帶出迷信籠罩，改用理性思維面對而受到讚許；他認為生病是一種自然現象。

以他的名字命名的主要作品為《希氏醫書》（Hippocratic Corpus；或譯為《希波克拉底全集》），裡面集結了大約 60 篇醫學論文，毫無疑問的是由幾個，或甚至由多位作者合著而成，而且也許歷時了好幾個世紀。至於希波克拉底本人究竟有沒有參與這些文章的寫作，目前無法證明，但大部分的學者都同意，作品中有十來篇可能是出自他手。

他的思考模式似乎可以用以下這段話做出適當的總結：「人體的本質就是疾病中的醫師。自然會找到適合自己的療法，而不是經過思考。」（The body's nature is the physician in disease. Nature finds the way for herself, not from thought.）[5]

這並不是說不使用醫術、藥物、藥方等。用藥時，通常香料和香草就是處方箋中的一部分。比如說，在《急性疾病養生法》（*Regimen in Acute Diseases*，暫譯）中，黑嚏根草（Black hellebore）就和孜然、洋茴香、大戟屬植物（Euphorbia）以及羅盤草（Silphium）汁混在一起，用來軟化腸道。[6]

在《流行病》（*Epidemics*，暫譯）裡，骨炭（燒過的骨頭）與番紅花、核果類水果、白鉛（White lead）和沒藥混在一起治眼疾；[7] 番紅花加豆子，或豆子加孜然則是用來對付腸道不適；[8] 磨成粉的埃及硝石（Egyptian nitre）、芫荽和孜然加在一起，可做為陰道栓劑以增加受孕機會；[9] 孜然和蛋泡在高湯中，則有助於減輕胸痛；[10] 衣索比亞黑種草籽（Ethiopian cumin）泡在葡萄酒和蜂蜜裡製成止咳露，能治療呼吸問題。[11]

還有許多其他範例都說明了在希波克拉底所屬年代，把香料當成藥物的情況；這些大多都是當地或多或少可以取得的植物，有些則是需從遠東進口的外來物，如緩和牙痛的胡椒和海狸香（Castorium）溶液，[12] 解決發燒和腸問題的小荳蔻、黃瓜和阿片*。[13]

托特林（L. M. V. Totelin）列出了《希氏醫書》裡的外來藥材，其中許多是婦科論文所提到的，包括豆蔻屬植物（Amomum）、白松香（Galbanum）、菖蒲（Sweet flag）、小荳蔻、中國肉桂、肉桂、紅花（Safflower）、乳香、穗甘松、胡椒、鹽膚木（Sumac）、撒額冰／波斯阿魏樹脂（Sagapenum）、薑草（Ginger grass）、羅盤草、沒藥、安息香屬植物（Styrax）、松脂（Terebinth；黃連木的樹脂）、番紅花和孜然。[14]

然而，治療通常是被動的，即使有經過休息加上簡單的典型治療。《希氏醫書》累積許多過往的案例，有助於預斷病情。這種被動概念在〈傳染病 I〉一章中的說明就有陳述，無論在過去或今日看來都是忠告：「請做到以下事項──宣告過去、診斷現在、預測未來。面對疾病，要堅持做兩件事項──幫助，或至少不要造成傷害。」[15]

泰奧弗拉斯托斯（公元前 370～前 287 年）

泰奧弗拉斯托斯（Theophrastus）生於希波克拉底去世那一年，他是一名希臘學者，曾是柏拉圖與亞里斯多德的學生，因為在植物學上有許多具開創性的著作，所以常被認為是「植物學之父」。

---

* 譯註：即鴉片，但做藥物用時，會採用較中性的譯名。

我們對他的了解大多來自於第歐根尼・拉爾修（Diogenes Laertius）在公元 3 世紀前半寫的《哲人言行錄》（*Lives of the Philosophers*）一書。事實上，「泰奧弗拉斯托斯」是亞里斯多德給他取的綽號，有「美妙的表達方式」之意，因為他的談吐之間，充滿技巧與豐富美感。他真正的名字是提爾塔莫斯（Tyrtamus）。亞里斯多德離開後，他繼任為雅典文理學院（Lyceum in Athens）及「漫步學派」（Peripatetic School）的領導人（此學派是一個約有 2,000 名學生的大學派），時間長達 36 年之久。

　　之所以被稱為漫步學派，是因為亞里斯多德邊走路邊授課的這個迷人習慣（當時的學生應該少於 2,000 人）。在近代 1996 年，文理學院的遺跡於現今希臘議會建築物附近的一個公園裡被發現，雖然它原本位於雅典市的城牆之外，但現在已經對外開放。

　　亞里斯多德和泰奧弗拉斯托斯一開始都是柏拉圖的學生，亞里斯多德年長 15 歲——但也不是什麼太大的差距，後來兩人成為密友。亞里斯多德死後，把自己的書和在文理學院裡的花園遺贈給他的老友。

　　泰奧弗拉斯托斯和他的導師一樣都具有生產力——第歐根尼記載他著有 227 件作品，可惜的是，大部分都已經遺失或殘缺不全。他的著作涵蓋的議題相當廣泛，包含政治、哲學、植物學、數學、修辭、法律、天文學、邏輯、地質學、歷史和物理學，換句話說他是一位真正的博學家。而他最偉大的貢獻是在自然史，以及兩份幾乎完整保存，與植物相關的大作，包括有 9 冊的《植物史》（*Enquiry into Plants*）和 6 冊的《植物的起源》（*On the Causes of Plants*）。

　　泰奧弗拉斯托斯除了是柏拉圖和亞里斯多德的朋友，也和馬其頓的腓力二世（Philip of Macedon）與他兒子亞歷山大大帝（Alexander the Great）生存於同一年代。

　　亞里斯多德在公元前 343 年被指定為亞歷山大的私人教師，所以亞歷山大應該也知道泰奧弗拉斯托斯。這些關係的重要意義在於，當亞歷山大啟程去東方時，他帶了受過訓練的觀察者，並把可使用的觀察結果帶回給亞里斯多德和泰奧弗拉斯托斯。[16] 所以泰奧弗拉斯托斯之後在其植物專著中所描述

的異國物種，可能是從外地帶回希臘的，或是遠征者帶回來的說明。

在他主要的植物著作中，他是第一個試著把植物分類的人，主要類別有樹、灌木、半灌木（Under-shrub）和草本植物，他一共描述了大約 500 個種。和現在全球已知的 39 萬個種相比，500 個好像不多，但在那個年代，是要耗費極大心力才能完成。而且，它也禁得起時代考驗：之後的植物研究要再等 1,800 年，才有更進一步的重大發展。

它描述了許多重要的種：亞歷山大芹（Alexanders）、阿魏、小荳蔻、中國肉桂、肉桂、芫荽、孜然、蒔蘿、葫蘆巴、乳香、南薑、薑草、杜松、甘草、芥末、巴西利、胡椒、番紅花、芝麻、羅盤草、穗甘松、鹽膚木和羅望子。

這些當中有一些是來自熱帶的東方（小荳蔻、中國肉桂、肉桂、南薑、胡椒和穗甘松），而且必定是透過亞歷山大的軍隊所收集或交易而來，或是透過古代陸路商隊傳入希臘的。例如，關於肉桂與中國肉桂的描述，就很明顯是二手資訊，因為出現多方的說法，其中有一項說法是連泰奧弗拉斯托斯也承認確實難以置信。[17]

泰奧弗拉斯托斯相當長壽且作品很多，高齡約 85 歲才逝世。據稱他曾哀嘆：「當我們才剛開始活時，就要死了。」[18]

麥加斯梯尼（公元前 350～前 290 年）

麥加斯梯尼（Megasthenes）是希臘的史學家、探險家、大使和編年史家，以在其著作《印度史》（*Indika*）中，對印度的描述最為出名，但相關內容僅在後世其他作家的作品中，找到一些片段。早期有人把這些片段內容彙整起來，而最經典的英譯版則出自 19 世紀的麥克林登（J. W. McCrindle）之手。[19]

麥加斯梯尼被塞琉古一世（Seleukos Nikator；曾是亞歷山大麾下的將軍，後來成為塞琉古王朝〔Seleucid Empire〕的創立者）派到孔雀王朝桑德拉科托斯王（Sandrakottos，亦名為旃陀羅笈多〔Chandragupta〕）的領土

出任大使。

　　他當時可能住在阿拉霍西亞（Arachosia；位於今日阿富汗坎達哈省〔Kandahar〕附近的地方），常常拜訪桑德拉科托斯。雖然不清楚確切的造訪的時間，但阿里安（Arrian）、普林尼（Pliny）和史特拉波（Strabo）都曾提及——也許是從公元前 302 年左右開始。埃拉托斯塞尼（Eratosthenes）、史特拉波和普林尼也懷疑過他所說的內容是否真實無誤，但如今看來，他普遍被認為是研究該年代印度史的重要及可靠消息來源。

　　文中最令人傷腦筋的段落是對特定種族的描述，只能用「荒謬」來形容，例如某個種族的人，他的腳掌是前後顛倒，而且沒有嘴巴，他們存活的方式是吸烤肉和水果的蒸氣，以及有耳朵長到腳掌等。[20]

　　他在片段 XXVIII 中，對印度人晚餐的描述，則明確地被視為早期對米飯和咖哩的記述：

> 麥加斯梯尼在他的《印度史》第二冊中說：「在印度人的宴會中，每個人的面前都擺放一張像餐邊櫃或碗櫥的桌子；桌上會放一個金色的盤子，最先盛到盤子上的是煮好的米飯，就好像有個人準備要去煮去殼穀粒（Groat）一樣，之後盛到盤子的是透過多種按當時印度流行的醬汁所調味過的肉。」[21]

　　片段 XLI 列出了種在山區（想必是印度北部）的植物，包括月桂（可能包括肉桂、馬拉巴肉桂和樟樹）、姚金孃（可能包括印度月桂葉〔Indian bay leaf〕和餘甘子）、黃楊樹（Box-tree）和其他常青植物，「這些植物在幼發拉底河〔Euphrates〕之外，就找不到了。」[22] 他描述婆羅門（Brahmins）是「不吃辣以及調味過重食物的人」。

　　在片段 LVI 中，他提到了幾個大商場，如「佩里穆拉角」（Cape of Perimula）「是印度最大的交易商場」，還有奧托梅拉（Automela；可能位於古吉拉特邦〔Gujurat〕）。[23]

　　在此部分，麥加斯梯尼（透過普林尼的解讀）好像在描述坎貝灣（Gulf

of Cambay）附近的地區，麥克林登注意到那裡是印度與西方交易的最重要位置，由巴利加薩港（Port of Barygaza）壟斷。

埃拉托斯塞尼（公元前 276 ～前 194 年）

埃拉托斯塞尼（Eratosthenes）是古希臘的天文學家、地理學家和數學家。他出生於昔蘭尼（Cyrene；現今的利比亞境內），在雅典讀書，並撰寫了多部詩作和歷史著作，30 歲時搬到亞歷山卓（Alexandria）以應托勒密三世（Ptolemy III）的邀請，到圖書館工作（圖書館在古代是最重要的機構）。

他在那裡渡過了餘生。在圖書館工作幾年後，他被升職為圖書館館長。在這段期間，他研讀且撰寫好幾個不同領域的學術著作，但這些著作全都遺失了，但透過後世學者的大量引用，我們得以了解他研究淵博。

他的三卷一套著作《地理學》（Geography）具有非常高的重要性——他察覺到地球是一個球體，設計出以緯度和經線的系統來形容地球，並計算出地球的周長為 25 萬斯塔德（Stadia，又譯作「視距」；當時 1 羅馬英里〔Roman mile〕等於 8 斯塔德）非常接近真正的量值。很可惜他的作品全都遺失，沒有半本流傳至今，不過卻藉由其他作者留下的 150 多個片段，而得以保存。他在人生的最後幾年失明了，讓他無法再研究，由於過於沮喪，他最後以絕食結束生命。

史特拉波（公元前 64 年～公元 24 年）

史特拉波（Strabo）是古希臘的地理學家，最著名的是他七卷一套的著作《地理誌》（Geographica）。他出生於阿馬西亞（Amasya；現今土耳其境內）的一個富裕且人脈之廣的家庭。在他大概 19、20 歲（公元前 44 年）時搬到羅馬，師從傑出的地理學家——蒂拉尼昂（Tyrannion）和其他著名的老師。[24]

他也認識波希多尼斯（Posidonius），另一位地理學家和博學家。他可能在羅馬待了許多年——確定的是，從公元前 35 ～前 31 年都待在那，接

著在公元前 29 年又去了一次。他到處旅遊（以當時的標準而言），公元前 25 年～前 20 年時在埃及，顯然是住在亞歷山卓，在那裡，他沿著尼羅河航行，最遠到過菲萊（Philae；亞斯文地區〔Aswan area〕），公元前 25 年到達衣索比亞邊境，隨後又到小亞細亞（Asia Minor）多個地點、攸克辛海（Euxine，今稱為黑海）海岸以及古敘利亞的貝魯特旅行。他最後一次造訪羅馬大約是在公元前 7 年，接著在他的出生地阿馬西亞度過生命最後的 26 或 27 年。

我們主要關注史特拉波在於他的作品《地理誌》，更屬害的是它可能是在公元前 7 年前寫的。史特拉波也許是利用他待在亞歷山卓的時間，到大圖書館（Great Library）查詢資料並做研究。

史特拉波的世界，或者說是他眼裡的世界，基本上比我們現在所知的事實還要狹隘。非洲就小很多（僅限於「利比亞」及毗鄰地區）、亞洲最遠只延伸到印度，而歐洲則只認識地中海地區；其他就沒了。歐亞大陸和北非濃縮成一個小大陸：這就是古希臘人和古羅馬人所認識的世界。

17 冊中有 15 冊涵蓋特定區域，而且有一半是集中在地中海國家。他通常會描述地方、人物、物產和一點點歷史，但歷史部分常常重提傳說與神話，其中大半內容對 21 世紀的讀者來說，顯得難以置信。

他讚揚某些早期的地理學家，但卻完全無視其他人：「雖然目前仍在討論中，但像是埃拉托斯塞尼、波希多尼斯、喜帕恰斯（Hipparchus）、波利比烏斯（Polybius）和其他有同樣特性的人，值得我們致上最高的敬意。」然而，即使是這些賢者也逃不過嚴屬的批評。[25]

他對亞歷山大大帝到東方的遠征和對印度的討論詳加著墨，但其他就沒什麼太細節的內容了。令人好奇的是，他沒提到黑胡椒，更不用說它的起源，只是他確實提到每年有 120 艘船從米奧斯荷爾莫斯（Myos Hormos）出發到印度（主要是為了香料貿易）。[26] 雖然缺點不只一個，但在他卷帙浩繁的作品中，所涵蓋的範圍依舊讓人印象深刻，而且在他那個年代，可說是對世界提供最透徹的理解。

凱爾蘇斯（約公元前 25 年～約公元 50 年）

凱爾蘇斯（Aulus Cornelius Celsus）幾乎和史特拉波同年代，他是古羅馬的一名醫學作家，且本身很可能就是醫生；然而，對於他生平的細節描述卻很少。

他出生於古羅馬帝國早期，確切日期不詳。他所倖存的醫學專著《論醫學》（De Medicina，暫譯）是原本由 8 冊組成的一大套叢書中的其中一卷。在第 2 冊（Book II）後半的篇章，他提到許多對於食物的看法，如對胃部有害的食物、熱性和寒性食物（「熱性由黑胡椒、鹽……大蒜、洋蔥、無花果乾、鹹魚和葡萄酒等引發；經過加熱之後，熱性越強烈」）、會讓人昏昏欲睡的食物、有利尿效果的食物（「任何種在花園裡，且有美妙香氣的植物，都能利尿，像是野芹菜〔Smallage〕、芸香〔Rue〕、蒔蘿、羅勒、薄荷、牛膝草〔Hyssop〕、洋茴香、芫荽、家獨行菜〔Cresses〕、芝麻葉和甜茴香」）等內容。[27]

第 3 冊（Book III）則談到處理發燒和其他疾病的多種療法，包含許多草藥療法在內，其中主要是使用當地（地中海地區）可以取得的藥材。第 4 冊（Book IV）則是有關身體不同部位疾病的醫治方法，這裡同樣用許多草藥療法。第 5 冊（Book V）和第 6 冊（Book VI）專門講藥理學，並包含大量的藥材，其中許多異國藥材來自遠東——如小荳蔻、甘松（Nard）、木香、肉桂、中國肉桂、代沒藥、芝麻、黑胡椒、長胡椒、白胡椒、豆蔻屬植物、馬拉巴肉桂、菖蒲、薑，以及產自阿拉伯半島和非洲之角（Horn of Africa）的乳香、沒藥、蘆薈、阿拉伯膠（Gum arabic）、黃耆膠（Tragacanth）、香脂、紅沒藥（Opopanax）和山達脂（Sandarac）。文章中所提及的當地香草與香料的數量和種類還要多得多。

例如阿片（Opium）常常是療法的一部分，這種藥在還沒有止痛藥的年代相當有用，雖然病患會比較痛苦。凱爾蘇斯作品給人的整體印象是古羅馬時代的藥物，比我們認為的更有效也更複雜，雖然當時對解剖和生理學的認知，就今日看來還是非常簡單粗糙。文中能派上用場的大量草藥，令人印象深刻，而且從這邊我們可以清楚看到早期進口與使用異國香料的動機。

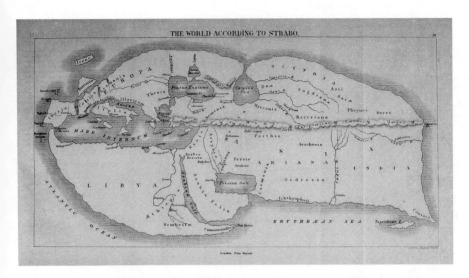

19 世紀時對於史特拉波世界地圖的重製版（愛德華・班伯里〔Edward Bunbury〕，1883）。地中海區域和中東部分與我們現在所知道的很像，但從其外圍可非常明顯看出他對已知世界的曲解。[28]

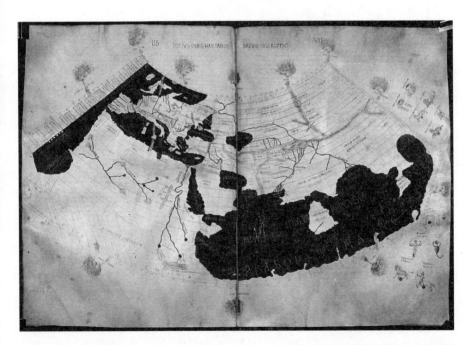

根據 13 世紀晚期重新發現的托勒密（Ptolemy）作品，於 15 世紀重繪的托勒密版世界地圖（大英圖書館 Harley MS 7182）。

安東尼・卡斯托（公元 1 世紀）

卡斯托（Antonius Castor）是古羅馬傑出的植物學家，以擁有一個巨大的植物園聞名。普林尼在文章中曾數次提到他，而且他也是普林尼在論及植物時的參考來源之一。普林尼提到卡斯托：

> 這絕不是一種難以取得的知識；無論如何，目前就我自己而言，除了極少數的例外狀況外，我有幸能有機會檢視它們，再加上安東尼・卡斯托的科學研究協助。卡斯托在我們這個年代享有最高的威望，因為他非常精通這方面的知識。我曾有機會造訪他的花園，雖然當時他已經年過百歲，但依舊投注最大心力種大量的植物。即便這麼高齡，他身體一直很好，沒生病過，記憶力和活力也沒有因時間流逝而有一絲受損。[29]

柯魯邁拉（約公元 4 ～ 70 年）

盧修斯・柯魯邁拉（Lucius Junius Moderatus Columella）生於西班牙南部的卡迪斯（Cádiz），父母經濟富裕，長大後成為一名農業權威。

據說他年輕時和他喜歡的一位叔叔共同度過許多時光，這位叔叔是一位專業農夫，住在巴耶堤克省（Baetic province；大概就是今日的安達魯西亞〔Andalusia〕）。他在青年時期離開西班牙去從軍，似乎曾在古敘利亞服役。之後的生活則大多在羅馬附近度過，根據在該處發現的銘文，他可能死於南義靴跟區的塔蘭多（Tarentum）。[30]

他主要遺留下來的是一套 12 卷的作品《論農業》（*De Re Rustica*），這套書籍全都妥善留存，而且是羅馬農業的專著。從香草和香料的角度出發，我們最主要關注在於第 10 ～ 12 冊（Books X~XII）。第 10 冊「關於花園的文化」與前面 9 本有很明顯的對比，前面 9 本是用散文形式描述農業的應用層面，而第 10 冊則是用六步格詩寫成，以維吉爾（Virgil）的風格讚頌他自己（柯魯邁拉）的花園。

他的抒情花園裡有曼德拉花（Mandrake flower）、巨大甜茴香、罌粟、香葉芹（Chervil）、大蒜、野生防風草（Wild parsnip）、刺山柑、土木香（Elecampane）、薄荷、蒔蘿、芸香、芥末、亞歷山大芹、洋蔥、獨行菜屬植物（Lepidium）、綠巴西利、墨角蘭（Marjoram）、茉莉芹／甜沒藥（Sweet cicely）、家獨行菜、風輪草／香薄荷（Savory）、石榴樹、芫荽、甜茴香花、番紅花、甜中國肉桂（Sweet cassia）、歐夏至草（Horehound）、長生草屬植物（Houseleek）、鼠李屬植物（Buckthorn）、假葉樹（Butcher's broom）和馬齒莧（Purslane），以及其他他為數眾多的蔬菜、水果和藤本植物。

第 11 冊則說明農夫的職責和工作行事曆，並清楚指出蔬菜和香草在園子裡播種和栽種的時間。第 12 冊則提到農夫妻子的任務，也因為收錄一些食譜而富有價值，其中包括（且主要為）許多當地才能取得的香草和香料。這個公元 1 世紀的羅馬料理研究是非常實用的紀錄，和阿彼修斯（Apicius）的食譜相比，平凡許多，且重於醃漬、製作保存和釀酒。

食譜包括醃香草；歐西格（Oxygal；用香草調味的酸奶）；用蒔蘿、甜茴香、芸香和韭蔥醃漬的生菜；醃馬齒莧和海蘆筍／鹽角草（Garden samphire）；無花果乾拌炒過的芝麻、埃及乾茴香籽（Egyptian anise）、甜茴香和孜然籽；用鳶尾花、葫蘆巴和甜菖蒲（Wweet rush）添香的葡萄酒（且必須煮沸），另外還會加穗甘松葉、椰棗、木香（Costum／costus）、南薑、沒藥、省藤屬植物（Calamus）、中國肉桂、豆蔻屬植物、番紅花和黃香草木樨（Melilot）；葡萄酒做成的醬；歐夏至草葡萄酒；海蔥（Squill）葡萄酒和海蔥醋；苦艾、牛膝草、茴香和普列薄荷（Pennyroyal）葡萄酒；使用迷迭香榨汁；香桃木（Myrtle）葡萄酒；醃土木香；甜茴香籽與洋乳香籽醃橄欖；用洋茴香籽、洋乳香、甜茴香籽、芸香和巴西利醃黑橄欖；用葫蘆巴、孜然、甜茴香籽和埃及乾茴香籽製成的橄欖醬；省藤屬植物、香氣撲鼻的燈心草、小荳蔻、棕櫚樹樹皮、埃及乾茴香籽，及其他原料等製成的 Gleucine 油（必須從油開始做）；美式芥末醬；醃亞歷山大芹和澤芹根（Skirret roots）；用魚醬（Garum）和醋拌成的辣味沙拉。

老普林尼（公元 23 ～ 79 年）

　　他除了是那個年代最偉大的自然史學家之一，老普林尼（Pliny the Elder，全名為 Gaius Plinius Secundus）還是一名律師、軍事指揮官和作家。他出生於科莫（Como，也有人說是維洛納〔Verona〕）的富有人家，並在羅馬受教育成為律師。

　　他在 20 歲出頭時加入軍隊，一開始是中尉步兵軍官，後來到日耳曼尼亞服役，他的長官是羅馬軍隊的司令官蓬波尼烏斯・塞昆杜斯（Pomponius Secundus，也是上日耳曼行省〔Germania Superior〕的統治者），兩人後來成為相互扶持的朋友和盟友。[31] 老普林尼隨後受提拔成為騎兵營（Cavalry battalion）的指揮官，而且可能參與過該區域的軍事行動。

　　他在 29 歲時離開軍隊，回到羅馬，並開始從事文學方面的工作，同時也返回法律界。他寫的 21 卷作品《日耳曼戰爭的歷史》（*History of the German Wars*），是對羅馬歷史的陳述，也是他朋友蓬波尼烏斯的傳記，只是沒有半本留存下來。

　　尼祿（Nero）在公元 68 年死後，羅馬進入不穩定的「四帝之年」（Year of the Four Emperors；公元 69 年），其中維斯帕先（Vespasian）為四個皇帝中的最後一位。老普林尼當時已經被尼祿任命為近西班牙（Nearer Spain）的行省財務長官（但任命年份不詳），但在公元 70 年時，因為哥哥過世而回到羅馬，並收養了他的姪子（小普林尼〔Pliny the Younger〕）。

　　維斯帕自日耳曼的幾場戰爭後，就知道老普林尼這個人，因為信任而任命他為好幾個行省的財務長官。在公元 70 年代中期到晚期的某個時候，他被任命為位於義大利米賽諾（Misenum）之羅馬艦隊的行政長官，這件事卻為老普林尼戲劇性的死亡埋下伏筆。

　　他唯一幸運留存下來的文學作品是《博物志》（*Natural History*，又譯《自然史》）；這是一本內容相當龐大的自然史百科全書，共分成 37 冊，而且無論從哪個標準來評論，都是一項驚人的成就。

　　書中主題包括天文學、氣象學、地理學、地質學、民族誌、人類學、生

理學、動物學、植物學、農學、藥理學、醫學、金屬、礦物學和藝術。提及香料的有第 6 冊（涵蓋亞洲地理）、第 12 冊和第 13 冊（有關樹木）、第 19 冊（有關園藝植物）、第 20 冊（使用園藝植物為藥材的療法）；第 21 冊（有關花卉）；第 23 冊（使用栽種樹木為藥材的療法）和第 24 冊（使用森林樹木為藥材的療法）。

《博物志》的寫作時間可能是在他奉維斯帕先之命擔任行省財務長官時開始，一直到他於公元 79 年過世為止，這本書後來由他的姪子出版。他因為有強烈動機，以及無時無刻（特別是在夜晚）都能工作的加持下，而具有源源不絕的生產力；他從不浪費時間，並全心致力於他的成就。他的姪子（在一封寫給古羅馬元老院議員巴比烏斯・馬塞爾〔Baebius Macer〕的書信中提到）觀察到：「他把沒有花在研究調查的時間，都視為一種失去。」

他在書中引用了超過 470 位較早期與同時期希臘和羅馬作家與權威的話。儘管他做了這麼多，但作品還是不完美：內容常出現錯誤，也持續套用神話（或普遍但無依據／錯誤的看法），不過就古典時期的觀點看來，這個作品依舊無與倫比。

老普林尼在 56 歲時，死於一場相當戲劇性的情況。他當時在義大利龐貝城附近的米賽諾擔任艦隊指揮官，公元 79 年鄰近維蘇威火山災難性的爆發，據說他當時是為了要協助撤離朋友們，結果被有毒的氣體籠罩，窒息而死。

迪奧斯科里德斯（公元 40 ～ 90 年）

迪奧斯科里德斯（Pedanius Dioscorides）是一名任職於羅馬軍隊的藥用植物學家和醫生。以他 5 卷（冊）的書籍作品《藥物論》（*De Materia Medica*）聞名，該書主要內容為草藥。

他和老普林尼是差不多年代，雖然不清楚他們是否見過面，但可合理推斷他們知道彼此。關於迪奧斯科里德斯的個人生平，大家知道不多，雖然他的書是用希臘文寫的，但所提及的植物，大部分是原生於東地中海地區。[32] 他出生於現今土耳其塔爾蘇斯（Tarsus）附近的阿拿巴爾索（Anabarzos）。

《藥物論》共分為 5 冊，但並非依現代植物學分類所寫成。第 1 冊包含芳香類樹木和灌木叢，以及從中萃取而來的油和軟膏；第 2 冊提及動物、動物產品、香草和穀物；第 3 冊包含植物的根部、種籽和香草；第 4 冊更進一步討論植物根部與香草；第 5 冊則是論及藤本植物及其產品，還有礦物。他一共納入了約 600 種藥用植物。基本上是簡要的植物學描述，包括任何有趣的特色、香氣、一些植物的起源、已知的摻假說明、植物的藥用功效，以及如何準備和使用它們。

　　他的影響力極為深遠：其著作成為之後 1,500 多年最重要的藥理學文獻。這份著作也經歷了無數次的抄寫、修改、編輯和增補。目前現存最古老的完整抄本是《維也納迪奧斯科里德斯》（Vienna Dioscorides），也稱為《安妮西婭・茱莉安娜藥典》（Anicia Juliana Codex），大約是在公元 512 年，於東羅馬帝國首都君士坦丁堡抄寫完成。這個抄本有精美的插圖（見圖 4，P.322），是贈予奧利布里烏斯皇帝（Emperor Flavius Olybrius）之女的禮物。即使是這麼早期的抄本，也針對迪奧斯科里德斯的原著加以修改。

　　香料和烹飪用香草植物包括：亞歷山大芹、豆蔻屬植物、蒔蘿、洋茴香、芹菜、巴西利、苦艾、阿魏、羅勒、月桂、代沒藥、印度藏茴香、黑芥末、黑胡椒、琉璃苣（Borage）、葉用枸杞（Box thorn）、菖蒲、樟、葛縷子、小荳蔻、中國肉桂、香葉芹、肉桂、康復力／聚合草（Comfrey）、甜茴香、迷迭香、鼠尾草、百里香、孜然、芫荽、木香、峨參（Cow parsley）、土木香、葫蘆巴、阿魏屬植物（Ferula）、乳香、薑、辣根、牛膝草、杜松、羅盤草、甘草、長胡椒、圓葉當歸（Lovage）、枸杞屬植物（Lycium）、馬拉巴肉桂、墨角蘭、芥末、餘甘子、沒藥、甘松、穗甘松、黑種草、肉豆蔻、奧勒岡、罌粟、普列薄荷、芸香、番紅花、海蘆筍、芝麻、烏皮九芎（Styrax）、糖和鹽膚木。

　　雖然這個清單中，主要是羅馬帝國境內能夠找到的植物，但也已經出現許多來自南亞和東南亞的異國植物，這反映出在公元 1 世紀，透過貿易增加了這些植物的可及性。

　　雖然有關迪奧斯科里德斯的資訊很少，但我們可以從他在《藥物論》寫

的序言中看出一些端倪。他把這本作品獻給一位在塔爾蘇斯（今土耳其境內）當醫生的友人萊卡尼烏斯·艾力斯（Laecanius Areius），他們兩人都曾在塔爾蘇斯讀書（或者，也許艾力斯是迪奧斯科里德斯的老師之一）。他強調自己的作品內容具備原創性。[33] 這份著作最早的英譯本，一直要等到 1655 年才由固特異（Goodyer）完成。[34]

迪奧斯科里德斯詳述如何採集和保存植物材料，明顯可見他事必躬親的行事態度。他在文中多次稱讚「採藥師」克拉泰夫阿斯（Crateuas the rhizotomist；一位生存於公元前 2～前 1 世紀的醫師），而克拉泰夫阿斯確實有可能是迪奧斯科里德斯的資料來源之一，其他可能的參考來源還有安德烈醫師（Andreas；公元前 3 世紀）。

除了讚揚，也有批評。他們「忽略了許多極為有用的植物根部，而且對許多香草的描述也相當貧乏」。迪奧斯科里德的作品內容很全面性，也真實可信，禁得起時間的考驗。

這本書從未「遺失」過，一直在流傳中。第一次出現翻譯本是在公元 6 世紀的拉丁文版、9 世紀時，翻成古敘利亞語、10 世紀翻成阿拉伯文；之後在文藝復興時期，陸續翻譯成義大利文、德文、西班牙文和法文，但固特異在 1655 年翻的英譯本，卻在翻譯完成後幾百年才出版。

由於《藥物論》中的大量草藥依舊在現代藥理學中使用，所以引起人們極大的興趣：可以很合理的說，這本書是有史以來最有影響力的書籍之一。[35]

克勞狄烏斯·托勒密（公元 100～170 年）

托勒密（Claudius Ptolemy）是一名古羅馬天文學家、地理學家和數學家，居住在古羅馬埃及的亞歷山卓。他以撰寫許多科學專著聞名，尤其是天文學領域（其中最重要的是《天文學大成》〔*Almagest*〕），但他另一套共有 8 冊的專著《地理學指南》（*Geographia*），也具有極大的影響力。

他根據從赤道測得的緯度（以 "Climata" 表示），定出地理座標，進而

繪製出已知世界的地圖，從地球赤道到極點共畫出 39 條平行線，每兩條線之間的間隔代表夏至 15 分鐘的日照時間。

他從西半球穿越加納利群島的子午線開始計算經度。當時，《地理學指南》主要著重於地理的幾何呈現。托勒密的引路人是他的前輩馬里努斯（Marinos of Tyre；公元 70 ～ 130 年）及其已遺失的專著。托勒密以此為出發點，加以改善來完成自己的著作，但同時也明確向馬里努斯表達特別的謝意。

托勒密假設世界是一個球體（如幾位前輩所言），並計算出周長為 18 萬斯塔德——這讓赤道上的一度經度變成約 500 斯塔德，而非正確的 600 斯塔德，也就是說，他低估了。[36]

托勒密提供了 6,345 個特定地點的座標，這些座標之後可放在格線上產生他的地圖——顯然在東西方向上過度變形，地中海的長度在度數上被高估了。[37] 此世界地圖是透過他的三個預測中的其中兩個所製成（其中之一可見第 31 頁），與史特拉波的地圖相比，可看出非常顯著且大幅度的改進。他的世界地圖所包含的文字已經失傳，但中世紀的修士透過他的表格，重建了這些文字。當地地圖是第 7 冊和第 8 冊的一部分內容。托勒密的世界地圖被證明為對世界最正確的描述（此說法一直到 15 和 16 世紀的「地理大發現」時，才被取代）。

蓋倫（公元 129 ～ 216 年）

克勞狄烏斯·蓋倫（Claudius Galenus）通常被簡稱為「蓋倫」（Galen），生於佩加蒙（今土耳其西部），雙親富裕（若有區別的話）。他的父親是一名建築師，為人正直又仁慈，但他認為蓋倫的母親是一個脾氣暴躁的潑婦，使得蓋倫發誓：「擁抱和愛前者的特質，並避免和厭惡後者。」

蓋倫的教育始於佩加蒙，此處本身是一個知名的教育中心，在他 17 歲開始學醫之前，就已經學完了那個年代主要的哲學學科。[38] 他到士麥那（Smyrna）、亞歷山卓和其他地方繼續研讀醫學。第一份正式工作是在佩加

蒙擔任古羅馬角鬥士（鬥劍者）的外科醫師，後來在大概 31 歲時搬到羅馬。在羅馬，他很快就被譽為傑出（儘管直言不諱）的外科醫生，但因為在醫學圈樹敵，所以大約在公元 168 年回到佩加蒙，但在一年內又到了羅馬。

蓋倫是一名非常多產的醫學作家，他在解剖學、生理學、醫學和哲學方面撰寫高達 500 份作品；雖然不是所有著作都被留存下來，但仍有大量的專著得以保存。他無疑受到前人智慧的庇蔭，而且對希波克拉底格外敬重，因為他在解剖學和外科手術等許多方面上無疑是先驅。

有趣的是，希波克拉底早在蓋倫出生前大約 500 年就過世了！蓋倫接受並提倡希波克拉底的「體液學說」（Humoural theory）、放血療法（Bloodletting）和其他後來被證實是完全錯誤的理論。不過，他和希波克拉底都理解人體自癒能力的重要性。

在他的著作中，與草藥療法相關的關鍵文本包括《簡易療法的效用與混用》（*On the Powers (and Mixtures) of Simple Remedies*，暫譯）、《依地區的藥物配製法》（*On the Composition of Drugs According to Places*，暫譯）和《依藥物種類配製法》（*On the Composition of Drugs According to Kind*，暫譯）。蓋倫把人體不平衡歸因於四種情緒或體液；他的藥物由動物、蔬菜或礦物質組成。[39] 他相當注重物質的真實性和狀態，例如沒藥和木香的視覺外觀、番紅花的雄蕊應該是鮮黃色且有怡人的香味；肉桂樹皮則要有溫暖的芳香等。

蓋倫根據功能來分類一些植物：大部分為「開放性」根部，如甜茴香、芹菜、蘆筍、巴西利、假葉樹（Butcher's broom）；「暖性」種籽，如洋茴香籽、孜然、芫荽、甜茴香；「寒性」種籽，如西瓜、黃瓜、南瓜、蜜瓜；有甜味的花，如玫瑰、紫羅蘭和琉璃苣等。主要的效用特質為熱／涼或乾／濕；也有次要療效（如放鬆、收斂、軟化、硬化等）和第三級的功效（如通便或促進排汗等）。前兩個級別是用來治療與之相反的特質。他的處方中用了多種其他的分級參數——在他現存的著作中，大概包含 475 種療法。

蓋倫的著作對醫學的影響力一直持續到 17 世紀或更晚，即便文藝復興時代的科學家認為他的解剖學理論是不正確的。

科斯馬斯・印第科普爾斯茨（公元 6 世紀）

科斯馬斯（Cosmas Indicopleustes）是希臘商人，以旅行印度而出名；事實上，他的姓若照字面上翻譯，意思是「印度的航行者」。他可能是亞歷山卓本地人，也受過教育，但不是一名學者。

他的看法與主流學術觀點相悖，他認為世界是平的。他的確到處旅行——穿越過地中海、紅海、波斯灣、印度西岸和斯里蘭卡，在寫於公元 6 世紀中期的《基督教地形學》（*Christian Topography*）中描述他的歷險。從文章中可看到滿滿的虔誠基督教觀點，不過還是包含了在東羅馬帝國初期算是有趣的一份地理描述。當他結束所有的旅行時，他回到亞歷山卓，並成為一名修士。[40]

《基督教地形學》共有 12 冊，但我們最感興趣的是第 2 冊和第 11 冊中的地理描述，其他冊則以宗教性抨擊字眼駁斥世界是一個球體、描述太陽大小和其他更著重精神本質的主題。

在第 2 冊中，他描述了紅海、東北非、阿拉伯半島和印度之行。他寫道：

> 產有乳香的區域座落在衣索比亞突出處且位於內陸，但另一邊則有海洋沖刷。因此住在巴巴里亞（Barbaria）[†]的居民，因為地理位置近，所以往上遷移到內陸，參與當地人的交易，從他們那裡帶回許多香料，如乳香、中國肉桂、省藤屬植物和其他許多商品⋯⋯

從他在第 11 冊對塔普羅巴納（Tabropane，今斯里蘭卡）的描述，可以很明顯看出到了公元 6 世紀，該處已提升為主要的進出口貿易中心：「這個島位於中心位置，經常有來自印度各地、波斯及衣索比亞的船隻停靠，而且自己也派出許多船。」

他提到：「馬利（Male，印度馬拉巴爾海岸）出口胡椒的的五個市集」，接著往東移：「然後遠一點的就是產丁香的國家，再來是產絲的齊尼斯塔

---

† 編註：Barbaria 是古希臘人對東北非洲沿海地區的稱呼。

（Tzinista）。此外，就沒有其他國家是東岸靠海的了。」這段描述很重要——印尼已經被發現了，也正確描述中國東海岸。科斯馬斯是在那個年代少數幾個寫地理學，且親自旅行過（至少最遠曾到過塔普羅巴納），而非仰賴二手資訊的作家之一。

愛琴島的保羅（公元 625 ～ 690 年）

保羅（Paulus of Aegina）是公元 7 世紀的希臘醫生，雖然他以內容廣泛的醫學專著《醫學綱要七卷》（*Medical Compendium in Seven Books*，暫譯）[41] 而著名，但卻鮮少有人知道他的個人生平。他在著作中所提到的內容，大多都是以前的醫生或科學家建議過的，也就是他彙集之前的觀察，但也有些新想法，而且他似乎對外科手術有特別專門的知識。

儘管如此，這仍是一本很棒的參考書，而且可以理解為什麼廣受歡迎，尤其是在阿拉伯世界（此書於公元 9 世紀被翻譯成阿拉伯文）。第 7 冊專門講述藥理學，在「單一成分藥物」（Simple）篇章中，他列出了 490 個使用單一草藥的療法，另外也列出使用礦物和動物的療法；接著描述單方和複方的瀉藥，解毒劑、搽劑、藥膏和其他（醫藥）製劑。

阿布・哈尼法・迪納瓦里（約公元 820 ～ 895 年）

阿布・哈尼法・迪納瓦里（Abu Hanifah Al-Dinawari）是波斯的天文學家、植物學家、地理學家和數學家，他出生於公元 9 世紀的伊朗。雖然出版過許多書籍，所涉及的主題也相當廣泛，不過他最有名的著作還是《植物學大全》（*Book of Plants*，或稱 *Kitab al-Nabat*）。

這本書原本包含 6 卷，但僅有 3 卷留存下來，其中 1 卷是有部分重建的版本；儘管如此，這些遺留下來的文件透過字母順序條列出 482 種植物。[42] 迪納瓦里自己收集了許多資訊（例如從貝多因人〔Bedouin〕和其他人那裡），也參考了較早期的阿拉伯文獻。書中並沒有植物的詳細描述，卻包含大量的

詩，所以就西方的角度看來，這並不是一本傳統的植物專著，不過卻是往前邁進的寶貴一步。這本書的主要價值在於它是數百年來對阿拉伯植物最全面的彙集。

忽思慧（公元 14 世紀）

忽思慧（Hu Sihui）是活躍於 14 世紀中國元朝的營養學家。他的出身地不詳（可能是中國或蒙古），但可確定的是他曾在公元 1314 ～ 1320 年間被任命為朝廷官員，最後晉升到飲膳太醫的職位，並撰寫了家喻戶曉的《飲膳正要》（*The True Principles of Eating and Drinking*）。

這份著作共有三篇，包含 219 道食譜，其中大部分（雖然不是全部）都含有一些被視為醫學的或治療性的價值。這份著作在公元 1330 年呈到皇帝面前。[43] 第一章有個部分談論「珍稀佳餚」，包含 95 道食譜。[44] 第二章則是各樣浸泡／流質食物的食譜，並註記其療效；有個部分是「吃了能長生不老的食物」，換句話說就是吃了能延年益壽的膳食；當季食物；五味（此處建議適度調味，也就是應避免太鹹的膳食）；另外有談及食療的部分等。

第三章則圖文並茂，彙編了不同的食物類型，其中包括 8 種調味料和 28 種調味香料。沙邦（Sabban）指出最常使用的調味是青蔥、薑、醋、一種未特別指明的豆蔻屬植物、胡椒、芫荽和橘子皮，這些都是中國 14 世紀時很典型的食材。來自世界各地的影響也很常見，例如肉裹上阿魏，然後用「阿拉伯脂肪」（Arab fat）煎上色，或同樣受中東影響的洋乳香湯（Mastic soup）；食譜中有時會使用外來語，來增加某種魅力和吸引力，另外也會透過進口的香料來增添異國風情。

阿魏這種常見的印度和西亞香料，就用在好幾道菜中。除了上述所提到的，書中還標出其他香料：蒔蘿、南薑、薑黃、番紅花、花椒屬植物（Fagara）、黑胡椒、長胡椒、芥末、羅勒、肉桂、小荳蔻、洋乳香、樟、葫蘆巴、芝麻和甘松。這些香料中許多都不是產自中國，要透過進口；有趣的是，胡椒似乎用的比中國本地產的花椒屬植物還要多，大概是因為胡椒的辛辣嗆味更重的緣故。牛舌草（Alkanet）和番紅花也被使用為食物的染劑。

藍伯特‧多東斯（1517 ～ 1585）和約翰‧傑勒德（1545 ～ 1612）

藍伯特‧多東斯（Rembert Dodoens）是佛拉蒙（Flemish）植物學家和醫生。後來成為皇家（內科）醫生，並在 1582 年時，被任命為荷蘭萊頓大學（University of Leiden）的醫學教授。

他從年輕時就對植物充滿興趣，在 1552 年出版 "De frugum historia"，接著在 1554 年出版了一本配以插畫的草本植物介紹書籍《本草新說》（Cruydeboeck，暫譯），並特別著重藥草。[45] 這本書被翻譯成多種語言，包含英文版（公元 1578 年，書名為 A niewe herball or Historie of plantes...），不但一炮而紅，還成為風靡一時的經典之作。此書的人氣甚高，在當時成為僅次於聖經，被翻譯成最多種語言的書籍。[46]

它也引起約翰‧傑勒德（John Gerard）的注意，傑勒德是英國一名藥草種植者和「外科理髮醫師」（Barber-surgeon）‡，他住在霍本（Holborn），對他那個出名的大花園細心照料。1577 年時，他成為威廉‧塞西爾（William Cecil）的花園監管人，並在 1586 年，成為內科醫師學會（College of Physicians）藥用植物園的管理者。他逐漸建立起做為一名藥草種植者的聲望，接著在 1596 年產出一份《植物名錄》（Catalogue of Plants，暫譯），列出他在霍本的花園中，所栽培超過 1,000 種罕見植物。

大約在此時，出版商約翰‧諾頓（John Norton）連繫他，希望出版多東斯 "Stirpium historiae pemptades sex" 一書的英譯本，這是在 1583 年對《本草新說》做過許多修改的拉丁文譯本。

傑勒德雖然熱愛植物，但卻不是具學術性的植物學家，也不是諾頓想找的譯者首選。諾頓一開始想請羅伯特神父（Dr Robert Priest）翻譯，但他那時已經過世了。後來傑勒德完成了翻譯，撰寫一本名為《草藥或植物通史》（Herball, or Generall Historie of Plantes，暫譯）的新書，並在 1597 年出版。[47]

---

‡ 編註：外科理髮師在中世紀歐洲是常見的醫生類型之一，主要負責照顧戰時和戰後的士兵。當時外科理髮師除了理髮，還知道如何放血、拔罐、拔牙、截肢等外科手術。

但發生了幾件明顯是抄襲的事件：首先，翻譯的內容似乎大部分來自神父的心血，雖然傑勒德宣稱是他自己翻的。此外，佛拉蒙的一名植物學家、醫師，也是傑勒德的朋友——馬蒂亞斯・德・洛貝爾（Matthias de l'Obel）的一些作品，也被傑勒德重新使用。第三則是抄襲德國的植物學家西奧多・雅克布斯（Jacobus Theodorus）的內容。

一名英國植物學家湯瑪斯・強森（Thomas Johnson）對《草藥或植物通史》的文字加以修改、修正及擴充，並在 1633 年出版了他自己的版本，他還在前言澄清了上述這些不正當行為。

大部分的主要香料如今都可以在這本植物學文獻中找到，只是充滿異國風情。大約在哥倫布「發現」辣椒後的 1 世紀，辣椒的起源依舊充滿了神祕，被傑勒德稱為金尼（Ginnie）辣椒或印度辣椒：「這些植物從外國，如金尼、印度及周遭地區帶回西班牙和義大利」，而且：

> 金尼辣椒具有椒味，但沒那麼強烈，味道也沒那麼好，雖然如此，在西班牙和印度某些地區，人們的確會用這種植物來幫肉類調味，就像我們使用卡勒庫特椒（Calecute pepper）一樣：但（作者如此說）它包含一些不好的特質，因此對肝臟和內臟有害……

雖然有抄襲的問題（在那個年代很普遍），不過《草藥或植物通史》還是相當受歡迎，而且對接下來的兩個世紀都是非常重要的參考文獻。

尼可拉斯・寇佩珀（1616 ～ 1654）

寇佩珀（Nicholas Culpeper）是一名英國植物學家、藥師和草藥種植者。在祖母的影響下，他從小就對藥草感興趣，空閒的時間也都在編目植物。他在劍橋求學，1640 年在斯皮塔佛德（Spitalfields）的中途之家開了一間藥局，並從鄰近的鄉間取得他所需要的藥草。

他非常忙碌，每天需要治療許多病人，遇到無法負擔醫藥費的人，就免

費診治。他反對當時醫生診療時過度收費，以及內科醫師學會的壟斷，他認為每個人都能獲得醫療。因此，有許多人看他不順眼，他受到孤立，還被指控施行巫術。

在（英格蘭）內戰期間，他支持議會軍（圓顱黨），並擔任戰時醫護兵。他在 1643 年受了重傷後，便返回倫敦，接著在 1652 年出版了《英國醫生》（*The English Physitian*，暫譯），這是一本用白話寫成的草藥療法書籍，後來更名為《完整草藥》（*Complete Herbal*，暫譯）。

為了讓一般大眾都買得起，這本列了數百種草本植物的書，定價相當便宜。內容也很淺顯易懂──裡面有許多接地氣的笑話、嘲笑既有制度等：「我們的醫生必須像人猿一樣模仿，因為他們連牠們的一半聰明都不到。」[48] 對於每一樣草本植物，他都列出名稱、替代方案、簡要說明、地點、時間、管理方法和優點。書中大部分的香料都能在英國找到，只有零星幾個來自國外。

這本書使用占星術來當做其中一個指導原則（也因此在現代失去可信度），但寇佩珀最終的目標是打破傳統，建立人人都負擔得起的草藥療法。下面這段話提到了傑勒德（在「給讀者的信」序言中）：

> 無論是傑勒德、帕金森（Parkinson）或其他撰寫相似本質的作者，都從未合理地說明為什麼要寫那些內容，他們所做的只是訓練傳統學派一些年輕的內科新手，用像是教鸚鵡說話的方式來教導他們……

這本書獲得巨大的成功，從 17 世紀以來就從未絕版過。

卡爾‧林奈（1707 ～ 1778）

林奈（Carl Linnaeus）是瑞典植物學家、動物學家和醫生，他利用他的分類系統把生物學帶進現代。他先是在隆德讀書，之後在烏普薩拉大學（Uppsala Universities）教植物學，接著在公元 1735 年抵達荷蘭，並在那裡取得醫學學位（在隆德開始的）。

他接下來的三年都待在荷蘭，並發表了一些著作，包括重要的《自然系統》（*System Naturae*），他在書中介紹了他對（生物）分類學的看法。[49] 林奈後來回到瑞典，並在斯德哥爾摩行醫，在 1741 年成為烏普薩拉大學的醫學及植物學教授。

《自然系統》的初版只有 11 頁，但卻完全改變了整個形勢；林奈把自然界分成動物、植物和礦物界（Kingdom），而植物界列出約 6,000 個種（Species）。分類階層共有 5 級——界、綱（Class）、目（Order）、屬（Genus）、種（Species，另外科〔Family〕是後來才加在目和屬之間）。每一個有機體皆以二名法（Binomial）來命名，用拉丁文寫出屬名和種名。

這本書後來經過擴充、修訂與改正，最後以他為作者的身份下，共出版了 12 版，但普遍認為 1758 年的第 10 版是最重要的。到了第 12 版時，整本書已經有 2,400 頁。

其他林奈的重要植物學著作包括：《植物圖書館》（*Biblioteca Botanica*，1735，暫譯）、《植物學的基礎》（*Fundamenta Botanica*，1736）、《點評植物學》（*Critica Botanica*，1737，暫譯）、《植物屬誌》（*Genera Plantarum*，1737）、《植物學論》（*Philosophia Botanica*，1751）和《植物種誌》（*Species Plantarum*，1753）。

林奈的成就在他的有生之年即獲得認可，並伴隨國際學術的知名度而提升；他在 1747 年成為皇室的首席醫師，1750 年成為烏普薩拉大學的校長，並在 1761 年被封為貴族。

❧❧❧

同時，自 15 世紀起，就有一場革命正在進行中。在東羅馬帝國滅亡後，歐洲國家努力想推動已知世界的邊界，並建立新的貿易路線。這個新世代會成為我們所知道的「地理大發現」……而香料是關鍵的推手。

02

The
Early Spice Trade

早期香料貿易

在埃及代爾埃爾巴哈里（Deir El-Bahari）的哈特謝普蘇特女王神殿（Mortuary temple of Queen Hatshepsut；女王於公元前 1458 年逝世）中的一幅浮雕作品，顯示了到蓬特（Punt）的貿易遠征隊。

青銅時期

動植物的第一次長途大遷徙可追溯到公元前 3 千紀，當時和東亞的農作物一起沿著初始的絲路（Proto-Silk Road）向西方前進，同時間，小麥和大麥則傳向東方，並在公元前 2500～前 2000 年時出現在東亞。[1]

香料貿易本身可能始於公元前的最後 2000 年內（或甚至更早），例如在法老拉美西斯二世的木乃伊中發現黑胡椒（原生於印度）。孜然（和罌粟）則是跟著非利士人（Philistines）一起到達以色列（公元前 12～前 7 世紀），只是當時未必是透過貿易而來。青銅時期間香料貿易或移動的證據，可總結為表 2 的內容。

表 2：青銅時期香料貿易的證據

證據	香料	年代	註解	參考文獻
在瑞士的新石器時代晚期，於湖邊定居地找到種籽	蒔蘿	西元前3400～3050年	瑞士不是蒔蘿的原產地，推測是從地中海地區傳過來	C. Brombacher, 1997 [2]
在努比亞的皇家陵墓中，出現裝飾用的香爐	未詳細定義的線香	西元前4千紀後期	可能是從阿拉伯或東北非引進	N. Boivin & D. Fuller, 2009 [3]
芝麻由印度引進美索不達米亞	芝麻	西元前2400 年？	有證據支持在公元前2000年之前，從印度向西方擴散	D. Bedigian & J. Harlan, 1986; [4] D. Fuller, 2003, [5] V. Zech-Matterne et al., 2015 [6]
在米諾斯文明遺址的容器殘留物中，發現孜然的痕跡	孜然	西元前2000年		E. Tsafou & J. J. Garcia-Granero, 2021 [7]
在埃及拉希納村（Mit Rahina）的花崗岩石塊銘刻上，提到艦隊從黎凡特帶回271袋肉桂或樟	肉桂或樟	公元前19世紀	取決於將"ti-Sps"翻譯為「肉桂」的情況	E. S. Marcus, 2007 [8]
在巴比倫種植	薑黃、小荳蔲	公元前18世紀	源自南亞和東南亞	F. Rosengarten, 1969 [9]

在敘利亞德卡（Terqa）發現丁香	丁香	公元前1720年	丁香源自東南亞	G. Buccellati & M. Kelly Buccellati, 1978;[10] Monica L. Smith, 2019[11]
記載於古埃及的《埃伯斯紙草文稿》	小荳蔻	公元前1550年	源自南亞和東南亞	F. Rosengarten, 1969 (op. cit.)
透過哈特謝普蘇特女王的蓬特遠征取得（經由尼羅河或紅海）	沒藥、乳香、（肉桂）	公元前16～前15世紀	蓬特的確切位置，目前仍眾說紛紜，可能是今日的衣索比亞、索馬利亞、厄利垂亞（Eritrea）或烏干達的一部分；肉桂的翻譯也有所爭議	A. B. Edwards, 1891;[12] F. Rosengarten, 1969 (op. cit.); F. Wicker, 1998;[13] J Turner, 2004[14]
在埃及第十八王朝代爾埃爾巴哈里的遺址中出現肉豆蔻，大概與哈特謝普蘇特女王的蓬特遠征有關	肉豆蔻	公元前16～前14世紀	肉豆蔻源自印尼，有歧義且未經證實的。	E. Naville & H. R. Hall, 1913[15]
古埃及文獻提及肉桂，在公元前2000年的印尼和馬達斯加／拉普他（Rhapta）之間，東非被認為是一條繁忙的「肉桂之路」	肉桂（肉豆蔻、丁香等可能也是經由這條路）	公元前2000年中期	肉桂原產於東南亞和印度。有許多證據可證實，早期使用「雙舷外伸浮體艇」（double outrigger canoe）從印尼連接到馬達加斯加	J. Innes Miller, 1969[16]
在黎凡特人的牙結石中發現薑黃（Curcuma）蛋白質的殘留物	薑黃	公元前2000年中期	源自南亞	Ashley Scott et al., 2020[17]
在土耳其南岸的烏魯布倫（Ulu Burun）沉船中，發現149個迦南人的雙耳陶罐，裡頭裝滿黃連木的樹脂	黃連木的樹脂（可能是為了做薰香用）、芫荽、黑種草、鹽膚木、紅花	公元前14世紀	可能是敘利亞－巴勒斯坦和賽普勒斯之間的貿易路線。黃連木樹脂的原產地可能為北約旦河谷	C. Glenister, 2008;[18] C. Pulak, 2008[19]
在拉美西斯二世的鼻孔中發現胡椒原粒	黑胡椒	公元前1213年	假定來自印度到埃及的貿易	A. Plu, 1985[20]
香櫞（Citrus medica）的種籽出現在賽普勒斯的哈拉蘇丹清真寺（Hala Sultan Tekke）	香櫞	公元前13世紀晚期	香櫞源於東南亞	H. Hjelmqvist 1979[21]
在以色列腓尼基人的燒瓶中找到肉桂醛（Cinnamaldehyde）殘留物	肉桂	公元前11～前9世紀	暗指當時黎凡特與亞洲之間應該已建立貿易關係	D. Namdar et al., 2013[22]
在保加利亞、印度和巴基斯坦境內的青銅時期遺址中，多次發現葫蘆巴種籽	葫蘆巴	青銅時期裡的多個年代	原產地為東中海，不確定是否經過交易傳入，生長在印度和巴基斯坦的野外	T. Popova, 2016[23]

「芝麻」是最早且最重要的香料之一，而且被現代人廣泛使用，雖然它以前因為可煉油而特別有價值。植物學的證據顯示芝麻（S. indicum）一開始是在印度次大陸人工培植，目前找到最早且可信的標本，其日期可追溯到公元前 2500 ～ 2000 年，位在巴基斯坦印度河谷的哈拉帕（Harappa）和巴基斯坦西南部的米里卡拉特（Miri Qalat）。

目前芝麻追溯到的人工培植品種是 S. orientale L. var.malabaricum。[24] 芝麻也出現在印度其他地方，年代較接近現在，如印度旁遮普邦（Punjab）的桑霍爾（Sanghol，公元前 1900 ～前 1400 年）和恆河流域的斯林維拉普拉（Sringaverapura）與其他地點（公元前 1200 ～前 800 年）。[25]

根據來自伊拉克阿布薩拉比克（Abu Salabikh）的焦黑種籽，芝麻可能在公元前 2300 年的哈拉帕文明（Harappan civilisation）時期，就已經傳到美索不達米亞。另外，可能在第一中間時期（First Intermediate Period；公元前 2181 ～ 2055 年）之前，就已到達埃及奈加代（Naqada），只是根據記錄，花粉出現的時間更早。

圖坦卡門的墳墓（約公元前 1325 年）和在代爾麥地那（Deir el Medineh）的一個儲存容器（公元前 1200 ～前 1000 年）中，也發現了芝麻。芝麻在其他中東青銅時期的發現，可追溯到公元前 1450 ～前 1250 年。這似乎可以證明芝麻是藉著人類的驅動，從印度次大陸西方／西北方的來源地往西傳播。

它利用哈拉帕和美索不達米亞之間已存在的陸路貿易路線，而在摩亨佐達羅（Mohenjo Daro）與烏爾（Ur）之間，則利用阿拉伯海的海上交易。[26] 美索不達米亞成為芝麻和芝麻油進入地中海地區的集散（配送）中心。

還有更多外來香料也往西移。肉桂是一種南亞香料，曾多次突然出現在埃及的考古學紀錄中，但取決於是否把銘文上的 "ti-Sps" 翻譯成「肉桂」。一輛載有 271 袋肉桂（或可能是與其有關的「樟」）的大型船隻，被刻在埃及拉希納村遺址的花崗岩石塊上，時間為公元前 19 世紀。

從埃及盧克索（Luxor）附近、哈特謝普蘇特女王神殿中描述公元前 16 世紀遠征到「蓬特之地」（The Land of Punt）的浮雕中，也推論出肉桂。

從這個建築物找出的真肉豆蔻遺跡，可能也來自同一場遠征。[27]

根據報告，肉桂出現的確切證據是在以色列一處、青銅時期晚期腓尼基人的燒瓶中發現的（公元前 11～前 9 世紀）。[28] 而且也找到了薑黃——這是在一份米吉多（Meggido；今以色列境內）古人類遺跡的牙結石研究中，發現食用薑黃、大豆和香蕉的證據，完全可以證實東地中海地區的人類，在公元前 2000 年中期時，就具有取得南亞等遠方食物的管道。[29]

鐵器時期

在鐵器時期（Iron Age），長程貿易透過東南亞和印度、印度與西方國家，以及在該時期尾聲的中國與其他亞洲國家，以及西方國家間的貿易而更加蓬勃發展。[30] 羅馬帝國、漢朝和帕提亞帝國（Parthian）的擴張也促成了新的貿易連結，而香料達到了前所未見的規模。

黑胡椒、肉桂、小荳蔻、穗甘松是新傳入羅馬的香料中，最重要的幾種，而胡椒、芝麻、孜然、肉桂和其他香料則是從南邊和西邊抵達中國。表 3（見 P.52）顯示交易的香料種類大量增加。圖 5（見 P.323）則是主要的早期香料貿易路線。

表 3：鐵器時期香料貿易的證據

證據	香料	年代	註解	參考文獻
在葉門出現芝麻	芝麻	公元前1千紀前半		Boivin & Fuller, 2009 (op. cit.)
中國肉桂（C. cassia）的花出現在薩摩斯島赫拉神廟（Hera）的聖區	中國肉桂	公元前7世紀	出現亞洲香料的證據	D. Kučan, 1995 [31]
莎芙的《片段44》（Sappho Fragment 44；講述赫克托爾和安德洛瑪刻的婚姻）提到了「混合沒藥、肉桂和乳香的香氣」	沒藥、肉桂、乳香	公元前7～前6世紀	一首古希臘神話詩。這些香料對當時的希臘而言，都屬於外來的	www.allpoetry.com/poem/15809044 [32]
在希伯來文聖經中數次提及	肉桂、中國肉桂	約公元前1千紀中期		A. Gilboa & D. Namdar [33]
迦勒底人（Chaldaeans）每年在巴比倫一間神廟的大祭壇要焚燒重1,000塔冷通（Talent）的乳香。巴比倫的夫妻在性愛之後，會燒線香	乳香	約公元前430年	推斷是從阿拉伯交易到美索不達米亞	希羅多德（Herodotus）[34]
文本	中國肉桂、沒藥	約公元前430年	埃及人用於防腐處理	希羅多德 [35]
斯基泰人（Scythians）在進行防腐處理時，會在人體內塞切碎的柏、乳香、巴西利種籽和洋茴香籽	乳香	約公元前430年	乳香經由初始的絲路進口到中亞	希羅多德 [36]
分析從海裡打撈到的希臘雙耳細頸瓶的殘留物時，發現薑科和芸香科的植物，以及其他植物	薑科、芸香科	公元前5～前3世紀	薑源自亞洲。出現在雙耳細頸瓶中表示用於貿易	B. P. Foley et al., 2011 [37]
在希波克拉底寫的文件，以及實際使用中，出現了多種非原生香料作為藥物	豆蔻屬植物、小荳蔻、中國肉桂、肉桂、黑種草、乳香、白松香（Galbanum）、薑草、沒藥、胡椒、番紅花、安息香屬植物、穗甘松、菖蒲	公元前460～前370年	這些物質可能是透過貿易取得的	《希氏醫書》[38]

泰奧弗拉斯托斯所著的文件中出現多個非原生香料	中國肉桂、小荳蔻、肉桂、乳香、南薑、薑草、阿拉伯膠、萊姆、枸杞屬植物、沒藥、胡椒、石榴、番紅花、芝麻、穗甘松、菖蒲、羅望子、黃耆膠	公元前370～前285年		泰奧弗拉斯托斯[39]
《遮羅迦本集》（Charaka）提到，在印度和羅摩衍那（Ramayana）使用的早期證據	丁香	公元前2世紀（《遮羅迦本集》）	透過運輸或貿易傳過來的，因為原產於摩鹿加群島	W. Dymock et al., 1891;[40] R. S. Singh & A. N. Singh, 1983[41]
文字證據顯示丁香最早在中國使用的情形——朝廷大臣習慣在向皇帝稟報前，在嘴裡含丁香	丁香	約公元前266年	透過運輸或貿易傳過來的，因為丁香的原產地為摩鹿加群島	W. Dymock et al., 1891 (op. cit.)
在泰國南部一處發現1顆芝麻籽	芝麻	公元前200年～公元20年	可能是和印度貿易而來的	C. C. Costillo et al., 2016[42]
在以色列、約旦、埃及和德國多處鐵器時期遺址發現葫蘆巴種籽	葫蘆巴	鐵器時期裡的多個年代	原產地為東地中海，不知是否透過貿易	T. Popova, 2016[43]

貿易路線

薰香之路（The Incense Route）

　　最早的貿易路線可能是在公元前 2000 年，連接地中海區域和沙烏地阿拉伯（還有跨越紅海、埃及），所謂的「薰香之路」。

　　乳香、沒藥，和其他具有香氣的物質在地中海社會中，會當作儀式裡的焚香、或作為香水和藥物使用。公元前 2000 年，在埃及代爾埃爾巴哈里發現了樹脂，但其使用的歷史可能更久遠。[44]

薰香之路從沙巴特（Sabbatha）往南和往北延伸，穿過其他王國的首都，到達佩特拉（Petra）、加薩，商品則由商隊運送，據普林尼所言，（到加薩）是一段 65 天又艱辛的路程。往北運送芳香物質時，也很常利用紅海。史特拉波形容南阿拉伯芳香物質的繁盛貿易為：

> 塞伯伊人（Sabæi；Sabaeans）的國家人口非常稠密，地理位置相毗鄰，而且土地非常肥沃，產有沒藥、乳香和肉桂。在海岸可以找到香脂（Balsamum）和另一種濃郁香氣的香草，但後者的香氣很快就消散了。另外也有聞起來甜甜的棕櫚樹和省藤屬植物……。比鄰而居的人們會接連收到一大堆（香水），他們會再帶給其他人，最遠還曾傳到敘利亞和美索不達米亞。當運送者被香味薰得昏昏欲睡時，會燒瀝青和山羊胡菊（Goat's beard），用這些煙氣來提振精神。[45]

普林尼曾說：「阿拉伯最主要的物產是乳香和沒藥。」[46] 米勒（Miller）曾描述原產於阿拉伯、屬於乳香屬（*Boswellia*）的 5 個種，其中一個產於主要大陸，另外四個則產於索科特拉島（Socotra）。[47]

品質最好的乳香，一磅可賣 6 第納里烏斯（Denarii；根據普林尼所言）*，而最棒的沒藥最多能賣到 50（200 塞斯特堤斯〔Sesterces〕）†，或等同於公元 1 世紀技術純熟的工人 50 天的薪水。[48] 米勒也形容了沒藥樹屬（*Commiphora*）的 14 個種，其中大部分原產於非洲。塞伯伊人以此做買賣，向北沿著同一條路線運送。大量的乳香和沒藥到達西方——在公元前 1 世紀時，羅馬每年會進口 3,000 英噸乳香和 600 英噸沒藥。[49]

除了這些固有的芳香物質外，還進口了白松香、代沒藥、洋乳香、菖蒲、甜菖蒲、肉桂、穗甘松、安息香屬植物和木香、沉香蘆薈（Aloe wood）和檀香，除了在公元前 4 世紀被泰奧弗拉斯托斯認出來的芳香物質外，其他有許多都已經透過阿拉伯港口傳入。

---

* 譯註：為古羅馬貨幣系統中，最常見的硬幣。

† 譯註：古羅馬錢幣單位。

樹脂除了當線香和香水等主要用途，還有其他古老的用法：近幾年，人們在分析寬口罐的殘留物時，偵測到樹脂，罐中同時有葡萄酒的生物標記。[50] 最早的寬口罐年代大概是公元前 5400 年，最近的是屬於拜占庭年代。這些寬口罐來自中東和希臘的許多不同地點，但許多來自古埃及。除了樹脂，也發現幾樣地中海香草的痕跡，這讓我們得到一個結論，原來葡萄酒從很早以前就用樹脂密封、加味與添入香料。

黎凡特－愛琴海（Levantine–Aegean）的香料貿易是合理的從薰香之路延伸出去，因為薰香之路是把芳香物質帶給地中海的客戶。從阿拉伯或東北非來的乳香和沒藥自然至為重要。[51] 除了沒藥外，其他屬於沒藥樹屬的種／衍生物也進行交易，如芳香性香脂、香脂、代沒藥和古埃及的一種香品「史塔克特」（Stakte）。泰奧弗拉斯托斯和希波克拉底的著作記錄了許多產品的最終用途（見 P.52，表 3）。

草原之路（The Steppe Route）

歐亞大草原（Eurasian Steppe）大約是從蒙古到羅馬尼亞東西向橫貫，山巒平緩起伏的一片大草原。在史前狩獵採集者之後出現的，是在草原上遊牧的牧民。大草原自然成為一條龐大的運輸路線，讓人類、動物、貨物和想法能夠流通（過了很久之後，才建立絲路）。我們可以假設香料、香草、藥物和香品也是沿著這條路線運輸。

早期印度河谷之路（Early Indus Valley Routes）

貿易路線往西可能穿過摩亨佐達羅（哈拉帕往南約 500 公里）的重要城市，接著往西北穿過現今的阿富汗，或穿過邦普爾（Bampur）沿著與海岸平行的西南內陸，或沿著波斯灣走海路。

阿格茲（Algaze）曾形容在古典時期，穿過敘利亞－美索不達米亞的路線：許多由東向西的路線越過高地平原，到達安堤阿（Antioch）和大馬士革，而其他條路線（大致上是由北到南）則緊緊地沿著底格里斯河和幼發拉底河。[52] 更早一點的路線一定也是沿著類似的路徑。

穆克吉（R. Mookerji）援引烏爾遺跡中的印度柚木為證，認為印度與巴比倫之間的海運貿易一定是從公元前 3000 年就開始持續進行的。[53] 其他同時期的學者則認為海上貿易是晚一點才開始。

最古老的印度吠陀梵語（Vedic Sanskrit）文本——《梨俱吠陀》（*Rig-Veda*，又譯為《歌詠明論》）可能在公元前 1500～前 1000 年或更早期就編寫完成，其中提到了執行海上貿易的船隻和商人。

穆克吉引用梵語和巴利語（Pali）文學中提到到超大型遠洋船舶的證據。從印度河到波斯灣路線的適航性也由以下人員和事例證明。首先是在公元前 515 年，史克勒斯（Scylax）受到波斯王大流士一世（Darius I）的指派，接著是亞歷山大大帝，他的軍隊在奈阿爾霍斯（Nearchus）的命令下，沿著印度河航行，接著經過波斯灣到達巴比倫。[54]

到蓬特之地的航程

蓬特之地（Land of Punt）在古埃及附近，但確切地點不詳，目前有各種不同解讀，認為其範圍為是現在的衣索比亞、厄利垂亞、索馬利亞、烏干達或沙烏地阿拉伯／葉門的部分地區。

埃及女王（女法老）哈特謝普蘇特因為在公元前 1493 年，發動一場到蓬特的貿易遠征而聞名。這趟遠征用了 5 艘船和將近 210 個男人。路線大概是經由陸路到紅海，接著搭船南下；沿著紅海的距離大概約 1,500～2,000 公里，而危險的往返旅程必定花耗時數月。乳香和沒藥（也許還有肉桂）是其中一些帶回埃及的貨物。這場遠征以美麗的敘事性浮雕刻在盧克索附近代爾埃爾巴哈里的神殿建築群中，並包含以下說明，講述回程的準備工作：

> 船上載了很多蓬特國的奇珍異寶，所以載重非常重；所有來自神應許之地的芳香木頭、大量的乳香樹脂、新鮮乳香樹、烏木和純象牙、宛如綠金的 "Emu"、肉桂木、克內西特木（Khesyt wood）、伊赫穆特香（Ihmut-incense）和松特爾香（Sonter-incense）。[55]

這並不是埃及人第一次長征到蓬特（目前已知最早的長征發生在公元前25世紀，那趟遠征帶回8萬古埃及測量單位的沒藥和其他物品），但卻是記載最詳實，也最著名的範例。[56] 可能還存在著其他未列入的紀錄。肉桂（如果是肉桂的話，因為翻譯是有歧義的）可能是來自印度或東南亞。

亞洲到馬達加斯加（「肉桂之路」）

多條證據顯示，南島民族在公元前2千紀或公元前1千紀時，往西遷徙到馬達加斯加。米勒形容「肉桂之路」是早期印尼到馬達加斯加的貿易路線。[57] 他提到普林尼嘲笑盛傳的奇幻肉桂來源故事（譬如它出現在由有爪子的蝙蝠，以及有翅膀的蛇保護的沼澤地），而且指出非洲肉桂是從其他人那裡得來的，那些人：

> 帶著它，乘坐筏子渡過浩瀚的大海，這些筏子不是由舵掌握方向，也沒有槳或帆拉引或推動……此外，他們選擇在冬天，大約是午夜時航行，那個時候吹著東南風；這些風能直直把他們從一個海灣吹到另一個海灣。[58]

普林尼說這個航程帶他們到奧西拉（Ocilia；在葉門境內），往返大概需要5年，而且許多人會在旅途中死去——他當然沒有提起印尼，因為當時西方還不認識這個地方。米勒的觀點是，普林尼提到的筏子是印尼的雙舷外伸浮體艇，而普林尼的觀察讓這種航海方式的年代，至少可追溯到公元1世紀，儘管有可能更早就發生了（公元前2千紀）。

肉桂在大陸上可能已經運輸到拉普他，由從事沿海貿易的阿拉伯船隻，往北朝著亞丁灣（Gulf of Aden）、索馬利亞和紅海傳輸，並可能在當地融入已經穩定存在的貿易系統。

不過，雖然普林尼（和米勒）把這些旅程形容為貿易，但這5年搭著容量非常有限的船隻往返，再加上其中的巨大危險，這說法上顯然有問題。可能的替代方案是，也許有零星的印尼人，緩慢地、三三兩兩帶著他們寶貴的貨物遷移。

絲綢之路（絲路）

絲路大約從公元前 200 年開始，是一個連接中國與西方世界的陸路網絡。「絲路」這個詞從 19 世紀才真正流行起來，而且直到現在仍是個模糊不清的概念，但有件事在歷史事實上是肯定的，那就是（大部分是）東西方的交流。

它同時也是一個名字的誤用，因為事實上這個「路線」是一個錯綜複雜的網絡，由許多小道、小徑和路組成，涵蓋一個非常大的區域。當時西方的情況是，亞歷山大大帝透過軍事力量，在公元前 334 年入侵波斯帝國，以及在公元前 326 年入侵印度，向東擴展帝國版圖。

當時的波斯帝國版圖很大，包含安納托利亞（Anatolia）、埃及和許多裡海（Caspian）南邊的中亞地區。雖然亞歷山大的新帝國在他去世後並未維持很久，但他遺留下來的是，持續性的希臘影響力和希臘化（Hellenistic）的塞琉古王朝（Seleucid dynasty），此王朝後來透過許多形式統治了 300 年。最後這個王朝被西邊來的羅馬人和東邊來的帕提亞人（Parthian）取代。帕提亞帝國位處絲路的中央，一直到公元 224 年才滅亡。

至於東方，中國的漢朝（公元前 206 年～公元 202 年）是第二個王朝，也是最有文化成就的朝代之一。漢朝也拓展了自己的疆域，最遠到達西域（今新疆）。[59] 眾多路線穿越困難的地形，沿著戈壁沙漠的邊緣往南，並到達塔克拉瑪干沙漠的東緣，從那裡有多條路線往南或往北，最後在沙漠西邊端點的喀什再次會合。喀什是一個要地，是喜馬拉雅山脈、天山山脈和興都庫什山脈的交會處。這些往西方世界的路線，難度真的非常高，所以商隊走絲路會選擇吃苦耐勞的雙峰駱駝當交通工具。

雖然絲綢是當時中國出口到西方世界的商品中最有價值的貨品，但其他也在交易項目內的商品包括食物——還有香料（體積／重量小，因此便於攜帶，經濟價值又高）。

關於香料沿著絲路早期移動的考古學證據並不多，但在公元前 2 千紀和前 1 千紀，於許多國家出現非原生的香料，就足以暗示它們是經由貿易，

或由人類移動所傳入，而陸路運輸香料可能就是促發這個情況的其中一個原因。亞歷山大入侵北印度，所遺留下來的其中一樣東西，就是增加香料和香草的植物學知識。[60]

跨越印度洋的海上路線（海上絲路）和更遠處

公元前 3 千紀的海運貿易與哈拉帕人和阿曼、巴林、與蘇美（Sumer）間的交易有關，但海上貿易要等到公元前 600 年之後才比較明顯。[61]巨大的印度孔雀王朝（公元前 324～前 187 年）和塞琉古王朝（由希臘衍生的王朝，包含目前西亞的許多地區）之間的良好關係，讓北印度到波斯灣的海路越來越重要。

重要的波斯灣港口包含埃爾杜爾（El Dur），它展現了與印度、美索不達米亞、阿拉伯、波斯和地中海地區的商業交流。鄰近的姆萊哈（Mleiha）在歷史上也有類似的意義。[62]在阿拉伯海岸上，位於今阿曼佐法爾省（Dhofar）的科爾羅里（Khor Rori，亦稱「蘇姆胡拉姆」〔Sumhuram〕）是乳香貿易移動的重要港口，而且地位延續了好幾個世紀都未曾改變。

考古學中已經有許多印度、波斯灣和地中海地區接觸的資料。在今葉門境內的「卡納」（Qana）是古代另一個重要港口，《愛麗脫利亞海周航記》（*Periplus Maris Erythraei*；一本成書於公元 1 世紀的航行紀）曾形容此處是另一個乳香貿易樞紐，而且和西北印度有直接的生意往來（至少就公元 1 世紀而言）。

索科特拉島對於蘆薈、乳香和血竭而言，是個重要的地點。文本和銘文都顯示在公元前 1 世紀到公元 6 世紀間，有許多不同國籍的水手都曾造訪過這個島。在紅海，阿杜利斯港（The port of AdulisAdulis）可能自公元前 2 千紀就相當繁榮活躍，之後成為阿克蘇姆王國（Axumite kingdom）的主要港口。再往北一點，貝勒尼基港口（Berenike）在公元前 3 世紀由托勒密王朝建立，目的是取得到達海洋的途徑。

附近的米奧斯荷爾莫斯（Myos Hormos）也是基於相似理由而建立；這

兩處後來都成為羅馬香料貿易的關鍵地點。在這兩處以及其他地方,如索科特拉和科爾羅里都曾發現印度人的蹤跡。[63]

早期的貿易路線再往東邊推進的話,可能以斯里蘭卡(古稱為「塔普羅巴納」)為中心,路徑可能沿著印度東海岸或直接穿越麻六甲海峽,往東到印尼群島,或往北到中國。

例如,摩鹿加群島特有的物產(肉豆蔻、肉豆蔻乾皮、丁香)若要送到西方,就至少必須走一段海路。從東南亞出發的船會航行到印度、斯里蘭卡和東非海岸,至少從公元前 400 年開始(或甚至更早),東南亞大陸和印度之間就有物品交流。[64] 中國與印度港口間的互動,可能也是在差不多的時間建立,但在公元前 1 世紀時擴張。[65] 東南亞和南中國海‡附近的當地貿易可能在更早以前就已經建立了。東南亞和中國南部港口的貿易(稱為「南海貿易」)從公元 1 世紀開始蓬勃發展,貿易內容包括香料、芳香物質、木材和珍珠等。

---

‡ 譯註:國際上對「南海」的通稱

O3

Coriander Family (Apiaceae):
Ancient Spices of the Middle
East and Mediterranean

與芫荽同科（繖形科）：
中東與地中海的古香料

芫荽籽，攝於開羅的哈利利香料市集（Khan-El-Khalili spice market，作者）

繖形科（Apiaceae）是帶香氣的開花植物集合而成的一科，包含超過 400 個屬和 3,700 個種。此科的蹤跡遍佈全球，但最大宗的本地屬（包含大部分最廣為人知的種）出現在歐亞大陸的溫帶地區。

包括許多知名的香草和香料，如洋茴香、芫荽、孜然、甜茴香、巴西利和其他，胡蘿蔔和歐洲防風草也屬於這一科。繖形科因舊名 "Umbelliferae" 而出名，這是根據花朵的常見型態而來的——因為花的末端會有「繖形花序」（Umbel），也就是從一個共同點往外延伸許多短短的花梗，形狀類似雨傘或陽傘。此科也包含一些帶有劇毒的種，如毒菫（Hemlock）和大豬草（Giant hogweed）。

由於它們普遍原生在地中海到中東／西亞地區（見圖 2，P.322）的本質，繖形科香料屬於在「新月沃土」（Fertile Crescent）的文明（和糧食生產），在初期就使用的香料。在世界上，至少也有四個其他地區的糧食生產起源中心，但新月沃土能看到大約公元前 8500 年最早的人工培育，而且是最古老的。[1]

有個發生在 2019 年的有趣故事能說明此情況：當時有一組國際學者照著收藏在耶魯大學巴比倫典藏庫中，用楔形文字鑴刻在泥板上的食譜[2]，重現了當年的菜色，這些可以理所當然地被稱為是世界上最老的食譜。泥板全都來自美索不達米亞區域，包含部分伊拉克、敘利亞和土耳其，其中有三塊的年代約為公元前 1730 年，但第四塊則大約是 1,000 年後。

其中一塊最古老的泥板幾乎完好無缺，而且上頭還紀錄一份食材清單，可對應出 25 道燉菜和高湯；另外兩塊則包含其他 10 道食譜。經過在現代廚房裡的不斷試驗，團隊成功複製出四道菜：

Pashrutum：包含埃及韭蔥（Kurrat；春韭蔥）、韭蔥、大蒜、芫荽、鹽和酸種麵包的蔬菜湯；

Me-e puhadi：用鹽、乾大麥糕（Dried barley cakes）、洋蔥、波斯紅蔥（Persian shallot）、牛奶、韭蔥和大蒜燉出來的羊肉；

Elamite broth：一道以血為基底的高湯，裡頭有蒔蘿、埃及韭蔥、芫荽、韭蔥、大蒜和酸奶；

Tuh'u：一道類似羅宋湯的料理，有腿肉、鹽、啤酒、洋蔥、芝麻葉、芫荽（香料與新鮮〔香菜〕）、波斯紅蔥、孜然、紅甜菜、韭蔥、大蒜和埃及韭蔥。

印度藏茴香（也稱：主教草）

印度藏茴香的學名為 *Trachyspermum ammi*，它是別名為「主教草」（Bishop's Weed）的數種植物之一，在亞洲被稱為「卡羅姆」（Carom）。它原生於東地中海，在印度北部、巴基斯坦和北非是很重要的香料。

印度藏茴香是一年生草本芳香植物，莖上有許多長著葉子的分枝，高度可達 90 公分，它的果實約 2 ～ 3 公釐長，呈灰棕色，有脊狀表面，外觀類似葛縷子和孜然。它們有非常強烈的香氣且帶有苦味，因為含有百里酚（Thymol），所以氣味激似百里香。壓碎或磨碎（或烘過／炸過）後，果實的風味會更濃郁。圖 6（見 P.324）是數種芫荽科果實的比較。

另一個相關的「阿密茴」（*Ammi visnaga*；別名也是主教草）在公元前 1 千紀、2 千紀和 3 千紀裡，都曾在美索不達米亞中提及，當時的用途與孜然類似。[3] 印度藏茴香可能是隨著希臘人一起到達印度的。[4]

印度藏茴香籽在許多國家被做為香料與調味料，也被運用在「綜合香料」中——衣索比亞：柏柏爾綜合香料（Berbere）、孟加拉地區：印度孟加拉五香（Panchporan）、印度：小食綜合香料（Chat masala）以及其他等。

在印度咖哩中也是相當常用的香料，通常和蔬菜和豆類一起煮，另外會加在薄麵餅（Flatbread）、零嘴和糕點裡；它也是醃菜的常用香料。印度藏茴香的油性樹脂（Oleoresin）被用於加工食品、零嘴和醬汁中。從印度藏茴香籽中萃取出來的脂肪油（Fatty oils），在製藥與化妝品工業中也有多種用途，尤其是為肥皂與除臭劑增加香味。從揮發油（Volatile oil）分離出來的百里酚是牙膏、漱口水和藥膏的常見成分。它也是治療消化不良、脹氣和其他腸道不適的傳統藥物。

今日印度藏茴香被種植在地中海地區、西南亞（伊朗、伊拉克、阿富汗、巴基斯坦），特別是印度，最著名的是拉賈斯坦邦（Rajasthan）和古吉拉特邦（Gujurat），雖然其他邦也少量種植。

印度是全世界最大的印度藏茴香果實生產國與出口國。沙烏地阿拉伯和巴基斯坦是最大進口國，但此香料在國際貿易上相對算是小眾。

亞歷山大芹

亞歷山大芹（Alexanders）是一種和巴西利有關的香草，也稱為「馬歐芹」（Horse parsley），但其實兩者並不同屬，亞歷山大芹的學名為 "Smyrnium olusatrum"。

它原生於地中海地區，高度可達 1.5 公尺，其繖形花序會有小小的黃綠色花朵。它的風味被認為是介於巴西利與芹菜之間，但在口中留下的餘味會稍微帶苦。常見於沿海地區，我曾在四月初沿著英國沙福郡（Suffolk）北邊的海岸見過它，幾乎佔據每塊田、路邊和沿海小徑的灌木樹叢，也深入內陸遍佈了大約 16 公里。

亞歷山大芹早為古希臘人所知──泰奧弗拉斯托斯曾提到它巨大的莖、厚實的根和黑色的種籽。[5] 它被認為是治療泌尿道感染（Strangury）和結石（放在甜白酒中給藥）的良藥。普林尼也曾用 "Olusatrum" 這個名字形容它。[6] 泰奧弗拉斯托斯和普林尼都提到亞歷山大芹的汁液或膠具有沒藥的風味，而且它的屬名來自古希臘代表沒藥（Myrrh）的字 "Smyrna"，普林尼觀察到：

> 蠍子特別討厭亞歷山大芹（Olusatrum）。把亞歷山大芹的種籽放在飲品中喝掉，可治療胃絞痛和腸道不適，種籽經熬煮所得到的湯藥，若和加了蜂蜜的葡萄酒一起喝，可治療排尿困難。用葡萄酒煮過這個植物的根之後，能除掉膀胱結石，還可以治療下背和側腰的疼痛。被瘋狗咬到時，可把亞歷山大芹當飲料喝和塗抹在身體上，若把它的汁液喝掉，可暖和因受寒而麻木的身體。[7]

迪奧斯科里德斯也曾用 "Hipposelinon" 這個字來形容亞歷山大芹，這和他之後提到的 "Smyrnium" 指的是不一樣的植物——也因此造成日後植物學家的混淆。[8]

把亞歷山大芹帶到不列顛的可能是羅馬人，但目前沒有確切的考古學證據可以證實。在約翰·傑勒德 1597 年的《草藥》（Herball，暫譯）中，對亞歷山大芹有一段冗長的描述：

種籽又厚又長，呈黑色，有點苦，帶有香味或香料的味道：根很粗，外黑內白，像是小蘿蔔，且味道滿好的，表皮裂開或切開後，會有汁液流出，很快就會變得像蠟一樣變濃稠，帶有強烈的苦味，類似「沒藥」的味道。[9]

在 16 世紀末到 17 世紀，有許多食譜曾出現亞歷山大芹：在「守齋日的沙拉」（Sallets for fish daies）中，有一道食譜描述道：把亞歷山大芹的花苞切成長條形，再用蛾螺裝飾。」[10] 亞歷山大芹和其他許多香草還出現在一道名為 "Divers Sallets Boyled" 的食譜中，以及 1638 年的《兩本烹飪術與雕刻書》（Two Books of Cookerie and Carvingi，暫譯）書中。[11]

膀胱結石的療法出現在《英國家庭主婦》（The English Huswife，暫譯）一書中：把亞歷山大芹的根部、巴西利、牆草屬植物（Pellitory）和蜀葵（Hollyhock）泡在白葡萄酒或雞湯中，過濾後，加入磨碎的黑刺李果核，並當成飲料喝。[12] 切碎的亞歷山大芹和燕麥片一起用牛奶煮過，再加入啤酒中，這是舊時用來治療瘰疾的外用藥。亞歷山大芹與其他香草也能用來治療心臟、胃部、脾、肝、肺和腦的疾病。[13]

公元 1660 年，亞歷山大芹出現在一道「最佳濃湯」的食譜中；它包含了許多種不同的肉類，用水煮過後，再放進肉汁裡燉煮。其他的肉類、香草和香腸則用奶油煎炸過，最後再和炸菠菜或亞歷山大芹的葉子、蛋、肉汁、栗子和其他多種食材一起熬成一碗濃郁又厚實的湯並端上桌，這道菜就像濃湯一樣。[14] 在同一本書中，「亞歷山大芹的花苞」出現在好多道沙拉食譜中，

其中一道名為「亞歷山大芹花苞大沙拉」（A grand sallet of Ellicksander-buds）：

> 取下大的亞歷山大芹花苞，清洗乾淨後，用適量的水煮過。但水要先
> 煮沸，再放入亞歷山大芹花苞，水再次滾開後，瀝乾。接著煮刺山柑
> 和醋栗，並把它們擺在乾淨的盤子中央，用銳利的小刀把亞歷山大芹
> 花苞切成兩半，直立排成圓形，或一半的量排在盤子的一側，另一半
> 排在另外一側。再切一些檸檬片，在糖上蘸一蘸，最後淋上優質的油
> 和葡萄酒醋。

亞歷山大芹也可當葡萄酒水煮鮭魚的盤飾，或與其他香草和莓果一起裝
飾炸蝸牛，以及加入炸過又抹奶油的「瓜類」、南瓜、黃瓜或蜜瓜料理中。
它也是亞歷山大芹濃湯的關鍵食材：

> 切碎亞歷山大芹，挑選果燕麥片、清洗乾淨並也切碎。在小瓦鍋中倒
> 入適量清水，煮沸後，放入香草、燕麥片和鹽。用小火煮，但不要煮
> 得太濃稠，水快滾的時候，放入一些奶油。

炸亞歷山大芹還出現在 1674 年一道炸康吉鰻（Conger）的食譜中當裝
飾，另外也出現在炸鮭魚和醃亞歷山大芹花苞的食譜中。[15] 醃亞歷山大芹花
苞（用醋、鹽和一點點放久的啤酒醃）的食譜，也收錄在一本公元 1661 年
的書中，這本書裡還有一道用亞歷山大芹嫩莖做的「春日濃湯」，以及另一
道用花苞做的「春日大沙拉」（Grand Sallet for the Spring）食譜。[16] 嫩葉
被用來製成一碗「可以淨化血液的優質濃湯」。巴西利、亞歷山大芹和鼠尾
草葉用奶油炸過後，就是公元 1677 年的一道煎鮭魚之裝飾。[17]

在 1690 年，一道治療急性腹痛和結石的加味蜂蜜酒食譜中，用了巴西
利根部、亞歷山大芹、甜茴香和錦葵（Mallow），加上巴西利、蕁麻、甜茴
香、葛縷子、洋茴香和紫草（Grumel／Gromwell）等各種香草的種籽，以
及牆草屬植物、虎耳草屬植物（Saxifrage）、藥水蘇（Betony）、巴西利和

歐洲黃菀／歐洲千里光（Groundsel）各一把；肉豆蔻、肉桂、薑和丁香也被加進這杯喝起來必定已充滿異國風味的飲料中。[18]

馬其頓巴西利（Parsley of Macedonia，另一個亞歷山大芹的別稱）和其他許多食材一起出現在 1690 年《技藝高超女士的珍藏櫥櫃》（*The Accomplished Ladies Rich Closet of Rarities*，暫譯）一書中的「蘿蔔糖漿」食譜（可以排除體內小碎石和結石，和清腎）。[19]

雖然蘿蔔糖漿聽起來完全無害，但據說這本特殊的書有著鮮為人知又駭人的療法，感覺已經接近巫術，而非草本或傳統草藥療法。

隨著芹菜在 18 世紀越來越普及，也廣受喜愛，亞歷山大芹就式微了，現在也很少看到有人拿它來當烹飪的香草。

洋茴香籽

洋茴香籽是開花植物洋茴香（*Pimpinella anisum*；也稱為「茴芹」）的果實，原生於中東和東地中海地區。洋茴香是一種一年生植物，大約可長到90 公分高。主要被視為帶甜味與香氣的香料使用，但也會加在（精製）西點、酒精性飲料並當成藥物使用。

公元前 1550 年埃及的《埃伯斯紙草卷》，在香草和藥物篇幅中都列出洋茴香。希羅多德觀察到一名斯基泰國王（Scythian king）去世時，人們把他的肚子內部清洗乾淨後，「在裡面塞滿事先準備好的柏樹碎、乳香、巴西利籽和洋茴香籽，然後再把切開的肚子縫起來，用蠟把身體封住，放到馬車上，接著繞行在所有不同的部落之間。」這是一場精心策劃且殘暴的死亡儀式開端，最後會殺掉國王的一個妾以及其僕人，並把屍體放在墳墓周圍。[20]

由古代亞述巴尼拔國王（King Ashurbanipal；公元前 668～前 663 年）在亞述帝國（Assyria）尼尼微（Nineveh，該處現為伊拉克摩斯爾的一部分）建立的大圖書館中收藏了一份捲軸，而洋茴香被列在捲軸中的芳香植物類別裡。泰奧弗拉斯托斯曾讚頌洋茴香的香氣。[21] 普林尼則詳盡地討論洋茴香的

藥用價值，他宣稱最好的洋茴香產自克里特島（Crete），其次是埃及產。[22]
洋茴香可用來治療一長串令人不知所措的疾病，不過在這份一長串清單的最後，他加了警語：「然而，它對胃有害，除非是用於治療腸胃脹氣。」

普林尼也指出洋茴香的烹飪價值：

> 無論是新鮮或乾燥的，都大受好評，可用於所有調味料和醬汁，而且我們還發現可以把它放在麵包的硬皮底下。和苦杏仁一起放在濾布裡來過濾葡萄酒，能讓酒帶有宜人的風味：它還帶有讓口氣變甜的功效，而且如果在早晨時，和亞歷山大芹（一種香草）與少許蜂蜜一起咀嚼，再用葡萄酒漱口，就可以去除口中所有異味。

迪奧斯科里德斯也注意到洋茴香除了可以讓口氣變甜外，還有許多藥用特性，包括解掉有毒動物的毒性、停止腸道分泌物和促進性行為等。[23] 古羅馬人會在儀式（如婚禮）餐點的最後吃名為 "Mustaceoe" 的洋茴香香料蛋糕來幫助消化。[24] 阿彼修斯（Apicius），可能是公元 1 世紀的美食作家，著有食譜集《論廚藝》（*De Re Coquinaria*，暫譯；雖然這些食譜的起源最晚可追溯到公元 5 世紀），他把洋茴香放在製作醬汁、豬肚餡料和豬與鰻魚醬汁的食譜中。[25] 古羅馬人可能也把洋茴香帶進了不列顛。[26]

奧里巴修斯（Oribasius）是公元 4 世紀的一名希臘醫生，同時也是《醫療集成》（*Medical Collections*，暫譯）的編纂者，他在書中收錄了一道洋茴香酒的食譜。[27] 在公元 7 世紀的希臘，很流行把一點點洋茴香、甜茴香籽與洋乳香（乳香黃連木的樹脂）加進麵包中，直到現在，依舊有許多愛琴海烘焙師傅喜歡這麼做。[28] 查理曼大帝（Charlemagne）在公元 9 世紀時，還訂了洋茴香要種在皇家農場裡。[29]

洋茴香出現在《烹飪的形式》（*The Forme of Cury*；1390，暫譯）的少數幾個食譜裡。[30] 在中世紀後期的食譜中，洋茴香並不常見。根據一份 2012 年的研究，在當時 1,377 道食譜中，只有不到 1% 的食譜會出現洋茴香，這頻率大概和「油泡洋茴香」（Anise in confit）一樣。[31] 不過，王室是個例外。

在準備理查三世（Richard III）1483 年鋪張的加冕禮宴會時，共用了 28 磅的洋茴香籽（總花費為 9 先令 4 便士）。

洋茴香和孜然用葡萄酒泡過後，再取出乾燥磨成粉，被認為可治療嬰兒腸絞痛。[32] 埃利亞特爵士（Syr Thomas Elyot）發現「洋茴香能讓口氣變甜。」[33] 安德魯・博德（Andrew Boorde）喜歡在餐後吃點加了糖漬洋茴香籽（Aniseed comfit）的蜜桃和歐楂果（Medlar）或其他新鮮水果。[34]

在傑勒德 1597 年的《草藥》中，洋茴香籽和高山酸模（Monks rhubarb）、茜草紅（Red madder）、甘草、番瀉葉（Senna）、藍盆花屬植物（Scabious），以及龍芽草（Agrimony）一起用 4 加侖強艾爾啤酒（Strong ale）浸泡出味後，能做出「淨化血液，以及讓年輕女子看起來白裡透紅」的飲料。[35]

洋茴香長期以來一直都是甜食裡的常見調味品。它出現在 16、17 世紀的食譜中，主要是加在麵包、餅乾、烈性甜酒（Cordial）、甜食和藥品中。[36] 公元 17 世紀時，巧克力成為歐洲盛行的飲品，而在早期的食譜裡，會看到把洋茴香和辣椒加進巧克力裡。[37]

1727 年，艾莉莎・史密斯（Eliza Smith）把洋茴香加進烈性甜酒裡；同樣地，20 年後，漢娜・格拉斯（Hannah Glasse）在蒸餾過的水果和香草烈性甜酒，如黑櫻桃甜酒和「治療消化不良的藥酒」（Surfeit water）中，也提到洋茴香。[38] 今日洋茴香在全世界也是眾多烈酒和酒精性飲料的原料之一，包括洋茴香酒（Pastis）和苦艾酒（法國）、亞力酒（Arak；中東）、烏佐酒（Ouzo；希臘）、珊布卡洋茴香酒（Sambuca；義大利）、拉克酒（Raki；土耳其）、欽瓊酒（Chinchon；西班牙）和其他等等。

洋茴香也是中式五香粉的原料之一。現在主要的產地為南歐、中東、北非、巴基斯坦、中國、智利、墨西哥和美國。

阿魏

阿魏是阿魏屬（*Ferula*）某些種的根狀莖（Rootstock）的油膠樹脂曬乾而成。它也許和可能已經絕種的羅盤草同屬（見以下說明），羅盤草曾是古羅馬人相當渴望的一樣食材。

阿魏（*Ferula asafoetida*）是一種多年生草本植物，原產於西亞和中亞，主要為伊朗和阿富汗。這種香料最具特色之處，就是它可怕的氣味，如同其名所暗示，或是從一些別名也能略知一二，例如惡魔的糞便（Devil's Dung）、惡魔的屎（Merde Du Diable）、惡臭的膠（Stinking Gum）等。

雖然氣味令人作嘔，但阿魏在印度料理中卻是非常受歡迎的食材，而且是許多咖哩的標準原料，甚至被拿來當成調味料。它的氣味經過烹煮後會消散，這讓人比較理解為什麼要使用它。據說它還能增加鹹食的鮮味（Umami）。

阿魏屬的植物有巨大的主根（Taproot，像是胡蘿蔔一樣），生長 4 ～ 5 年後，頂端的直徑可達 15 公分。每年 3 ～ 4 月是採收期，做法是從靠近根部頂端的莖切開，切面會滲出乳白色的汁液。經過幾天後，滲出的汁液會被刮下來，另外從滲出最多汁液的那一棵，切下一片根部。這種切和刮的過程要持續 3 個月左右，直到不再有液體滲出。

喬治（C. K. George）曾列出阿魏屬植物中 17 個商業用的種（阿魏屬底下大約有 60 個種），這些植物來自伊朗、阿富汗、喀什米爾、旁遮普、土耳其、北非、敘利亞和西藏，在這些地方膠（主要）是被當成香料或藥物使用。[39]「興」（Hing）和「興渠」（Hingra）是亞洲用來稱呼兩個主要阿魏品種的名稱。「興」的品質比較好，臭味也更濃。字詞則源自於 *F. asafetida*，而興渠則源自於 *F. foetida*。

據說亞歷山大大帝的軍隊偶然發現生長在野外的阿魏，時間大概是他們出征波斯的時候，而且人們覺得用它來取代熱門但很難取得的羅盤草最為合適。史特拉波提到在阿富汗因為缺乏柴火，所以亞歷山大大帝的軍隊必須忍

受吃野獸的生肉，但是羅盤草（很有可能就是阿魏）長得很茂盛，而且有助於腸胃消化生食。[40]

迪奧斯科里德斯曾提到阿魏（但他稱之為 "Narthex"）的醫療用途：襯皮／木髓（Pith）和種籽放在液體中當飲料喝，可以緩解胃部不適；和葡萄酒一起服用，則可以治療被蛇咬傷。[41] 波斯阿魏的油膠樹脂（Sagapenum：也稱為「撒額冰」）是一種止痛藥，但有可能會導致流產；它是治療有毒傷口的良方；如果和醋一起吃，可以治療子宮堵塞；對於治療白內障和其他眼疾也很管用。

公元 10 世紀的古阿拉伯食譜書《料理之書》（*Kitab al-Tabikh*，暫譯）中，曾有許多使用阿魏的食譜，它的樹脂、根部和葉子全都用上了。[42] 阿魏雖然在中東很常見，但自從羅馬帝國衰亡後，在歐洲就越來越稀少，只出現在極為少數的食譜中。

目前我們還不能確定阿魏第一次出現在印度的時間（雖然大家推測可能和亞歷山大遠征到印度北部有關）。

在公元 12 世紀寫成的（部分）烹飪文本 "*Manasolassa*" 中，阿魏是最常提到的常用香料；通常會先溶解於水中再使用。[43] 它在印度的使用確實歷史悠久；16 世紀的葡萄牙自然主義者加西亞・奧爾塔（Garcia de Orta）說：

> 在印度各地，最常使用的東西就是阿魏，它既是藥物也是烹飪食材。使用的量很大，每個有能力購買的印度教教徒，都會用它來調味食物。[44]

瑪德赫・傑佛瑞（Madhur Jaffrey）觀察到，印度教教徒較常使用阿魏，而回教徒則偏好使用大蒜來增加風味。[45] 阿魏在印度的素食主義者間特別受到歡迎，因為它經過烹煮後，會散發類似洋蔥的香氣，而洋蔥一般來說是被印度教婆羅門（Hindu Brahmin）和耆那教（Jain）禁止的蔬菜。[46]

伊朗人和阿富汗人會把阿魏的莖和葉當蔬菜吃，且在伊朗，有時還會先在溫熱的盤子上摩擦阿魏，之後再裝肉。[47]

葛縷子

葛縷子（*Carum carvi*）原生於歐洲和亞洲，現在整個歐洲幾乎都有種植。這種植物為兩年生，高度最多可達 1 公尺，並有厚實隆起的根狀莖。其果實（通常被稱為種籽）約 3～6 公釐長，呈脊狀，且具有嗆鼻、有點像薄荷的香氣，類似洋茴香和孜然的綜合體，再加上淡淡的苦味。

帶有些微柑橘香調也是其特色。葛縷子的籽主要被當成調味品使用，在備料時可增添風味，也能加進特定鹹食料理、甜點和麵包。它的根部可以當成蔬菜，就像胡蘿蔔或歐洲防風草一樣。

葛縷子在烏爾第三王朝時（Ur III period；約公元前 2300 年），種植在蘇美人的農田邊緣。[48] 它和洋茴香一樣，也出現在《埃伯斯紙草卷》上，而且是其中幾個令人半信半疑的療法中的一部分，可用於緩解便秘、消化不良、肛門痛（和羚羊脂肪混在一起當塞劑）、手指顫抖、耳朵有分泌物、舌頭疾病和頸部長東西等小病痛。

古埃及人很熟悉這個香料，無論是當成藥物或食物，當時的人們相信可用它來避邪。考古學家在東土耳其發現的烏拉爾圖王國阿亞尼斯（Urartian site of Ayanis；公元前 685～前 645 年）遺跡中，就包含了葛縷子的果實（以及芫荽和巴西利）。[49] 古希臘人也很熟悉葛縷子，迪奧斯科里德斯曾描述葛縷子是個很平凡常見的東西，對胃好，味道也好，和洋茴香有多處相似。[50]

普林尼則提到葛縷子最主要是用於烹飪（而非當藥物）。他堅稱最寶貴的葛縷子品種來自安納托利亞（Anatolia）西部的卡里亞（Caria），且其學名 "*Careum*" 源自此地區（此地區為葛縷子第一個生長的地方）。[51]

在挖掘布狄卡（Boudica）摧毀羅馬科赤斯特（Colchester）的區域時，在一個麻布袋裡發現了葛縷子。[52] 另外，在挖掘羅馬於公元 1 世紀和 2 世紀在萊茵河西岸奧登堡（Oedenburg）／比賽姆—屈奈姆（Biesheim-Kunheim）的屯墾區時，也發現了葛縷子。[53]

葛縷子在羅馬時期的分佈相對有限，比較偏地域性，大致上發現的地點

是對應到今日的德國。[54] 然而，阿彼修斯在《論廚藝》（*De Re Coquinaria*，暫譯）中，葛縷子也列在好幾道食譜裡，主要用於製作佐食鳥禽類、煮／烤肉、野豬肉、鹿肉、乳豬、貝類、烏賊、紅魚、鱘鰻（Moray eel）和其他魚類的醬汁。[55]

在 13 世紀的安達魯西亞，一本作者不詳的食譜書中，葛縷子出現的頻率非常高，但在中世紀的英文記錄中，卻出奇地罕見。[56] 在一份對 13 世紀後期到 15 世紀後期的 217 道英文食譜，經過查核，葛縷子僅出現 3 次。[57] 在一份 2012 年的研究中，它更罕見了，在 1,377 道食譜中，只出現 1 次。[58] 它也出現在《烹飪的形式》裡「紅酒醬豬里肌」（Cormarye）這道菜中，其他食材還包括芫荽和胡椒。[59]

葛縷子在 15 世紀約翰·羅素（John Russell）所著的《培育之書》（*Boke of Nurture*，暫譯）中，在甜點篇幅中被提及（和蘋果一起）：

> 在這之後，要來點柔和清淡的。
> 「布勞德雷勒」（Blaunderelle）或「佩平斯」（Pepyns）品種的蘋果，加上油泡葛縷子（Carawey in confite），
> 搭著與威化餅／香料紅酒一起享用。[60]

在《亨利四世》（第二部）（Henry IV Part 2）裡，薛羅（Shallow）邀請法斯塔夫（Falstaff）嚐嚐他的蘋果點心加葛縷子。[61] 這樣看起來似乎有葛縷子搭著烤蘋果一起吃的傳統，而且這個傳統很顯然在劍橋大學的三一學院還在延續著。公元 17 世紀的藥草種植者和藥師約翰·帕金森（John Parkinson），曾在他的著作 "*Paradisi in Sole Paradisus Terrestris*" 中寫下關於葛縷子的內容：

> 葛縷子的根可以像胡蘿蔔一樣食用，且因為味道有點辛辣，所以可以暖和因寒冷而虛弱的胃，會讓胃覺得比較舒坦……它的籽比較常搭配烤水果或放進麵包、蛋糕裡來增加滋味……它也可以做成蜜餞（種籽裹上糖）。[62]

在公元 18 世紀，漢娜・格拉斯寫了幾道使用葛縷子的食譜，大部分是蛋糕，其中包含一道「葛縷子蛋糕」。[63] 傳統上，農夫的妻子會在穀物播種結束後，烤種籽蛋糕來慶祝，並分給農場工人。

葛縷子在多個民間傳統醫學中，也一直很熱門，譬如古羅馬人習慣嚼葛縷子來幫助消化。[64] 馬爾霍特拉（S. K. Malhotra）曾提出一個範圍之廣的清單，說明葛縷子如何調配，以及其在醫學上的應用。[65]

在德國和荷蘭很常看到葛縷子的種籽加在黑麥麵包和起司裡，用來增加高麗菜、德國酸菜、湯品和醬汁的風味，也能添加德國葛縷子利口酒（Kümmel）和斯堪地那維亞烈酒阿夸維特（Aquavit）的風味。這些種籽通常會放在小碟裡，搭著墨恩斯特起司（Munster cheese）一起吃，但事實上葛縷子籽搭配很多種起司都很棒。

生產最多葛縷子的地方是荷蘭，但其他許多國家都有栽種。不過大家常搞混葛縷子和孜然，而且葛縷子還有個非正式名稱：*Vilayati jeer*（印地語）、*cumin de prés*（法語）、德國孜然、波斯孜然和其他。[66]

黑葛縷子（Black caraway）是同屬不同種的植物，學名為 "*Carum bulbocastanum*"。但人們常把它和黑種草（Nigella sativa）或葛縷子搞混。黑葛縷子是溫帶多年生植物，原生於歐洲和喜馬拉雅山區域。它的種籽被廣泛用於北印度料理。

芹菜

芹是一種分布相當廣泛的兩年生植物，原生於地中海區域的低地。芹菜（Apium graveolens）具有長長纖維狀的莖，到底部會逐漸變細，而頂端有分枝成有葉子的葉梗。這種植物可以長到超過 2 公尺。乳白色的小花會形成緊密的繖形花序，而迷你的果實通常只有 1 公釐長。果實呈現中到深咖啡色，且為脊狀，和其他許多繖形花科物種的種籽類似。這些種籽有出奇強烈、飽含泥土味的香氣，嚐起來有苦味，且帶有微微燒灼感。

芹菜葉在圖坦卡門（逝於公元前 1325 年）第二個人型棺柩的花環中被發現，總共有三個棺柩，最裡面那一個是純金製成的。芹菜也以 "Selinon" 這個字出現在荷馬的《奧德賽》（*Odyssey*；公元前 8 世紀）中。另外在希臘一個獻給赫拉女神的巨大神廟群「薩摩斯島的赫拉神廟」（Heraion of Samos），也發現來自公元前 7 世紀的芹菜分果片（Mericarps）。

對於人們何時開始種植芹菜，而不是使用野生品種，目前還不確定，但應該是公元前 1 千紀的事。不過可以確定的是，植物學家兼哲學家泰奧弗拉斯托斯描述過芹菜的許多特性及其栽培（法）。[67] 芹菜的野生品種被稱為「野芹菜」（Smallage），葉子很多，莖很細。

在赫庫蘭尼姆古城（Herculaneum）的 Cardo V 下水道中（罕見地）發現礦化的芹菜籽。根據阿彼修斯的說法，芹菜籽在羅馬烹飪中，是個重要的香料，雖然使用不若相關的圓葉當歸（Lovage）這麼頻繁，但也出現在種類繁多的食譜中。芹菜籽被用於製作香料鹽（但可用巴西利代替），和非常多不同種類的醬汁、蔬果泥、沙拉醬、醃菜、醃醬、砂鍋煲料理等，甚至和韭蔥一起放進瀉藥的食譜中。

芹菜以 "Selinon" 這個字出現在迪奧斯科里德斯的《藥物論》中，而且種植的品種被用來當成治療胃部燒灼感、胸部硬腫塊、被有毒動物咬傷，和其他許多疾病。[68] 它也可以和麵包一起用來治療眼睛發炎。

普林尼稱為 "Helioselinon" 之物，看來也是芹菜，他用芹菜來治療蜘蛛咬傷。透過芹菜的植物考古遺跡可發現它橫跨北－東歐洲，但和其他某些調味品一樣，它的遺跡與鄰近羅馬軍隊駐點和城鎮遺址有很大的相關性，另外它也在一些比較遙遠的鄉村遺址中發現芹菜。[69]

芹菜似乎是由羅馬人傳到不列顛的（雖然野生芹菜可能早就存在了）。根據一份 2008 年的研究，在羅馬不列顛遺跡中，有 49 處發現芹菜的蹤跡。[70] 芹菜在羅馬時代的初期和中期的出現頻率增加，但到了羅馬時代後期就減少了，情況和其他幾種傳入的香料相同：和羅馬料理的密切關聯性是造成它們減少的原因。

然而，雖然存在的量變少了，但到了羅馬人離開時，芹菜可能已經成為不列顛園藝景觀的一部分。它在溫徹斯特（Winchester）的晚期薩克遜（Saxon）遺址中被發現，而且根據修士埃爾弗里克・巴塔（Aelfric Bata）所言，芹菜是每天都會吃的食物。[71] 它也出現在公元 9 世紀瑞士聖加崙（St Gall）修道院的廚房菜園計畫中。中國人似乎至少從公元 5 世紀就開始使用野生芹菜，後來也研發出幾個栽陪品種（Cultivated varieties）：中國的芹菜比較細也比較多汁，風味比歐洲的品種濃郁。[72] 芹菜在中世紀的食譜中非常罕見，儘管它們顯然是可取得的植物。我們可以相信，在中世紀芹菜是生吃且放進沙拉中。

吉爾斯・羅斯（Giles Rose）在他 1682 年書名很有趣的著作《飲食人員的完美學院指南：大秀廚藝藝術》（*A perfect School of Instructions for the Officers of the Mouth: shewing the whole art*，暫譯）提到沙拉中的芹菜：「至於芹菜沙拉，我們要同時用煮過與生的芹菜，它們的根也用類似方式處理。」[73]

在 19 世紀中期，植物學家安東尼奧・托澤蒂（Antonio Targioni Tozzetti）解釋，雖然古時候的人就知道芹菜，但「它被認為是有喪禮或疾病預兆的植物，而非一種食物。」不過這種說法似乎只是部分正確，因為羅馬時代就已廣泛使用芹菜。[74] 早期現代（Early modern）作家僅把芹菜當成藥用植物提及，然而它在 16 世紀的托斯卡尼，就開始成為一個要種來吃的食材。

野芹菜在《寡婦的珍寶》（*The Widowes Treasure*，1588，暫譯）一書中，被當成治療瘧疾的特有療法：

抓一把野芹菜，和一把粗鹽、一把白乳香和＊＊＊狹葉車前草（Plantaine）葉，用杵臼搗成細粉，然後分成四等份，兩份敷在胸前，兩份敷在手臂彎曲處。在疾病發作前一小時，你必須讓一品脫的艾爾啤酒煮到剩一半，當泡沫浮起來時，把它撈掉，然後放入一塊白麵包硬皮，讓它和艾爾啤酒一起滾沸，當您瘧疾發作時，就喝掉啤酒、吃掉麵包皮。[75]

野芹菜出現在傑勒德 16 世紀晚期的著作《草藥》中；他用的別名是「水巴西利」（Water parsley），但圖片外觀與描述都非常像芹菜：「莖部是倒角狀，且有好幾個分支。」[76] 他提供了許多個芹菜汁液、葉子和種籽的醫療用途。

1615 年的《英國家庭主婦》一書中，野芹菜的種籽列在「腹絞痛與結石」的療法，而野芹菜則出現在各種腫脹與疼痛的療法中，包括被有毒的昆蟲或動物叮咬、牙痛和讓瘍瘡變乾等。[77]

然而，芹菜卻沒有出現在廣泛的香草與沙拉清單，以及料理食譜裡。根據斯特蒂文特（E. L. Sturtevant）所言，荷蘭籍醫師暨植物學家倫貝爾圖斯·多多諾（Rembertus Dodonaeus）在他 1616 年的著作 "Pemptades" 解釋了一些從野生植物轉為園藝栽種的例子，但他明確地說，這個轉換不是為了實用目的。[78] 法國園藝學家奧利佛·塞雷斯（Olivier de Serres）在 1623 年也提到一種栽培的芹菜。[79]

在公元 1675 年的《優雅女士的樂趣》（*Accommplish'd Lady's Delight*，暫譯）中，有一道「醋糖漿」（Syrup of vinegar）食譜，裡頭用了野芹菜的根和綠葉，這個糖漿是清除「痰或濃體液」的藥物。[80] 野芹菜與其他香草也用於一種治療眼睛痠痛的湯藥，以及另一種用來治癒一名 50 歲以下男子失明的藥劑。使用的其他香草為甜茴香、芸香、水蘇屬植物（Betony）、馬鞭草屬植物（Vervain）、龍芽草（Aagrimony）、金露梅（Cinquefoil）、琉璃繁縷（Pimpernel）、小米草（Eyebright）、白屈菜（Celandine）和鼠尾草。

把它們與 1 夸脫高品質的白葡萄酒混合，然後加入 30 顆壓碎的胡椒粒、6 匙蜂蜜和 10 匙「身體健康之孩子氣的男人」（Man-Child that is wholsom）的尿液。全部一起煮沸，過濾後，用羽毛輔助敷在病患的眼睛上。

在公元 1669 年首次出版的 "The Closet of the Eminently Learned Sir Kenelme Digby Kt opened" 中，包含了一道野芹菜燕麥粥的食譜，基本上就是把燕麥片煮沸，放入切碎的野芹菜並加鹽調味，還可以選擇要不要加些肉豆蔻和肉豆蔻乾皮，燕麥粥離火後，加入奶油攪拌均勻。[81]

公元 1691 年的《技藝高超女士的珍藏櫥櫃》也用野芹菜來治療眼疾，「醋糖漿」（再次出現）在治療內部瘀血的調劑中、在治療黑疸（Black jaundice）的湯藥中，和在一種治療疼痛和扭傷的膏藥裡，以及在一個預防吐血的藥方中，但未出現在任何料理食譜中。[82]

愛麗莎・史密斯（Eliza Smith）在公元 1727 年寫了一道「芹菜拉古醬」（Celery Ragoo）的食譜：

將一把芹菜徹底洗淨，切成約 5 公分的小段，放入燉鍋，注入剛好可以蓋過蔬菜的水量。將 3 ～ 4 片肉豆蔻乾皮、2 ～ 3 顆丁香和約 20 顆胡椒粒一起放入平紋細布中，鬆鬆地包起來，放入燉鍋。再放入 1 顆小洋蔥和 1 小把帶甜味的香草；緊緊蓋上鍋蓋，慢慢燉到蔬菜熟軟；取出香料、洋蔥和甜味香草，放入 0.5 盎司的松露和羊肚菌、2 匙番茄醬、1 基爾（Gill；液量單位，等於 0.142 公升或 ¼ 品脫）紅葡萄酒、1 塊像雞蛋在麵粉裡滾動那麼大的奶油、6 個小圓法麵包，加入適量鹽調味，攪拌均勻，蓋緊鍋蓋，燉到醬汁變濃濃稠的理想狀態。要注意小圓法麵包不能裂開，

所以要時常晃動鍋子；煮得差不多時，就可以盛盤，加上檸檬裝飾。把 6 顆（或更多顆）全熟水煮蛋的蛋黃和小圓麵包一起裝進盤子裡，就是一道很棒的美食。這是第一道菜。如果你想要整體是白色的，就加白酒而不要加紅酒，然後加一些鮮奶油當成第二道菜。

她也提供了一道「火雞佐芹菜醬」的食譜，把芹菜放入「牛肉甘藍捲心菜大雜燴」中，以及放入豌豆湯裡（這些後來都被稱為「法國料理」）的做法。漢娜・格拉斯在公元 1747 年也把芹菜用在許多料理中。看起來從 17 世紀晚期到 18 世紀初期，芹菜開始變成了主流的料理食材。

在公元 1806 年，伯納德・馬洪（Bernard M'Mahon）寫到美國園藝使用的不同種類芹菜：空心莖、實心莖，還有紅色實心莖（莖被視為最有用的部分）。[83]

在公元 1888 年，一名維多利亞時期著名的烹飪作家：艾格尼絲·馬歇爾（Mrs Agnes B. Marshall；她最出名的事跡是發明了「冰淇淋甜筒」，或至少讓它變得普及），寫了一本家喻戶曉的食譜書，書名果然不出所料：《A·B·馬歇爾女士的烹飪書》（Mrs. A. B. Marshall's Cookery Book，暫譯）。[84] 此時，芹菜已經在廚房建立穩固的地位，並包含在許多料理中：做成芹菜醬；細切放入「公主雞」（Chicken à la Princesse）中；水煮火雞肉佐芹菜醬；搭配鴴蛋（Plovers eggs à la Charmante）一起吃的黃瓜芹菜沙拉；芹菜；維勒羅伊式芹菜（Celery à la Villeroi）；燉芹菜，和奶醬芹菜。

芹菜在歐洲和美國廣泛種植，主要是當成一種香草和蔬菜。它也被栽種來取種籽當香料，主要是在印度、南法、中國和埃及。[85] 雖然芹菜在滿晚的時候（大約在公元 1930 年）才被引入印度，但現在這個國家已經是芹菜籽最大的生產者與出口者。

種籽的加工產品有揮發油（用來當成食物調味品、香氛和用於製藥產業）、芹菜油樹脂（Celery oleoresin；食物調味品）、種籽粉（食物調味品和調味料）與芹鹽——把種籽、油樹脂，或磨碎的莖與磨成細粉的鹽混合在一起。脫水的芹菜莖和葉能為湯品、高湯、罐頭鮪魚料理、填料與燉番茄增添風味。[86]

芫荽

芫荽（Coriandrum sativum）是一種用途廣泛且受到大眾喜愛的一年生香草，它的種籽和根被當成香料使用，而新鮮的葉子和葉梗則做為調味品、蔬菜和點綴料理用。它原生於南歐、北非和亞洲部分地區。

在美國，芫荽（Coriander）被稱為 "Cilantro"。這種植物最高可長到 1.2 公尺，可以長成高聳挺直、分枝短，或濃密但主要的枝幹比較軟，分枝也比較長的樣子。分枝和主要枝幹的末端都會呈現複繖形花序（Compound umbels），每個繖形花序包含許多白色或淡粉紅色的花，能長出較大果實（直

徑最大達 5 公釐）的品種，具代表是熱帶或亞熱帶氣候的；生於溫帶氣候的品種，果實則較小（直徑最大達 3 公釐）。[87]

　　成熟的果實會分成兩半或分果，每個包含一顆單獨的種籽。芫荽的莖葉、種籽和根部都有不同的風味。葉子帶有甜味和柑橘味的成分。果實會產生具揮發性的油脂，可形容成暖味、辛香、甜味與果味，以芳樟醇（Linalool）為最主要成分，主導其風味。根部的味道則是比葉或莖（葉梗）更濃郁。有趣的是，產於北歐天氣較涼爽地區的芫荽，其所包含的芳樟醇量似乎比產自印度或類似熱帶氣候地區的還要多。

　　對於芫荽風味的感知因人而異：雖然大部分的人覺得它很香，加到食物裡會更吸引人，但有特定的少數族群覺得它嚐起來有肥皂味。根據公元 2012 年，《自然》（Nature）網站中的文章，這可能是影響嗅覺的嗅覺受體基因（Olfactory receptor genes）差異所造成的。[88] 尤其是 OR6A2 基因負責編碼一種對於醛類（Aldehydes）高度敏感的受體，而這些醛類就是組成芫荽風味的成分。儘管在見解上有這種分歧，但芫荽受歡迎的歷史還是可以追溯到非常久以前。

　　現存最古老的芫荽種籽是在以色列納哈爾赫馬爾洞穴（Nahal Hemar cave）裡發現的，時間可追溯到公元前 6000 年。[89] 阿克塞爾‧迪德里克森（Axel Diederichsen）根據植物考古學研究和古代文學，以及其他芫荽族（Tribe Coriandreae）物種的分布，得到芫荽來自「近東」（Near East）的結論。[90] 目前的證據也許能夠證明埃及人使用芫荽的時間，最早可推估到第五王朝（公元前 2500 年）。[91] 在圖坦卡門陵墓內的籃子裡也發現芫荽（第 19 王朝，約公元前 1325 年前）和其他保存良好的植物。[92]

　　在美索不達米亞，芫荽生長在公元前 3 千紀的多個城市裡，包括拉格什（Lagash）和烏瑪（Umma）。芫荽在烏爾第三王朝期間（Ur III period）的拉格什被列在一張有著香料、香草和其他食物的清單上。[93] 在古巴比倫的烏爾（約公元前 2000～前 1600 年），芫荽是神廟場所祭品的一部分。根據記錄，從公元前 2 千紀的努斯鎮（Nuzi）開始，芫荽被從周邊的村落與園圃帶進城市。

公元前 1550 年的《埃伯斯紙草文稿》也提到芫荽。邁錫尼希臘時期（Mycenaean Greece；公元前 1600 ～前 1100 年）所使用的香料包括芫荽、茴香和薄荷，從用線形文字 B（Linear B）寫在陶板上的內容，我們知道這些香料一定是用來幫無趣的穀物飲食增添風味。[94] 在亞述王國尼尼微大圖書館中，一份公元前 7 世紀的紙卷上，芫荽也是列出的香草之一。公元前 7 世紀麥若達赫‧巴拉丹（Merodach-Baladan）的花園裡有一塊陶板列出許多植物，芫荽也名列其中。

傑克‧薩森（Jack Sasson）曾列出馬里王國茲姆里‧利姆王（Zimri-Lim of Mari）在王室中使用的調味料與香草——孜然、黑種草籽、芫荽、番紅花、香桃木和有香味的蘆葦（馬里王國位於現敘利亞，茲姆里‧利姆王的在位時期為公元前 1775 ～前 1761 年）。[95]

在土耳其的古城市「戈爾迪翁」（Gordion）曾發現 1 顆年代可追溯到公元前 540 ～前 330 年的芫荽種籽。[96] 芫荽和孜然可能在公元前 1 千紀下半葉，由波斯人傳入印度。[97] 雖然印度人從吠陀時期（公元前 1500 ～前 500 年）就開始使用芫荽葉，但一直要到穆斯林（回教徒）抵達印度時（公元 7 世紀），他們才開始把芫荽種籽當成香料使用，這也許可以解釋為什麼蒙兀兒料理（Mughlai cuisine）大量使用芫荽籽。[98]

古典時期的希臘作家也曾寫到芫荽：亞里斯多芬尼茲（Aristophanes；公元前 446 ～前 386 年）、泰奧弗拉斯托斯、希波克拉底（和古羅馬作家普林尼和柯魯邁拉兩人的年代皆為公元 1 世紀）。[99] 芫荽種籽（與其他調味料）出現在埃及克勞狄奴烏斯山（Mons Claudianus）的羅馬城鎮中。[100] 在赫庫蘭尼姆古城 Cardo V 下水道裡，找到的有史以來最大羅馬人糞便樣本，裡頭也發現了芫荽！

下水道裡的內容物因公元 79 年維蘇威火山的爆發而受到保護。[101] 迪奧斯科里德斯形容芫荽是涼性的，能夠減少感染和發炎等等。芫荽籽和葡萄酒一起服用，在過去被認為既可以驅蟲，又可以產生精子。但過量可能會嚴重擾亂心智。阿彼修斯將芫荽列為最重要的歐洲香料之一，而且羅馬人對其有

非常高的需求量。它在埃及和其他地方被廣泛栽種，以滿足此迫切需求。

　　芫荽出現在錫爾切斯特（Silchester），是公元43年羅馬人入侵前就已傳入（從浸泡在水裡的沉積物中發現種籽，其年代可追溯到公元前20年～公元20年）。[102] 芫荽在羅馬人入侵後的屯墾區也很受歡迎，也在幾個羅馬－不列顛堡壘、鄉村、城鎮和其他地點發現種籽，表示羅馬時期不列顛食物的多樣性，當時有多達50種新食物傳入。[103] 事實上，芫荽是歐洲羅馬人屯墾區的特色，但在羅馬帝國衰亡後，就變得沒那麼普遍。[104] 它在中世紀公元950～1500年時曾重現，但只是城市裡的一種奢侈調味品而已。

　　一本中國的農業書籍自公元5世紀起就提到芫荽。[105] 迪德里克（Diederichsen）說印度的悠久栽種歷史，可由此植物的許多當地俗名，以及印地語和梵語中的名稱來證明，這些名稱常常互相關聯。[106] 芫荽在《莊園敕令》（De Villis；約公元771～800年，暫譯）* 中也有記載，這是一份在查理大帝（Charlemagne）統治時期，有關於皇家莊園的文本，和／或列在公元9世紀聖加侖修道院園圃（St Gall monastery garden）的平面圖中。它也是比得（Bede）遺贈給他的教友弟兄的香草之一。然而，芫荽在中世紀的英格蘭，是一種罕見的香料。它（和甜茴香）被發現於14～15世紀溫徹斯特的沉澱物中。[107]

　　約翰・傑勒德（1597）把芫荽稱為「一種非常臭的香草」，但卻給乾燥的種籽高度評價，認為它「日曬後非常方便使用」。漢娜・格拉斯在她1747年的「印度咖哩」食譜中，只加了胡椒、芫荽籽和鹽調味，但到了第4版（1751），則多加了薑和薑黃。[108]

　　芫荽籽也出現在「義式醬料」（Cullis the Italian way）中、用來醃豬腳和豬耳朵、製成小牛肝的淋醬、烤鮭魚，和幫牛頸肉調味等，但整體而言，芫荽並不常出現在她的食譜中。相反地，芫荽近來被標為英國最愛用的新鮮香草，在2013年賣了超過三千萬包，部分原因可能是亞洲咖哩、熱炒的盛行，以及義大利料理的普及化。[109]

---

* 譯註：全名為 Capitulare de villis。

印度是現今世界上最大的芫荽生產國，在 2019 ～ 2020 年生產了大約 75 萬公噸；它也是最大的消費國。芫荽在許多國家皆有種植，其他大量生產的國家有俄羅斯、義大利、保加利亞、敘利亞、摩洛哥、加拿大、阿根廷、羅馬尼亞和伊朗。

孜然

香料「孜然」是香草「孜然芹」（*Cuminum cyminum*）的乾燥果實。孜然芹是小型一年生植物，最高能長到 50 公分，有著分枝的葉梗和細長的深綠色葉子，以及小型白色或粉紅色花朵構成的繖形花序。其果實大小最長達 6 公釐，且有著獨特的縱向脊狀隆起。果實常常被誤稱為種籽。它是使用歷史最悠久的香料之一，擁有非常特別的泥土香氣和風味。有時會蒙受莫須有的指控，被稱為「有衣服汗臭味的香料」。[110] 未經烹煮的果實，嚐起來相當苦，餘味很強烈。乾炒過後再磨碎能降低其強勁的風味。

目前已知的最古老孜然蹤跡，來自以色列北部的新石器時代亞特利特雅姆（Atlit-Yam）古城，年代是公元前 6900 ～前 6300 年。[111] 但隨著飲食習慣的改變，孜然之後就從該地區消失了。它可能的原產地為地中海地區和中東。另外也發現孜然在公元前 2100 ～前 1900 年存在於美索不達米亞和古埃及新王國時期（New Kingdom Egypt；公元前 1543 ～前 1292 年）。

在早期王朝（Early Dynastic）晚期，孜然與洋蔥、亞麻、蔬菜一起種在拉格什的田裡，而且用於古巴比倫時期的魯瑪（Rimah）。[112] 它也列在公元前 2 千紀中期帶到努斯的香料清單中。

一份近期對公元前 12 世紀到前 7 世紀以色列內非利士文化（Philistine culture）的生物考古學研究顯示，入侵者不只把他們的人帶來，也帶來植物，特別是西克莫槭樹（Sycamore tree）、罌粟和（又一次）孜然。[113] 孜然和其他香料一起被記錄於公元前 7 世紀、古代亞述王國尼尼微市大圖書館的楔形文字文本中。[114] 孜然可能透過阿拉伯香料商人，從位於黎凡特的起源地，向東移到印度，和透過腓尼基人向西移。

羅馬人視孜然為一種重要的調味品。阿彼修斯常常提到它（胡椒、圓葉當歸之後，他第三常用的香料就是孜然），而且孜然也出現在許多異國料理中，例如做成孜然醬來搭配龍蝦和貝類，以及做成搭配各種魚類的醬汁；當成加味碎肉餡（Forcemeats）和豬子宮香腸裡的香料；加進通便的高湯；放入多種南瓜料理、去皮黃瓜燉腦；也可以幫助消化（和薑、芸香、椰棗、胡椒和蜂蜜混合在一起）；做為調味料放入一道用鹹魚、熟腦、雞肝、蛋、香草、葡萄酒和蜂蜜酒（Mead）製成的砂鍋煲料理；與西洋梨和蜜桃搭配和加進燉水果中；放進雞肉、腦和豌豆煮成的煲仔料理；做成搭配鴕鳥、鶴和火鶴等珍奇鳥類的醬汁；放進多種蔬菜料理與許多其他料理中。

孜然強烈的風味可能被用來抵銷一些更罕見食材的味道與質地；但後來，這些食物許多已經不再被古羅馬人視為奇異風味了。

孜然是漢普威克（Hamwic；今日的南安普敦〔Southampton〕）和倫敦的中後期薩克遜膳食的一部分。[115] 它收錄在《治療》（Leechdoms，暫譯）中，這是 19 世紀盎格魯－薩克遜文本的彙集，由名字很奇妙的奧斯華·柯凱因（Oswald Cockayne）編輯而成。孜然另外還出現在公元 8 世紀初期，描述法蘭克王國卡洛林王朝（Carolingian France）皇家莊園管理的《莊園敕令》裡。[116] 在挪威精美的 9 世紀奧斯伯格（Oseberg）維京船墳塚中，也發現了孜然。

在中世紀的歐洲，孜然成為一種更隨手可得的日常香料。也有人把它當成一種「愛情印記」（Love icon）。[117] 阿明（Ahmin）也提到一項阿拉伯傳統，他們認為用孜然粉、胡椒與蜂蜜混合成的糊狀物，具有催情的功效。

在公元 1158 年的「溫徹斯特財稅卷宗」（Winchester Pipe Rolls；英國最完整的莊園領地記述）中，紀錄了特別為王后購入孜然（和胡椒、肉桂與杏仁）。[118] 孜然和其他香料在約翰國王（King John）統治時期，列於公元 1205 ～ 1207 年的皇家帳戶中。塞爾比修道院（Selby Abbey）的紀錄顯示，公元 1416 ～ 1417 年購入 2 磅孜然，價格為 4 便士。孜然在歐洲料理中的重要性，似乎在中世紀之後逐漸下降。

孜然的藥用屬性：《希氏醫書》彙編了大約 60 篇公元前 5 世紀的古希臘醫學文本，它指出孜然與女性的生殖健康有關。[119] 在婦科專題中，療法常常是在沐浴後和／或同時禁食時實施。也有個和頭髮有關的療法，包含一帖孜然或鴿子糞便，或一些香草和蔬菜做成的膏藥。

普林尼提到孜然「常入藥，尤其是與胃疾有關的療法」，而且通常是搗壓後和麵包一起服用，或是加在葡萄酒或水中飲用。[120] 一般來說，當成藥物時，野生的孜然比人工栽培的孜然更受青睞，但兩種都會造成膚色蒼白。根據普林尼所言，這種效用被拉特羅（Marcus Porcius Latro；一名傑出的羅馬修辭學家，卒於公元前 4 年）的學生用來模仿他們老師的蒼白膚色。

非洲孜然（African cumin）有著能治療（大小便）失禁的盛名。如果炒過再和醋一起攪打，據說對於治療肝病和眩暈很有用，加在甜酒裡，則對尿的嗆鼻味道和子宮問題有所幫助。炒過再和蜂蜜一起攪打後，可敷在睪丸腫脹處。

普林尼建議的許多其他療法中，孜然和油混合可抵銷蠍子、蛇和蜈蚣叮螫所造成的影響。古希臘的藥理學家、醫生和植物學家迪奧斯科里德斯在孜然的醫療用途上，與普林尼有相似的觀點和療法；他們兩人都生活在公元 1 世紀，差不多是同年代的人。普林尼和迪奧斯科里德斯都對衣索比亞孜然（Ethiopian cumin）有很高的評價，後者形容孜然有溫暖、具收斂、乾燥的特性。[121]

其中一個比較少人知道，而且有點陰森的用途，是用孜然保存罪犯的頭顱。據傑克·透納（Jack Turner）所言，在 15 世紀的法國，頭顱會煮到半熟，並用孜然等比較便宜的芳香物質調味，希望保存下來的頭顱能嚇阻想要成為罪犯的人。[122]

《天方夜譚》（也稱為《一千零一夜》）裡的警世故事「里夫的故事」（The Reeve's Tale）述說主角不願意吃孜然蔬菜燉肉，但如果一定得吃，他就必須用肥皂、草鹼（Potash）和南薑洗 40 次手。[123] 因此邀請他的人都會準備這些東西，讓他可以洗手。他在吃的時候，一起吃飯的人看到他雙手都

沒有大拇指，便強迫里夫說明原因，里夫說這和他愛上在王后皇宮裡工作的漂亮女子有關。

他躲在櫃子裡，偷偷地被運到宮裡後，最終被帶到朱貝達夫人（Lady Zubaydah）面前，她表示祝福他們兩個。在他們的喜宴上有「孜然蔬菜燉肉」這道料理，而里夫也飽餐一頓。他擦了手，但忘記洗乾淨。當他把新娘帶到臥房時，新娘聞到里夫手上的蔬菜燉肉味，隨即大怒。許多天後，她回來把里夫的兩隻大拇指和兩隻大腳趾都砍掉，為得是給他一個教訓。後來里夫就發誓沒有照前面所述的方式洗手，就再也不吃孜然蔬菜燉肉了。這是很有幫助的一課，讓我們知道衛生的重要、孜然濃烈的味道，以及女人的力量！

今日世界上最大的孜然生產國是印度，全世界 70% 的孜然都產於印度，每年總產量共 30 萬英噸，印度同時也是孜然的最大消費國，用掉全球產量的 63%。在南亞孜然常被稱為 "Jeera"。它也產於幾個中東國家，特別是土耳其，伊朗、敘利亞和中國。

孜然可以磨成粉（通常會先乾烘過），或直接使用整顆種籽，可以做為香料和調味料，也很常混合入葛拉姆瑪薩拉（Garam masala）、咖哩粉和其他綜合香料中，同時也是糕點糖果、麵包、香腸、醃菜、開胃菜（Relish）和其他食物裡的常見食材。

人們常把孜然和葛縷子搞混，雖然它們兩個屬於同一科，果實的大小和形狀也相似，但它們的風味大不相同，屬也不同（葛縷子是 *Carum carvi*）。同樣地，「黑孜然／黑種草」（*Nigella sativa*）是遠親，甚至連科都不一樣。

蒔蘿

蒔蘿（*Anethum graveolens*）是一種具有香味的一年生香草和種籽香料。這種植物外型瘦長，有空心的莖，可長到約 1 公尺高，且具有細碎、一縷一縷的細長葉子。繳形花序很大，會開白色或黃色小花，而黃色帶棕、有脊狀凸起的卵形果實，可達約 4 ～ 5 公釐長。它的原產地可能是西南亞和東地中海地區。

印度蒔蘿（Indian dill）被認為是一種亞種，學名為 "Anethum sowa"。蒔蘿的果實味道強烈、具有香氣，餘味微苦，和葛縷子相似。它的英文名字 "Dill" 可能源自日耳曼或斯堪地那維亞，也許來自古諾斯語（Old Norse）的 "Dilla"，意為「舒緩」，因為它被用來緩解嬰兒的腹痛。[124]

　　蒔蘿出現在瑞士新石器時代後期湖邊屯墾區的遺址（公元前 3400 ～ 前 3050 年），（可能）是一種栽種植物，另外也在埃及阿蒙霍特普二世（Amenophis II；逝於公元前 1401 年？）的陵墓裡，以及公元前 7 世紀的薩摩斯島（Samos）發現它的蹤跡。[125] 古希臘人家裡會燒有蒔蘿香味的油，而且他們也用這種油來製作一些葡萄酒。[126] 泰奧弗拉斯托斯曾描述芹菜、蒔蘿、甜茴香等具有香氣的樹液，以及其根部、莖與種籽。[127] 迪奧斯科里德斯觀察到泡到油裡的蒔蘿花（希臘名稱為 Anethon），是舒緩和打開女性生殖器、對付發燒初期的畏寒與顫抖、暖身和對抗疲倦，以及減輕關節疼痛的良方。[128] 種籽和乾燥的細絲（葉）若熬成湯藥，有助於處理多種胃部不適、促進排尿，和具有其他益處。[129]

　　普林尼說蒔蘿具有消脹或驅風的作用；此外，根部可以泡在水裡或葡萄酒裡，做為外用，治療眼睛過度流淚，而種籽則能止掉打嗝並緩解消化不良，但植物本身會減弱視力和生育能力。[130] 古羅馬角鬥士會吃蒔蘿，因為據稱這是一種能讓他們更勇猛的香草。[131] 蒔蘿出現在公元 1 ～ 2 世紀，在埃及東部沙漠「菲奧萊斯山」（Mons Porphyrites）羅馬人建築群中被發現。[132] 羅馬人後來將其傳入不列顛。[133]

　　在薩克遜時期（Saxon times），蒔蘿廣為人知，並在《治療》中被提及，而且根據修士埃爾弗里克・巴塔的《對談錄》（Colloquy，暫譯），每天都會食用蒔蘿和香葉芹、薄荷和巴西利。安・哈根（Ann Hagen）說蒔蘿可能已生長於昆布蘭（Cumberland）的迪爾卡（Dilcar），和貝德福（Bedfordshire）的達利奇（Dilwick）。[134]

　　蒔蘿種籽十分頻繁出現於公元 9 世紀中期到公元 11 世紀的約克（York）化糞池沉積物中。[135] 派翠克・歐米拉老師（Don Patrick O'Meara）提到，在英格蘭北部的蒔蘿植物考古學紀錄中，有一份「征服前」（Pre-Conquest）

的分布圖。在 46 份樣本中，有 44 份固定在這個時期，只有兩份（來自公元 14 ～ 15 世紀的貝弗利〔Beverley〕）在此時期之後。[136]

科林・史賓塞（Colin Spencer）說，傳統上會在加冕盛宴中出現一道用蒔蘿做成、名為 "Dillegrout" 的白色湯品。起源是公元 1068 年征服者威廉之妻的加冕禮，在威廉把阿丁頓莊園（Manor of Addington）的統治權給了他的廚子特澤林（Tezelin），做為他發明這道湯的獎賞後，這道湯便成為一個長久的傳統。[137]

在公元 1588 年的《寡婦的珍寶》中，有個治療「黃膽汁造成的胃部灼熱和發燒」的療法，其中使用了香草，包含在濃湯裡熬煮的蒔蘿、葡萄乾和黑棗。[138] 約翰・傑勒德注意到「整株植物都有強烈的氣味」。[139] 他列出頂端、種籽和植物的許多優點。公元 1615 年的一本家庭書籍，使用了少量的野芹菜、蒔蘿、洋茴香籽和地榆（Burnet），乾燥後磨成細粉，然後配大量的白葡萄酒服用，可治療排尿困難。[140]

蒔蘿最著名的用途是「醃黃瓜」。一般來說，醃蔬菜最早可能從公元前 2400 年的美索不達米亞就開始了，但在製程中確切使用蒔蘿應該是晚一點的事，大概能追溯到公元 15 世紀。[141] 在公元 1603 年的料理書，和公元 17 世紀類似的食譜中提到，用煮過的甜茴香葉子、蒔蘿、酸葡萄汁（Verjuice）、鹽和水來「全年保存黃瓜」。[142]

在公元 1664 年的《伊莉莎白的宮廷與廚房，俗稱喬安蓋威爾》（*Court & Kitchin of Elizabeth, Commonly called Joan Cromwe*，暫譯）中，有個醃菜食譜用了葛縷子、甜茴香和蒔蘿種籽，與丁香、肉豆蔻乾皮、薑、肉豆蔻和肉桂全都一起打碎。[143] 公元 1670 年時，漢娜・伍利（Hannah Woolley）在一道食譜中用了蒔蘿和月桂葉，另外也用了打碎的香料、葡萄酒醋和鹽；另一道食譜則用了蒔蘿和甜茴香種籽、胡椒、丁香和肉豆蔻乾皮。[144]

雖然有各式各樣的醃漬香草、蔬菜和水果食譜，但蒔蘿只出現在醃黃瓜時——例如公元 1674 年的《英法廚師》（*The English and French Cook*，暫譯）中有 46 道醃菜的食譜，但只有醃黃瓜的那幾道食譜出現蒔蘿。[145] 這個時期

還存在其他使用蒔蘿和／或甜茴香的醃漬食譜。[146] 公元 1727 年，蒔蘿和甜茴香也出現在艾莉莎・史密斯（Eliza Smith）類似醃黃瓜的食譜中。她還在一個醃核桃食譜中，用了蒔蘿種籽和其他香料。[147]

在公元 1682 年的《鹽與漁業論述》（*Salt and Fishery: A Discourse thereof*）中，出現了大規模的醃菜食譜（醃了 1,000 根黃瓜），首先使用蒔蘿、甜茴香、用精鹽調成的濃鹽水，和啤酒或植物醋，然後讓鉀明礬（又稱硫酸鋁鉀〔Potassium aluminium sulphate〕）溶解其中；接著根據約翰・布爾先生（Mr John Bull）的食譜，用少量的 6 枝蒔蘿、甜茴香、丁香和肉豆蔻乾皮各 2 個、1 盎司白胡椒、2 盎司薑、4 加侖陳年醋、1 把核桃葉，和 1 加侖濃鹽水，全部一起煮沸後靜置，再倒入裝有黃瓜的鍋中。[148] 今日最有名（大概也可以是最大）的蒔蘿醃黃瓜使用者是麥當勞，它們會在漢堡裡加酸黃瓜片。

一份公元 1653 年的醫學文本，把蒔蘿用於多種藥劑。[149] 蒔蘿種籽（再加上甜茴香籽、葛縷子籽、洋茴香籽、甘草籽、蓽澄茄、肉豆蔻、肉豆蔻乾皮、南薑、薑、丁香、肉桂、珊瑚和琥珀）放入一帖藥中，用來舒緩胃部不適。蒔蘿和其他香草也一起被用在一個「麻痹／癱瘓」的稀奇療法中，包括把多種香草與海狸油混合，把蒔蘿與甘菊（Camomile）放入剛殺的狐狸肚子裡，火烤後收集滴下來的油，當成治療所有癱瘓或麻痺的藥物。

同樣或甚至更獵奇的是治療關節、背部疼痛或坐骨神經痛的方法，它是現殺一隻狐狸或獾，去皮後取出肚腸，敲打骨頭以打出骨髓，用鹽水煮畜體，放入鼠尾草、迷迭香、蒔蘿、奧勒岡、墨角蘭的葉子和杜松子，等煮到全熟後，整體過濾以取得需要的搽劑。蒔蘿也用於另一個比較沒那麼雜亂的療法，用來浸泡疼痛的四肢。

蒔蘿也出現在《完美的家庭主婦》（*The Compleat Housewife*）中提到的一種眼藥水，可以「強化視力和預防白內障」。[150] 蒔蘿籽和量少一點的甜茴香籽一起放入啤酒中煮滾，過濾後加糖，當成飲料給孩子喝，可治療佝僂病（Rickets）。[151] 在公元 1690 年的《技藝高超女士的珍藏櫥櫃》中，蒔蘿、洋乳香、乳香、孜然籽和薄荷被當成治療佝僂病的藥物，另外蒔蘿籽也用於（寶寶）出牙的不適中。[152]

蒔蘿在現代用法是當成一種麵包、醬汁、蘸醬、湯品（如羅宋湯）、醃菜和馬鈴薯料理的調味品，也會加進香草奶油中；種籽能增添烤（肉）、燉煮料理、湯品和醃菜的風味，也可以放進蔬菜和米飯料理中，而且它長期以來受到北歐、東歐、烏克蘭和俄羅斯人的喜愛。印度蒔蘿籽常用於許多北印蔬菜料理中的香料。它在古吉拉特邦很普遍，那裡的燉綠扁豆都會放蒔蘿綠葉，當成一種綠色蔬菜。[153] 蒔蘿在中國和幾個東南亞國家也受到大眾喜愛。

甜茴香

甜茴香（*Foeniculum vulgare*）是一種多年生開花香草，而它的種籽是一種廣受歡迎的香料。該植物最多可長到 2.5 公尺高，且有獨特的黃花和羽毛狀的葉子。甜茴香原生於地中海地區，但現已經擴散至許多地區。其果實呈橢圓形，為淺綠色到黃棕色，呈脊狀，約 4～8 公釐長。主要的種類有甜味茴香（Sweet fennel；*F. vulgare var. dulce*），也稱為法國或羅馬甜茴香；苦味甜茴香（Bitter fennel；*F. vulgare var. Mill*）。苦味甜茴香原本為野生植物，會產生味道稍微帶苦的果實，而且可能是唯一用於古典時代的品種。甜味甜茴香可能源於義大利，之後則往東傳入印度和中國。[154]

查理曼大帝於公元 8 世紀頒布的詔令《莊園敕令》則在一張園圃要栽種的香草、植物、蔬菜和樹木長清單中提到甜茴香。佛羅倫斯（義式）茴香（Florence sweet fennel／Finocchio；也稱為球莖茴香），是一種具有球狀下胚軸（Bulbous hypocotyl）的熱門蔬菜。

甜茴香出現在公元前 2 千紀美索不達米亞努斯的一份香草和香料清單中。[155] 甜茴香的名字和馬拉松戰役（Battle of Marathon；公元前 490 年）的地點有關。當時人數明顯佔優勢的希臘人打敗了入侵的波斯人，馬拉松（Marathon）這個字在古希臘即是「甜茴香」之意，所以這場戰役被認為是在甜茴香田裡發生的。

甜茴香是迪奧斯科里德斯的「馬拉松」——其藥用特性：當成香草食用或把種籽放入大麥熬成的湯藥都可刺激泌乳，而葉子熬出的湯藥則是對腎臟

痛和膀胱疾病有益。[156] 把莖和葉搓揉後得到的汁液有利於治療影響視力的眼疾。蛇咬傷也能用它來處理（如果和葡萄酒一起服用的話。這取決於你在野外時，手邊有一支葡萄酒），然後壓碎的根部和蜂蜜混合，當成膏藥敷則能有效治療被狗咬傷的傷口。普林尼注意到當蛇脫皮時，牠們會在植物的莖桿上磨蹭自己的身體，並用植物的汁液銳化牠們的視野，因此他得到一個結論：汁液可能對人類的視力也有幫助。[157] 他接著說：

> 栽培品種的甜茴香，其種籽若放在葡萄酒裡會產生藥效，可治療蠍子螫和蛇咬，其汁液若注射入耳內，可殺死在裡頭產卵的小蟲。甜茴香被視為是一種食材，幾乎所有的調味料都有它，尤其是醋醬（Vinegar sauce）；它也能放在麵包硬皮下。種籽因為對肺和肝有益，所以備受推崇。適量攝取可止住腸子過度蠕動，也可充當利尿劑；用甜茴香熬成的湯劑能改善腹部絞痛，當成飲料喝可以刺激發乳。根部若和大麥茶（Ptisan）一起飲用，可以淨化腎臟——藥效幾乎和汁液或種籽熬成的湯劑一樣；根也有很多好處，放在葡萄酒裡煮，可治療水腫和抽搐。葉子能用在灼熱疼痛的腫塊上，加醋可去除膀胱結石，也可充當催情劑使用。[158]

此外，如果把它當飲料喝，可以促進精液的分泌，對生殖器官也非常好，無論是把根部放在葡萄酒煮成的湯劑當成膏藥濕敷，或放在油中攪打後再使用。它可以和蠟一起敷在腫塊和瘀傷上，而根部加葡萄酒則可以治療馬陸的螫咬。

普林尼也形容許多體型較大的野生種甜茴香（或稱為 *Hippomarathron*）的用法，在各方面都比人工栽種的茴香更有療效。

甜茴香和其他香料在埃及克勞狄奴烏斯山的一個羅馬人城鎮中被發現，另外在菲奧萊斯山也發現其他7個繖形科成員。[159] 這兩個地點都位於（埃及）東部沙漠。在赫庫蘭尼姆古城的 Cardo V 下水道也找到少量的甜茴香籽。

阿彼修斯強調羅盤草對於羅馬人非常重要（羅盤草是一種巨型甜茴香），

然而甜茴香本身卻鮮少出現在他的食譜中。新鮮甜茴香可和大麥湯、高湯煮豆子（或鷹嘴豆）、葡萄酒、雞蛋一起做成料理，也能製成開胃菜用的白醬，或搭配煮鯔魚（Mullet）的醬汁；磨碎的甜茴香是烤小里肌的調味粉之一；甜茴香籽可加進食用腦煮成的濃湯、「維特里烏斯式」（à la vitellius；用香草、香料和葡萄酒煮）煮豌豆或豆子，搭配煮肉、野豬、鹿肉或小牛肉的醬汁裡。

薩克遜人絕對使用過甜茴香——他們有個可以改善低產量農田的老咒語，或如果懷疑有魔法或巫術，也能使用甜茴香！溫徹斯特的薩克森後期遺址中曾發現甜茴香，而它也出現在聖加侖修道院平面圖（公元 820 ～ 830 年）中的藥用植物園。沃夫·史托（Wolf Storl）紀錄了另一個案例，當時的人們用甜茴香來對抗魔鬼、惡魔和邪靈，這個做法似乎在中古時期的歐洲廣泛運用。[160]

一份公元 2016 年的研究，註記了 10 筆甜茴香出現在中世紀英格蘭北部（貝弗利、切斯特〔Chester〕、赫爾〔Hull〕和約克）化糞池沉積物中的紀錄，其中一筆來自公元 11 世紀，其餘的則介於公元 13 ～ 15 世紀之間，這告訴我們，後諾曼人（Post- Norman）大量使用這種香草。[161] 同一份研究也檢閱了公元 13 ～ 15 世紀的 217 份食譜；整體而言，繖形科植物並沒有大量出現在這些歷史紀錄中。葛縷子、芫荽、孜然、蒔蘿和甜茴香加起來只出現在約 1%的食譜中。甜茴香似乎只是一個偶爾使用的調味品而已。

《烹飪的形式》（1390）裡有兩道甜茴香冷湯（Cold Brewet）的食譜；其中一個日後在公元 15 世紀、哈利 5401（Harley 5401）的手抄本中，又出現了一次。[162] 那是一種用杏仁霜加上鹽、糖、薑、甜茴香汁和葡萄酒調味的醬汁。另一個在《烹飪的形式》中使用甜茴香的食譜，有個極妙的名字 "Eowtes of Flessh"（鮮蔬），包括各種香草嫩葉、沙拉、燉甜茴香佐麵包、香料燉醃菜（Compost）和香草烤蛋。"Compost" 在這裡是指加了許多香料（包含甜茴香籽）的燉醃菜。當時義大利還有另一個用法，就是把甜茴香花用於甜茴香醬中。[163]

公元1615年，甜茴香根用於一道名為「煮閹雞的另一種方式」的食譜中，但很明顯地，在當時的英國人廚房裡，甜茴香依舊是不太受歡迎的食材。[164]

傑勒德的《草藥》（1597）把普通甜茴香與甜味茴香區分開來：

第二種甜茴香以「甜味甜茴香」而廣為人知，因為它的種籽嚐起來有甜味，像是洋茴香籽，外型和普通甜茴香類似，只是葉片比較大，也比較寬或帶有油感；種籽比較大，顏色比較白，且整株植物在各方面都比較大。

甜茴香有各種不同的醫學用途：磨成粉的種籽能保護視力；食用綠葉或把種籽做成飲料喝下去，可以讓「女性乳房充滿乳汁」；喝甜茴香熬成的湯藥，可以減緩腎臟疼痛、避免結石和促進排尿；根部若用葡萄酒煮過再喝掉，會有上述提過的療效，也可以防止水腫；種籽泡成飲料喝掉可減輕胃痛、想吐與放屁的感覺；香草、種籽和根部都對肺、肝和腎有益。

甜茴香是約翰・穆勒（John Murrell）於公元1617年著作中，多種甜果汁飲（Cordial waters）和養身糖漿中的食材。[165]

甜茴香的藥用案例也出現在伊莉莎白・葛蕾（Elizabeth Grey）在公元1653年的醫學文本中：甜茴香榨汁或是與其他香草一起泡在水和葡萄酒裡，可治療眼疾；甜茴香根浸泡在高湯裡，可治療體弱，而入藥則可淨化和修補內臟器官；泡在糖漿裡的嫩葉可疏通肝臟；甜茴香的綠色部分是敷頭部的膏藥。

甜茴香籽則用於多道食譜：做成「至尊水」（Sovereign water）是治百病的仙丹；加入處理「各種疼痛」的飲品；加入抗憂鬱和另一個促進排尿的飲料；放進兩種「用烈酒蒸餾出水」（Aqua Composita）的療法中；磨成粉治療眼睛痠痛；放進「史蒂芬醫生之水」（Dr Stephen's Water；當時一個常見的療法）中；治療風寒的粉末；治療脾臟的軟膏；放進一種治療腎結石，和另一種去除腎結石的療法中。[166] 甜茴香油的做法是把大量的甜茴香放在兩塊磁磚或鐵板中間，加熱後榨出液體，對於治療乾咳（肺部不適）、乾癬、燒傷和燙傷很有用。

有多本 17 世紀後期到 18 世紀的英文烹飪書包含了使用甜茴香的食譜。甜茴香的嫩芽用於「健康沙拉」（Sallet de Sante），分枝則用來做白紅兩色甜茴香糖漿，甜茴香籽可做成「甜茴香糖衣丸」（Fennel in Dragee），而綠葉則能放入加了鹿肉的調味牛肉高湯中。[167] 甜茴香籽和根部被用於另一道「史蒂芬醫生之水」的食譜中，葉子和根還能製作醋糖漿，而整個甜茴香頂部則可以用來醃黃瓜。[168]

在《女性的全數責任》（*The Whole Duty of a Woman*，1696，暫譯）裡，一些簡單樸實的療法中，都能看到使用甜茴香的例子，另外甜茴香也可用來醃魚，和做為烤鮭魚和火雞的裝飾。[169] 漢娜・格拉斯似乎不大使用甜茴香──它出現於一個加工鯖魚的食譜，種籽則用來製作黑櫻桃水，花可製成一種預防生病的飲料（Plague water；和大量不同的植物根部、花朵和種籽蒸餾而成）。其中一則食譜使用種籽製成「過食水」（用來治療吃太多），甜茴香花則可製成奶水，或用它來醃甜茴香。[170]

在今日的歐洲和北美洲，通常是種植球莖茴香，當成蔬菜食用，但在亞洲和中東則主要種來取其種籽。甜茴香被大規模種植於義大利、法國、羅馬尼亞、俄羅斯、德國、印度、阿根廷、美國，以及其他許多國家。

巴西利

巴西利（*Petroselinum crispum*）是一種直立型二年生分枝香草（雖然普遍被種植為一年生），高度可達 80 公分，有分開、羽毛狀的綠色葉子和構成繖形花序的黃綠色花朵。它原生於地中海地區，果實為卵形且扁平，分裂成兩個分果片，最多可長成長 2 公釐，寬 1 ～ 2 公釐。

整株植物皆可食，但主要是當成香草使用，而且種籽很少被視為香料。這很稀奇，因為其他繖形科的香草／香料，其種籽通常也被廣泛用於烹飪。巴西利的風味可形容為很柔和的辛香、微苦、清新，像是一種有香味的草；其溫和的風味，讓它很容易與其他香草和調味料搭配。最常見的兩個人工栽種品種為捲葉（或稱「皺葉」）和平葉巴西利。還有另一個品種的巴西利

稱為「漢堡巴西利」（Hamburg Parsley）或蕪菁根巴西利（Turnip-rooted parsley；*P. crispum* Radicosum group），這種巴西利有著粗粗的直根，在中歐和東歐是很常見的一種蔬菜。

學名中的 *"Petroselinum"* 是「岩芹」（Rock celery），強調兩種植物的相似性。甚至連泰奧弗拉斯托斯（公元前 4～前 3 世紀）都能辨識出「山芹」（Mountain celery），即巴西利、馬芹（Horse celery）或亞歷山大芹，和「沼澤芹」或野芹菜的不同。[171]

普林尼對巴西利的各種益處非常感興趣：「巴西利受到普羅大眾推崇；把帶葉嫩枝泡在牛奶裡，是在鄉村喝的飲料；我們也知道它可以當成醬汁的調味料，它因為有特殊的風味而受到重用。」[172]

普林尼也列出多個巴西利能為健康帶來的好處。然而，他引用了狄奧尼修斯（Dionysius）和克律西波斯（Chrysippus）的話，他們兩人同意「沒有任何一種巴西利應該被當成食物；的確，他們認為這麼做無異於瀆聖，因為巴西利在紀念死者的葬禮裡，被奉為聖物。」這種與死亡的關聯是由來已久的（從古希臘開始），而且在歷史中延續至今。

神話中，嬰兒奧菲特士（Opheltes）被蛇咬死的故事與巴西利（或芹菜）有關，當時嬰兒躺在一大片巴西利上，或是巴西利因他流出的血而生長。無論是哪一種說法，奧菲特士後來被重新命名為「奧契莫洛士」（Archemorus），意思是「厄運的開始」——這對一個小孩來說，並不是個好名字，但證實了與死亡之間的關聯。「尼米亞競技大會」（Nemean Games）的起源就是為了紀念這個事件。

有許多傳說在接下來的數千年和好幾個世紀都繼續流傳下去。例如，巴西利的緩慢發芽被歸因為種籽必須多次往返地獄。巴西利與讓人半信半疑的民間傳說、迷信和厄運之間的關聯也是非常特有的，近代直到公元 2018 年，都還有發生在阿根廷婦女身上的悲劇實例，因為她把巴西利莖放進陰道，試著人工流產墮胎，結果最後卻因嚴重感染而身亡。

巴西利的種籽被阿彼修斯用來製成香料鹽，但除此之外，他更常使用綠

色部分，放進孜然醬、羅盤草醬、Oxygarum（一種加醋的魚露）、古羅馬香腸（Lucanian sausage）、鼠海豚（Porpoise）加味碎肉餡料理、為禽類添味的醬汁、要搭配烤火鶴的醬汁和其他許多料理中。

巴西利似乎是由羅馬人傳到不列顛的。[173] 一份公元 2008 年的研究指出，早先巴西利出現在一些羅馬人的遺跡中，其中幾乎都是主要城鎮，特別是英格蘭的倫敦、約克，與德國的克桑騰（Xanten）。這些地方全都是重要的（古羅馬）軍團基地，顯示與軍隊有關。[174] 巴西利之所以沒有出現在中古世紀早期的遺跡中，大概是因為羅馬人離開後，使用巴西利的傳統沒有延續下去（雖然到了中古世紀，它已經很普遍了──至少就考古學者的觀點看來）。

雞肉配上巴西利和麵包做成的餡料，是一道古盎格魯－薩克遜料理，所以巴西利絕對是那個年代可以取得的食材。它也列在聖加侖修道院園圃的植物名單中。巴西利出現在 14 世紀的經典之作《彼爾士農夫》（*The Vision of Piers Plowman*）中，書裡有一名貧窮簡樸的農夫，沒有錢買奢侈品，所以有一段與「飢餓」的對話中：

而且除了我說在我的靈魂旁沒有鹽醃培根，
也沒有小顆蛋，我在耶穌旁邊，也快倒下了。
但是我有巴西利、韭蔥和很多高麗菜……[175]

這故事的背景是英格蘭一半的人口都因為大饑荒和腺鼠疫而逝世的世紀，這個艱苦的人物描寫，至今依舊能引起共鳴。

在《烹飪的形式》（1390）中，巴西利被當成香草使用，出現在許多則食譜中，主要是使用其綠色部分，但也用了根部。例如在「堆肥」（Compost）這道菜中，在一本《無名托斯卡尼料理書》（*Anonymous Tuscan Cookbook*，暫譯；約成書於公元 1400 年）中，巴西利和巴西利根都用於好幾道料理中。[176]

巴西利（假定是綠色部分）出現在「阿藍德手抄本 334」（Arundel manuscript 334；約為公元 1425 年）的許多道食譜中，在這份手抄本裡，巴西利（Parsley）被稱為 Parsell、Parcel 或 Parsyly。

基於上述內容，18世紀瑞典植物學家卡爾・林奈認為「巴西利是在公元1548年傳入英格蘭」的觀點看來是錯的——尤其是巴西利的植物考古學證據都支持它在羅馬時期就已經出現在不列顛。[177] 在公元1596年的《賢妻的珍藏》（*The Good Housewife's Jewel*，暫譯）中，巴西利再次成為常見食材，另外在其他大部分同年代的早期現代烹飪書中，也是如此。[178] 它被當成一種烹飪香草的高人氣，直到現代都從未真正衰退過。

　　亞倫・戴維森（Alan Davidson）形容它是歐洲烹飪中，最受歡迎的香草。[179] 現代歐洲使用的著名範例包括：法式青醬（Persillade；法國），是一種混合巴西利、蒜末和油等食材的醬汁；巴西利醬（英國）；綠色香草醬（Gremolata；義大利），由切碎的巴西利、檸檬皮屑和大蒜所製成。

　　巴西利在西亞和中東也非常普遍：是黎巴嫩沙拉「塔布勒」的重要食材，製作鷹嘴豆泥球（Falafel）、伊朗（波斯）香草烘蛋（Kookoo Sabzi）與許多其他料理時，也通常會加巴西利。在墨西哥，則是綠莎莎醬不可或缺的食材。

羅盤草

　　羅盤草（Silphium 或 laser）是最神祕的香料／香草之一，而且可能已經絕種。它也許和尚存於北非的「丹吉爾阿魏」（*Ferula tingitana*；一種巨型丹吉爾甜茴香）有關。

　　羅盤草對古羅馬人很重要，他們會把它當成調味品、調味料、香水、藥物、蔬菜、防腐劑和催情劑。它在昔蘭尼加（Cyrenaica）和利比亞等地被發現，該處原本由希臘人定居，但後來在公元前96年被羅馬人強佔。希羅多德曾提到它——它是古昔蘭尼（Cyrene）的重要商品：「羅盤草開始在這個區域成長，一側從普拉塔（Platea）島延伸到另一側瑟提斯（Syrtis）的入口處。」[180]

　　不過，到了公元1世紀晚期，這個香草就消失了。古羅馬人再也種不出來，而且當野生的部分也耗盡時，就真的是滅絕了。這種香草與阿魏有幾處

相似（關於阿魏，請參考前面介紹，是一種著名的臭味香草），因此無良的商人便用它來摻假或替代羅盤草；另外也用其他的香草與物質來假冒。古希臘作家泰奧弗拉斯托斯描述這種植物有著黑色樹皮覆蓋的粗根，植物本身屬長型，有著類似甜茴香的空心莖部，和與芹菜相似的金黃色葉子。[181]

羅盤草出現在阿彼修斯寫的多道食譜中，在他常用的香草／香料中名列第五。他用羅盤草來為醬汁和香腸調味；做成佐搭南瓜、黃瓜和蜜瓜的沙拉醬；加進湯品和高湯；和豆子一起煮成扁豆料理；做成搭配多種禽類的醬汁；放入豬子宮（古羅馬人很喜歡料理生殖器官），另外加胡椒和高湯（皮才會脆）和豬腳等；放入醃肉的醬料、烤肉時加了添香，或做成水煮肉的醬汁；和蝸牛一起做成餡料，再塞進豬肚裡；製成搭配野豬肉、鹿肉、牛肉、羊肉和其他肉類的醬汁；做成餡料和搭配乳豬的醬汁；製成搭配野兔肉的醬汁；和野兔血、肝和肺一起製成蔬菜燉肉；做成要塞進睡鼠的餡料，和搭配魚類的醬汁。

羅盤草有可能再回來，或其實根本沒有絕種過。但問題是，沒有人知道它真正的模樣。

黑胡椒與早期香料貿易：
第一批全球商品

胡椒粒（胡椒學名為*Piper nigrum*）——史考特・尼爾森（Scot Nelson）攝

胡椒（*Piper nigrum*）是一種開花藤本植物，原生於印度南部，人類開始使用它的年代可追溯回公元前 2 千紀。綠胡椒粒在藤蔓上成熟時，會慢慢轉紅，但黑胡椒是把未成熟的綠色胡椒粒（最好是剛開始轉橘／紅時採收）先稍微發酵，再曬乾而得來的。新鮮的綠胡椒粒在東南亞某些地區是常見的食材。順帶一提，白胡椒雖然風味不同，沒那麼豐富有層次且嗆鼻，但其實來自相同的胡椒粒，只是它由完熟果實的種籽製成，而且去掉深色果皮（浸泡 10 天後去除）。

胡椒在古埃及用於儀式和做為藥物。在拉美西斯二世（卒於公元前 1213 年）的鼻孔裡發現黑胡椒粒，做為防腐處理的一部分。古希臘人也用胡椒，但主要為藥用。

希波克拉底（約公元前 400 年）曾建議在幾帖藥方中使用胡椒。為了治療破傷風，他建議：「給患者幾粒胡椒和黑嚏根草（Black helebore，毛茛科中一種有毒的瀉藥），和溫熱有脂肪的鳥禽湯」；至於胸膜炎，「在禁食狀態，給患者 5 顆胡椒粒、一顆豆子量的羅盤草汁、蜂蜜、醋和水，溫熱飲下」；若要幫助呼吸和咳痰，「把一大撮刺山柑、胡椒、一點點碳酸鹽鹼性物質（Soda）、蜂蜜、醋和水調和均勻；溫熱飲下」。[1] 在治療肺炎時，也會使用胡椒。[2]

希波克拉底另外也用胡椒來治療婦科疾病，且提到它的起源「印度」。[3] 托特林（L. M. V. Totelin）提到希臘人從波斯人那裡學到 "Peperi" 這個字，當時波斯人可能是貿易的中間人，而且希臘人可能也向他們學習如何使用胡椒。[4]

泰奧弗拉斯托斯曾描述過兩個品種的胡椒，「不過兩種都很辣」，並建議做為毒堇中毒時的解毒劑。[5] 貝托尼（D. R. Bertoni）列出了在古典時期胡椒的其他醫學用途以及使用者。[6] 西弗諾斯的迪爾菲利烏斯（Dilphilius of Siphnos）與貝托尼幾乎同年代（公元前 3 世紀初期），可能是最早記錄把胡椒當成調味料的人。他提到把胡椒和孜然一起加在干貝上，可幫助消化。[7]

雖然有這個案例，但古希臘人對於胡椒的使用，似乎主要還是以藥物為

主，而不是當成食物添味劑或調味料。另一個問題必然是價格考量——做為一種來自遠東的稀有品，就是因為太貴了，而無法當成日常生活用的調味料。但羅馬人改變了這情況。

目前最早發現的羅馬時期胡椒，是公元前 4～前 2 世紀，出現在龐貝的赫丘利（Hercules）婚禮場所。[8] 在公元前 3 和前 2 世紀，胡椒開始比較容易取得，大概是隨著羅馬人擴張領土，與阿拉伯人做生意而形成的。在帝國時代（Imperial era）初期，胡椒的數量戲劇性地增加，因為埃及和紅海納入羅馬人的管轄，而且商人會從印度進口胡椒。

在公元前 1 世紀晚期，詩人賀拉斯（Horace；生於古羅馬由共和國過渡到帝國之時期），多次提到胡椒用於烹飪的情況。[9] 奧維德（Ovid；卒於公元 18 年）也在一篇有關催情劑的文章中，提到了胡椒：

> 他們把胡椒和蕁麻（Stinging nettle）的種籽混在一起……但崇高的厄律克斯（Eryx）在他多蔭的小山下迎接的女神，不允許我們以這種方式去追求她的歡愉。[10]

根據公元 1 世紀的美食家和食譜編纂者「阿彼修斯」，胡椒是羅馬人最重要的佐料——在《論廚藝》描述的近 500 道菜中，有 76% 用了胡椒，不僅在烹調過程中使用，也當成調味料。[11] 有大量的胡椒經由紅海－埃及和波斯灣路線，從印度南部進口到羅馬。[12] 在往返的海運航程中，有效利用了西南和東北季風（當然，不只有運輸和交易胡椒，還有種類繁多的商品，只是黑胡椒是最重要的香料和芳香物質）。

普林尼（約公元 70 年）紀錄了 1 羅馬磅（約是常衡制「磅」乘以 0.7）的黑胡椒要 4 第納理烏斯（Denarii）的價格，換句話說，對許多人而言，雖然不能奢侈地使用，但也不至於貴到讓他們不敢用。他哀嘆（顯然他不愛黑胡椒）：

> 我滿訝異使用胡椒變得這麼流行，在其他我們使用的食材中都會看到

它，有時是因為它們的甜味，有時則是它能吸引我們注意力的外觀；然而，胡椒粒中卻沒有任何東西可以告訴我們它是水果還是漿果，它唯一吸引人的特質是某種辛辣味；而這就是為什麼我們要大老遠從印度把它進口過來的原因！[13]

馬庫斯·瓦萊里烏斯·馬提亞利斯（Marcus Valerius Martialis；公元38～104年），大家比較常稱他為「馬提亞爾」（Martial），他是一位羅馬詩人，因為語言尖刻的散文和愛挖苦人的筆風聞名，他的風格時常是粗俗幽默的，經常直指周遭人士過分的行為與怪僻，同時也做為城市生活的整體評論。胡椒這個主題可沒有逃過他的鷹眼——他嘲諷胡椒的價格：

但，噢！我的廚子要用一大尖匙的胡椒，還要加法勒尼安葡萄酒（Falernian wine）到他神祕的醬汁裡。不，回去你主人那裡，你這招致毀滅的野豬：我廚房裡的火不適合你；我吃沒那麼貴的美食就好。[14]

但他承認胡椒能為平淡的東西更有滋味，這點頗為實用：「那個清淡無味的甜菜——工匠的食物，可能需要添加一點風味，廚師有多常需要求助於胡椒和葡萄酒！」[15]

古羅馬人在醫藥上也持續使用胡椒，在凱爾蘇斯公元1世紀的《醫學》（De Medicina，暫譯）中可看到實例，他在許多種療法中使用胡椒，而且可能是第一個寫下胡椒可以治療打噴嚏的人。[16] 他也寫了一種可以治療發炎和減緩關節疼痛的乳霜——它包含「兩種胡椒，圓的和長的」，和其他一系列讓人迷惘的異國香料。在迪奧斯科里德斯的描述中，同樣把胡椒的藥用價值放在首位——畢竟他寫的是醫學文章啊！但他的確也提及胡椒的辛辣嗆鼻與風味：黑胡椒的味道比白胡椒甜，也比較尖銳，嚐起來較討喜，也比較香。[17]

來自古羅馬帝國的植物考古學證據，包括在赫庫蘭尼姆古城的 Cardo V 下水道中發現胡椒粒，發現的年代早於公元79年維蘇威火山的爆發，另外在來自公元2世紀初期，克羅埃西亞羅曼穆爾薩（Roman Mursa）的化糞池裡，也發現了胡椒粒。[18]

另外也在德國、法國和不列顛的古羅馬人遺址中發現黑胡椒粒，那些地方因為泡在水裡，而水中的厭氧情況，使得其保存良好。古羅馬人需要這個重要的居家療癒物品陪伴他們度過西北歐悲慘的寒冷天氣！文德蘭達的刻寫板（Vindolanda tablet：一種和晶圓一樣薄的木板）上佈滿了文字（信件、執勤表、供給品申請等），披露了不列顛北方要塞駐紮士兵的日常生活：塔波（Tappo）的兒子甘巴克斯（Gambax）訂了價值 2 第納理烏斯的胡椒。[19]

任何曾在寒冷月份走過哈德良長城（Hadrian's Wall；完工於公元 128 年左右）的人，一定能理解這些士兵。在每一個「里堡」（Milecastle）大概駐紮了 20 名士兵，但大部分在中間或南部的堡壘，大概有 1 萬名士兵駐防。堡壘的牆是高起且無遮蔽的，在冬天的那幾個月，簡直是冷到骨頭都麻了的程度，這些守衛城牆的士兵一定是一直處在不舒服的狀態。雖然這麼說可能誇大了——他們有遮蔽處，當時也沒有太多戰爭，而且他們年輕又堅強，但無論如何，如果能在他們的膳食中出現胡椒之類的小小奢侈品，來為他們加油，絕對是大受歡迎。

有好幾條證據指出了胡椒被的廣泛使用，不僅限於有錢人，胡椒從印度西南部的馬拉巴海岸出口（例如，從已經不存在的穆齊里斯港〔Port of Muziris〕，位於現在的科欽〔Cochin〕附近），因為它就種植在附近。

在公元 2 或 3 世紀，一段取自菲洛斯屈塔思（Philostratus）所撰的《阿波隆尼亞斯傳》（Life of Apollonius of Tyana，暫譯）內容，描述了一群猴子如何採收長在懸崖、難以接近但結實累累的胡椒木，採收完後，把胡椒倒在林中的空地上，這些猴子的行為其實是模仿印度人採收比較矮的胡椒木而來的。[20] 費德里科．德．羅曼尼斯（Federico De Romanis）重新詮釋了這個令人充滿好奇的故事，但在他的版本中，大部分的採集者是當地的高地民族。[21]

這個主題後來出現在 2020 年 7 月的 BBC 新聞的後續報導——善待動物組織（PETA；People for the Ethical Treatment of Animals）宣稱泰國的豬尾獼猴（Pig-tailed macaques）是從野外抓來的，而且訓練牠們一天要採 1,000 顆椰子，因此有幾家超市決定杯葛這項產品。所以也許菲洛斯屈塔思沒有弄錯。

雖然文件記錄的證據很少，但公元 2 世紀中期，有段描述說明了「赫瑪波倫號」（Hermapollon）的船上貨物：德‧羅曼尼斯試著重建，並解釋這艘船約有能 625 英噸的容量，其中黑胡椒佔了 544 英噸，而且胡椒的價值大概是整艘貨物總值的三分之二。如果這是正確的，它突顯了巨量胡椒進口到羅馬的情況。由於到達羅馬的胡椒量實在太大了，所以還特別蓋了「胡椒倉庫」（Horrea Piperataria）來儲存。

在公元 408 年，西帝國的最後 1 世紀，胡椒本身的高價值被用來安撫準備要進行圍攻的西哥特亞拉里特國王（Visigoth King Alaric），並阻止他劫掠羅馬：

> 經過雙方長時間的討論後，最後終於達成共識——這個城市應該要交出 5,000 鎊的黃金、30,000 鎊的銀、4,000 件絲袍、3,000 塊猩紅色的羊毛和 3,000 磅胡椒。[22]

這只是暫時的喘息而已，亞拉里特兩年後就回來掠奪這個城市的一切，而且在接下來的數十年看著羅馬在一個又一個的危機中磕磕絆絆，直到滅亡。

紅海的貝勒尼基港（Port of Berenike）在公元 6 世紀遭到廢棄，並被隱藏起來，直至公元 19 世紀初期才被發現。考古學的調查找出好幾千顆黑胡椒粒，且在超過 180 個土壤樣本中皆有斬獲。胡椒粒也出現在米奧斯荷爾莫斯遺址（Myos Hormos）附近。

霍克森「王后」胡椒罐（Hoxne 'Empress' pepper-pot）是「霍克森寶藏」（Hoxne hoard）的一部分，霍克森寶藏是不列顛已有史以來發現最大的羅馬珍寶窖，這是公元 1992 年時，薩福克郡的一名佃農因為要找他亂放的錘子，而用金屬探測器找到的！這批寶藏由金幣和銀幣、銀質餐具和珠寶組成。

「王后胡椒罐」是一個淺銀製容器，外型設計為一名地位崇高之女性的半身像，而且有公元 4 世紀的容貌，另外還有 3 個鍍銀的胡椒罐，這些做工精細的作品，目前都展示在大英博物館。

這些硬幣讓寶藏的年代定為公元 407 年以後，與羅馬的巨大動盪和羅馬時期在不列顛結束的年代相符。胡椒罐的出現強調整個帝國持續使用這個異國香料（在上層社會菁英之間，反正不管怎樣，寶藏的所有人一定非常有錢），但為什麼要埋下這批寶藏就只能猜測了。若從年代推斷，當時他們可能是擔心即將到來的災難。

黑胡椒在羅馬人之後的不列顛

儘管胡椒在當時非常貴重，但不列顛人並沒有因為因羅馬帝國滅亡而停止使用。大致來看，在羅馬時期之後，香料（至少進口的那些）在不列顛似乎變得比較稀少。尊者比德（Venerable Bede）在他臨終的那段時間（公元 735 年）分享了胡椒和線香。[23] 聖亞浩（Aldhelm；盎格魯－薩克遜時期，茅馬斯堡修道院的院長，卒於公元 709 年）說加了胡椒的高湯美味極了。[24] 直到盎格魯－薩克遜時期要結束時，皇室和大戶人家都有穩定取得胡椒的來源。

胡椒在公元 11 世紀已經被組織化，公元 12 世紀，胡椒同業工會（Guild of Pepperers）創立於倫敦，負責監督香料和香草的純度、秤重、進口和批發。胡椒被大量進口到不列顛。哈蒙德（P. W. Hammond）提及，在公元 1481 年時，有一艘威尼斯的單層甲板漿帆船，運送了香櫞汁（Citronade）、蜜餞和超過 2 英噸的胡椒等貨物進入不列顛。[25] 胡椒在整個中世紀的價格皆為每磅 1 先令。

公元 1412 ～ 1413 年，薩福克郡阿克頓廳（Acton Hall）有錢人家的家計簿裡，詳細記載了他們購買、保存和消耗掉的食物。[26] 公元 1419 年，米迦勒節（Michaelmas）慶祝活動籌辦者的帳戶顯示花了 6 先令 3 便士（好貴！）從倫敦購入 3 磅的胡椒，另外還買了其他許多種不同的香料。公元 1452 ～ 1453 年時，白金漢公爵（Duke of Buckingham）購入 316 磅的胡椒，以及其他物品——好龐大的數量！[27]

今日世界上最大的胡椒生產者是越南，該國的生產量從 1983 年的微不足道，到現在成為龍頭老大，每年的產量超過 20 萬英噸。

這麼鉅額的生產量，是隨著 1986 年貿易關係的自由化和全球胡椒價格上升而來的。印尼是第二大生產者，印度則是第三。

西羅馬帝國時期，從印度和遠東出口到羅馬的香料

雖然黑胡椒很明顯是印度－羅馬香料貿易的主力，但全面考量所有進口香料也很重要。米勒（J. Innes Miller）和沃明頓（Warmington）詳細說明這些香料及它們的各種來源，其中一些案例因為缺乏植物考古學證據，所以需要詳加說明闡釋。[28]

表 4：羅馬的香料貿易

香料的學名	香料名稱	來源	參考文獻／註解
Acorus calamus	菖蒲	印度 中亞	迪奧斯科里德斯說它生長在印度。[29]普林尼也這麼說，並說它也長在阿拉伯的敘利亞。[30]菖蒲可能是（也可能不是）從印度進口。被列在《價格詔書》（Price Edict）上。
Aquilaria agallocha	沉香蘆薈 （沉香木）	印度	原生於南亞，出現在早期泰米爾語（Tamil texts）文本中。[31]普林尼稱它為"Tarum"，說它來自產肉桂的國家，是由納巴泰人（Nabataeans）進口來的，而迪奧斯科里德斯則說它來自印度和阿拉伯。[32]柯斯馬斯提到（斯里蘭卡）收到一批進口的沉香蘆薈，然後把它們送到馬拉巴等市場。[33]
Cinnamomum malabathrum （*Cinnamomum tamala*）	馬拉巴肉桂	印度	《周航記》（*Periplus*；公元1世紀中期）紀錄馬拉巴肉桂從穆齊里斯（Muziris）和內耳肯達（Nelkynda）（§56），還有從恆河口（§63）出口（後者在一定程度上由中國部落成員提供）。[34]托勒密指出有個地區「超出印度東北地區（Kirrhadia）之外，那裡據說能產出最棒的馬拉巴肉桂。」[35]馬拉巴肉桂出現在公元301年的《價格詔書》和查士丁尼的《學說匯纂》（Justinian's Digest）中，並被稱為「肉桂葉」。[36]

Cinnamomum verum (*Cinnamomum zeylanicum*)	肉桂	南亞和東南亞	米勒認為有些肉桂樹皮可能已從馬拉巴出口，但並不是熱門貨品。公元300年後，有些可能是來自錫蘭。阿拉伯的中間商可能在那之前，就已經和西方有肉桂的交易。普林尼認為肉桂產自衣索比亞，從那裡經過漫長的海運抵達阿拉伯海岸（他可能把衣索比亞和印度搞混了，或漫長的海運是要到達東非海岸，而不是從那裡出發）。[37] 肉桂出現在查士丁尼的《學說匯纂》中。
Cinnamomum cassia	中國肉桂	中國東南亞	根據普林尼的觀察，中國肉桂「生長之處與產有肉桂的平原相距不遠」，另外也注意到中國肉桂的價格比肉桂低。[38]中國肉桂的樹皮出現在《價格詔書》和查士丁尼的《學說匯纂》中。
Commiphora mukul	代沒藥	印度	泰奧弗拉斯托斯稱代沒藥為「印度的刺」（Indian akantha），它會產出一種類似沒藥的物質。[39]《周航記》提到莫克蘭（Makran）時說：「沿著海岸，除了代沒藥外，其他什麼都沒有」（§37），且代沒藥是從巴巴里克（Barbarikon；§39）和巴利加薩（Barygaza；§49）出口。普林尼說：「我們在印度附近的大夏（Bactriana）也發現了代沒藥。」[40]它也經由絲路陸運進口。《價格詔書》中曾對其報價。
Curcuma longa	薑黃	印度	不太可能在羅馬廣泛使用。泰奧弗拉斯托斯稱它為「另一種類型的莎草屬植物（Cyperus），和生長在印度的薑類似。」[41]米勒認為它可能是因為外型很像薑而被進口。吉斯蒙迪等人（A. Gismondi et al.）在一名托斯卡尼女性（年代為公元1世紀晚期到公元2世紀初期）殘骸的牙菌斑中，發現薑黃的蹤跡。[42]
Cymbopogon martinii and other species of Cymbopogon	薑草／甜菖蒲	印度	香茅屬是帶有香氣的草本植物，有些原產於南亞。泰奧弗拉斯托斯曾描述過它，儘管他將其產地定位在更遠的西邊；普林尼也曾形容它是「具有甜甜香氣的菖蒲」。它可能就是阿里安（Arrian）在亞歷山大大帝從俾路支斯坦（Baluchistan）的沙漠歸來時，所形容的「甘松」：「其中有許多都被軍隊踩扁了，然後有股甜甜的香氣傳得又廣又遠。」[43]腓尼基人會採集這種植物，但不清楚這對於羅馬人來說，是否為一種重要的進口物。

Elettaria cardamomum *Amomum sp.*	小荳蔻	印度	在《亞歷山卓關稅》（Alexandrian Tariff）中被列為"Amomum"和"Cardamonum"——可能少量進口。[44]小荳蔻發現於帕蒂納姆（Pattanam）的歷史性地點，過去可能是穆齊里斯港的位置。[45]迪奧斯科里德斯和普林尼可能也曾說明過「小荳蔻」。阿彼修斯偶爾用過它。「荳蔻屬植物」出現在《價格詔書》中。小荳蔻很明顯是從印度進口。
Lycium sp.	枸杞屬植物	印度 東南亞	根據《周航記》紀錄，它是從巴巴里克和巴利加薩出口。也列於查士丁尼的《學說匯纂》中
Myristica fragrans	肉豆蔻／ 肉豆蔻乾皮	東南亞	普林尼說有一種肉桂，稱為"Comacum"，它是一種堅果，其提煉出來的物質帶有宜人的氣味——他指的可能是肉豆蔻（雖然他說這種植物來自古敘利亞）。[46]《周航記》記載"Macir"或"Macer"，從紅海上的「瑪勞」（Malao，今日的索馬利亞）出口，他指的是肉豆蔻乾皮嗎？到了公元6世紀，它在歐洲已廣為人知。
Nardostachys jatamansi	穗甘松	印度北部	泰奧弗拉斯托斯形容人們將穗根松的根部用於香水製造。《周航記》記載它從巴巴里克、巴利加薩、穆齊里斯、內耳肯達和恆河口出口。但讓人困惑的是，其他屬的植物被標為「甘松」。普林尼列出了12個品種。[47]迪奧斯科里德斯把印度甘松和敘利亞甘松區分開來。[48]阿彼修斯曾明確指出印度穗甘松。恆河甘松是目前已知公元2世紀《穆齊里斯莎草紙文書》（Muziris Papyrus），所列出之船運貨物清單中的其中一個。甘松也列於查士丁尼的《學說匯纂》中。
Piper nigrum	黑胡椒	印度南部	從文學與植物考古學可找到大量的證據，證實整個帝國都在進行黑胡椒的貿易。希波克拉底、泰奧弗拉斯托斯、普林尼、迪奧斯科里德斯、賀拉斯（Horace）、科斯馬斯·印第科普爾斯茨和其他人都曾描述過它。[49]《周航記》記載它是從穆齊里斯和內耳肯達出口。白胡椒列於查士丁尼的《學說匯纂》中。
Piper longum	長胡椒	印度南部	泰奧弗拉斯托斯曾描寫它。[50]《周航記》記載它是從巴利加薩出口，反映它的原產地為次大陸北部。普林尼將長胡椒的價格（貴很多）與黑白胡椒的價格分開。[51]列於查士丁尼的《學說匯纂》。

Santalam album	檀香	印度 東南亞	《周航記》（§36）提到檀香從巴利加薩運到波斯灣；其來源可能是印尼和印度。
Saussurea lappa	木香	印度北部	泰奧弗拉斯托斯曾形容它的刺鼻氣味與辛辣。[52]迪奧斯科里德斯列出了阿拉伯、印度和古敘利亞的品種。[53]《周航記》（§36）記載它從巴巴里克和巴利加薩出口。此植物列於查士丁尼的《學說匯纂》。
Syzygium aromaticum	丁香	摩鹿加群島	丁香曾出現在古印度的文學作品中，例如公元前200年或更早以前的《羅摩衍那》。普林尼筆下的"Caryophyllon"，可能就是在描寫丁香（雖也有可能是蓽澄茄）。[54]科斯馬斯・印第科普爾斯茨的著作《基督教地形學》曾提到，丁香在公元6世紀經過「卡利埃納」（Kalliena）。[55]
Zingiber officinale	薑	東南亞	迪奧斯科里德斯曾描述過薑，但他誤說它生長在阿拉伯。[56]普林尼也說它生長在阿拉伯，且提到了價格（每磅6便士）。[57]薑可能從紅海被「再出口」。阿彼修斯認為它是很重要的進口貨。薑產自塔普羅巴納（斯里蘭卡）。[58]列於戴克里先（Diocletian）頒布的《價格詔書》和查士丁尼的《學說匯纂》。

　　從東方進口過來的香料中，最重要的是黑胡椒、馬拉巴肉桂和穗甘松。印度雖然是許多香料的產地，但它也是許多來自更遠東方之香料的集散地。在大多數情況下，香料會透過希臘－羅馬的船隻上運輸，穿過印度洋，然後沿著紅海抵達米奧斯荷爾莫斯和貝勒尼基（Berenike），再從那裡到亞歷山卓。有比較少數的航海路線會通過波斯灣，但有一部分的貿易隊伍會走歷史悠久的陸路「絲路」。

　　最後一點是，印度船隻可能會把自己的貨物運送到位於印度洋另一面的市場，儘管直接性證據仍舊不足。除了黑胡椒以外，要量化其他香料的相對重要性是不可能的，因為黑胡椒的貿易量可說是一支獨秀。

羅馬時期的黑胡椒與印度洋香料貿易

羅馬吞併埃及後，隨即在公元前 1 世紀從共和時期過渡到帝國時期。大量的財政收入湧進羅馬，而當時帝國放眼東方：奧古斯都（Augustus）派出遠征軍和勘測員去近東（Near East）調查。[59] 這個時期羅馬與印度之間的貿易有大幅進展，通過阿拉伯海，接著沿著紅海北上。

早期貿易規模一直不大，可能主要還是靠陸路商隊，從托勒密王朝開始，經由紅海的港口走海路。羅馬與印度西部之間的貿易擴張，適逢從奧古斯都開始的「羅馬治世」（Pax Romana）穩定期，這段時期大概維持了 200 年。正如弗蘭科潘（Frankopan）所指出的，與印度的貿易「從未如此爆炸性地展開」。楊（Young）提到，「奧古斯都的統治因此標記了古典世界大規模『香料貿易』的開端。」[60]

在吞併埃及的幾年內，有大量的船隻從紅海的米奧斯荷爾莫斯港被派到印度，當時（公元前 26～前 25 年）埃及的地方行政長官是埃利烏斯·加魯斯（Aelius Gallus），其他的主要港口為貝勒尼基和阿西諾埃（Arsinoe）。地理學家史特拉波（公元前 64 年～公元 24 年）曾提及每年有 120 艘船開往印度：

> 當加魯斯擔任埃及地方行政長官時，我陪他一起沿著尼羅河往上走，最遠到達賽伊尼（Syene）和衣索比亞的邊界，我得知有多達 120 艘的船隻正從米奧斯荷爾莫斯開往印度，而之前在托勒密統治時期，只有幾艘船願意冒險航行，帶回印度的商品。[61]

交易的商品不只來自印度，也來自東南亞的許多地方（見表 4，P.106），只是羅馬的船不太可能冒險航行到比印度更遠的地方。然而，黑胡椒是眾人特別喜歡的商品，進口的量非常大。

根據推測，當時可能已經使用了大型船隻，寫於公元 1 世紀中期的希臘－羅馬航海文摘《愛利脫利亞海周航記》提及到，也講述了印度洋和紅海

周邊港口。這本文摘的作者不詳，但內容卻非常有價值，因為清楚寫下第一手資訊，也具體列出個別港口交易的商品類型。費德里科・德・羅曼尼斯也討論有關貨物的議題。[62]

根據《穆齊里斯莎草紙文書》（一份公元 2 世紀的契約書，記路從印度南部馬拉巴海岸的穆齊里斯，進口胡椒和其他商品到亞歷山卓）的分析，德・羅曼尼斯判斷「赫瑪波倫號」從印度南部載回來的胡椒可能超過 544 英噸，而且佔了船上貨物的大部分，其他的貨物主要是馬拉巴肉桂（或稱「印度月桂葉」），以及較少量的象牙、龜甲（玳瑁）和香草。

根據德・羅曼尼斯估算的噸位、《周航記》說這場貿易使用了大型船隻（§56），以及斐洛斯脫拉德（Philostratus）在其所著的（虛構小說）《提亞納的阿波羅尼烏斯的一生》（*Life of Apollonius of Tyana*）中對這種船的描述，總結以上三種說法，可確定「赫瑪波倫號」及其姐妹船是非常大型的船隻（以羅馬的標準而言）。[63] 考古學對於大型商船的證據是不足的，但「赫瑪波倫號」可能是「科比塔型」（'Corbita'-type）帆船的變型。

公元 2019 年在地中海發現一艘沉船，它是迄今為止所發現最大型的古羅馬沉船之一，船隻在凱法隆尼亞島（Kefalonia）被發現，約 33.5 公尺（110 英尺）長，裡頭有保存得很完善的雙耳細頸瓶。其他已知的較大型船隻有艾希斯號（Isis）和錫拉庫薩號（Syracusa），但若就所有實用目的而言，「赫瑪波倫號」可能是羅馬帝國在那個年代能夠使用的最大型商船。

羅馬帝國透過兩個主要航線與印度洋進行貿易往來：埃及－紅海航線和波斯灣－幼發拉底河航線。[64] 然而，紅海似乎主導了黑胡椒貿易。對於印度洋的貿易，另外也存在其他觀點：帕塔薩拉提（P. T. Parthasarathi）提到馬拉巴（現在的喀拉拉邦）從遠古時期就被稱為「印度的香料花園」，而且其所在位置自然而然地成為貿易和船隻轉運的地點。[65] 他認為在這裡發現的大量手工藝文物和羅馬錢幣，都是由阿拉伯和阿克蘇姆（Axumite）的中間商帶來的，這群中間商當初壟斷香料貿易，讓香料只供應羅馬市場，而不是由羅馬人直接掌控，儘管這個觀點頗具爭議性。不過有一個不爭的事實，就是

有一系列不同的羅馬文物在次大陸被發現，大約有 50 個地點回報發現羅馬雙耳細頸瓶，Dressel 2-4 型是最常見的，主要推斷介於公元前 1 世紀到公元 1 世紀之間。[66]

托勒密王朝的人在羅馬人來之前，就已經沿著紅海海岸興建多個港口，主要是為了開發與印度和阿拉伯的貿易，儘管當時他們的交易量遠遠比不上印度和阿拉伯與羅馬人的交易量。[67]

海上貿易最終在季風的助力下，成功直接跨越阿拉伯海——這個模式到了公元 1 世紀已經很穩定（希臘人是第一批利用季風和印度交易的人），所以羅馬人攻佔埃及，應該就是利用這個模式。

史特拉波在其著作《地理志》提到，大家普遍認為第一位利用季風到達印度的希臘人是歐多克索斯（Eudoxus of Cyzicus）。[68] 歐多克索斯到了埃及，在那裡認識一名遭遇海難的印度水手，這名水手當時在紅海岸邊（或亞丁灣）被找到時，呈現體力耗盡、半死不活的狀態，他所有同伴都因飢餓而喪命。在學了足以溝通的希臘話後，水手答應教大家怎麼利用季風到達印度，這樣他也可以順勢回家。

歐多克索斯則是埃及國王（托勒密八世，又名「胖子」〔Fatty〕，是一名又殘忍又墮落的領導者）任命踏上旅途的其中一人，後來他們在公元前 118 年左右出發，成功到達印度。出發時，他們帶了一批禮物，後來交易帶回芳香物質與寶石，最後終於安全回到埃及。

托勒密把這些從國外帶回來的珍寶佔為己有（歐多克索斯對此感到懊惱，他覺得是自己賺了這些財富），但沒多久他就過世了。然而，他的遺孀決定進行另一場遠征，接著在公元前 116 年又把歐多克索斯送出去，這次他們帶了更多可交易的商品。雖然一開始偏離航線，被往南吹到非洲海岸某處，但歐多克索斯再一次完成航程。

回來時，王后的兒子已經繼位，而歐多克索斯帶回來的寶藏又再一次被搶走。這個運氣不好的冒險家又進行了幾次遠征，試圖環繞非洲旅行。他的

第一趟旅程，除了船員外，還包括了一批不太可能出現在船上的人：歌姬、醫生和各式各樣的工匠。歐多克索斯的同伴厭倦了航行，最終把船擱淺，使得這趟航程留下不怎麼光彩的結局。沒有人知道他最終的命運如何，很有可能是航進日落，然而再也沒人看過他，但他的主要成就卻很重要：示範如何使用季風航行到印度再返回。

《周航記》的作者記載直接航線出現之前的情況（§57）：「從迦拿（Cana）到阿拉伯猶達蒙（Eudaemon Arabia，整個地區又稱為「阿拉伯福地」）（亞丁）的整段……航程……，以前都是由能靠近岸邊的小型船隻執行。」[69] 這就是香料貿易以前是由這種耗時費力的方式來進行的證據。

從紅海出發的航程可能是從兩個主要的港口之一開始：貝勒尼基或米奧斯荷爾莫斯。出發到印度的航程通常是在 7 月出發，並利用西南季風（見圖8，P.325）。[70] 目的地是印度的西北部（巴巴里克和巴利加薩）或印度西南部（穆齊里斯和內耳肯達）。整趟航程歷時兩個月左右，但需在目的地等待2～3 個月，才能利用 11 月底才開始的東北季風返回。回程可能是 12 月或1 月開始，接著應該在 3 月會完成，所以整趟往返航程要歷時 9 個月左右。

每一趟旅程都是非常危險的冒險。即使是相對簡單、順著紅海往下的航段，也都充滿各種風險，有珊瑚礁和沒入水中的島，特別是南邊，導致許多許多船隻擱淺和沉沒。除了自然災害外，許多海岸也住著不友善的部落。《周航記》（§20）就提到，住在阿拉伯海岸南邊亞喀巴灣（Gulf of Aqaba）的部落：「只要有船隻航向這個海岸就會被搶，如果沉船，逃到陸地上的船員就會變成奴隸。」

在紅海的南側，《周航記》的作者（§4）提到阿杜利斯港（Port of Adulis；可能是現今厄利垂亞沿海的「祖拉」〔Zula〕），它說船必須離岸邊很遠就下錨，因為以前「野蠻的原住民」會攻擊原先在海灣口的錨地。

再往南，在阿瓦利特斯（Avalites；可能是現在索馬利亞境內的「塞拉」〔Saylac〕）（§7）當地的居民柏柏人（The Berber）被形容成「相當不守規矩」，無疑是保守敘述。

普林尼曾提到海盜部落「阿胥待」（Ascitae）可能在曼德海峽（Bab al-Mandeb strait；紅海最南端非常狹窄之處）出沒，他們使用木筏和利用膨脹的牛皮浮起來，但之所以惡名昭彰，乃因使用毒箭。[71] 這個海峽也被人稱為「淚水之門」（Gate of Tears），因為極端凶險的洋流在這裡交會。

等到離開紅海，進入西印度洋時，西南季風會頻繁地吹起風力 7/8 的風，且持續好幾天，引起連續的大浪襲擊船隻。熱帶氣旋並不常見，但仍有可能發生。在兩個月航程的尾聲，在接近幾個主要港口時，還需面對沿海的自然危害……，隨後，還有馬拉巴沿岸的海盜威脅。羅馬的船隻載滿了要進行交易的黃金和貴重物品，所以是非常吸引人的目標。普林尼觀察到船上都配有弓箭手，就是為了抵禦海盜。[72]

四個主要的香料港口（沿著西岸，由北到南）為巴巴里克、巴利加薩、穆齊里斯和內耳肯達。從紅海出發的船隻主要都是為了來這些地方。第五個重要的香料港口是恆河，位於今日的西孟加拉邦（West Bengal）；香料可能先由當地的船（從產地）載到西邊的港口，再進行出口。圖 9（見 P.326）說明公元 1 世紀和 2 世紀印度與羅馬帝國之間，主要的香料貿易路線。

巴巴里克

巴巴里克（英文為 Barbarikon 或 Barbaricum）位於今日印度河口的喀拉蚩附近。這座古城的確切位置，因為印度河下游三角洲自然的轉變而變得不明（《周航記》提到在印度河的 7 個河口中，只有中間的河口可以航行）；有可能是喀拉蚩東邊的班普爾（Banbhore），其年代可追溯到公元前 1 世紀。巴巴里克是印度－羅馬貿易，以及與阿拉伯人、波斯人貿易中最重要的港口之一，儘管貿易是在上游區米納加爾（Minnagar）的首都進行。印度－斯基泰人（Indo-Scythian）在公元 1 世紀晚期之前，一直握有這個區域的統治權，他們之後也掌控了其他地區。根據《周航記》的描述（§38 ～ 39）：

出了此區域，整塊大陸有一個很大的轉彎，從東邊跨過海灣深處，接

著會遇到斯基泰人的海岸區，該地向北延伸；整塊沼澤；水從那裡往下流到印度河，所有河流的精華都流進愛利脫利亞海，帶來非常豐沛的水量；因此在抵達這個國家前，在很遠距離的海上，海水因為這樣而清新。現在，做為要從海上接近這個國家跡象，會有蛇從海底深處跑出來打招呼；而在剛剛提過的地方和在波斯，則會有鱷魚出現。

這條河有七個河口，非常淺且很濕軟，所以除了中間的那一個河口外，其餘的都無法航行；在岸邊的是集鎮「巴巴里克」。這個城鎮的前身是一個小島，在它後面的內陸是米納加爾斯基泰的首府；這個城市受不斷把彼此趕走的帕提亞帝國王子管控。

船隻在巴巴里克下錨，但所有的貨物會河運送到首府給國王。進到這個市場的是大量的薄布料和一點假貨；花紋亞麻布，拓帕石（Topaz）、珊瑚（印度人非常喜歡紅珊瑚）、蘇合香脂（Storax；一種用來當香水或調味品的樹脂）、乳香、玻璃器皿，銀盤與金盤，和一些葡萄酒。另一方面，要出口的是木香（可能來自喀什米爾）、代沒藥、枸杞屬植物、甘松（來自巴巴里克的腹地）、綠松石／土耳其石（來自伊朗）、青金岩（Lapis lazuli；來自阿富汗）、絲、棉布、絲線（來自中國）和靛藍色染料。

《周航記》中描述的蛇滿貼近事實的：今日海蛇常見於溫暖的熱帶水域，而且在印度海岸目前已知有 26 個物種，其中大部分是有毒的。

巴巴里克／米納加爾透過沿著絲路的商隊，獲得來自喜馬拉雅山和大夏的商品，來自印度、中亞、斯基泰和中國的貨物也都可以進行交易。[73] 香料、芳香物質和草藥是交易的主要商品，大部分的香料都來自本地／喜馬拉雅山，但木香來自喀什米爾。中國漢朝在調查印度－羅馬貿易時，注意到胡椒、薑和黑鹽（Black salt）是在印度河流域可取得的貨物。巴巴里克主要是和波斯灣的港口交易，雖然如我們從《周航記》中所了解的，也有可能和紅海的港口進行交易。[74] 來自中國的絲綢可能從中亞的主要絲路往下運送到印度河河谷，之後從巴巴里克海運出口。

戈什（Ghosh）觀察到隨著巴利加薩興起，巴巴里克就沒落了，這部分也是馬拉巴海岸的重要性日益增加，以及紅海直接航線的出現所造成的。

巴利加薩

巴利加薩是珀魯傑港（Port of Bharuch；舊稱為「布羅奇」〔Broach〕）的羅馬名字，它坐落於印度西北部古吉拉特邦的坎貝灣（Gulf of Cambay）上，靠近訥爾默達河（Narmada River）的河口，因為其位置，自公元前數百年以來，早已發展成一個貿易港口。事實上，它是印度第二個古老的、且持續有人居住的城市（僅次於瓦拉納西〔Varanasi〕）。

《周航記》詳細記載了巴利加薩，以及要如何從海上接近它，因為這其中有多種阻礙：難以航行的狹窄海灣、河口的淺灘和相關強烈洋流帶來的巨大潮差。後人發現的羅馬雙耳細頸瓶碎片和在貝特德瓦卡島（Bet Dwarka）附近海底發現的鉛錨遺跡，都證實了這些危險。[75] 當地的划艇過去被用來指引船隻通過沙洲，這些沙洲在現代的衛星影像上都清楚可見。

巴利加薩在奧古斯都於公元前 26 年，首次接見由統治者塞迦（Sakas；印度－斯基泰）派去、希望能與羅馬人交朋友的使者（蘇維托尼烏斯〔Suetonius〕記載），之後可能開始發展成羅馬的貿易夥伴，接著在公元前 22 年又派使者過去。因此《周航記》記載它們之間的貿易：

> 這個集鎮進口一些商品，如葡萄酒（義大利的尤佳，另外還有來自勞底嘉〔Laodicean〕和來自阿拉伯的）；銅、錫和鉛；珊瑚和拓帕石；薄布料和各類型的次等品；1 腕尺（Cubit）寬的亮色腰帶；蘇合香脂、草木樨（Sweet clover）；火石玻璃（Flint glass）、雄黃（製作染料用）、銻（Antimony）、金和銀幣——換成該國貨幣時，能賺取匯差；還有油膏（但不是非常昂貴的，數量也不多）。至於要獻給皇帝的，他們帶來了非常昂貴的銀器、歌唱男童；獻給後宮的漂亮女孩；上等葡萄酒；精緻編織技術所製成的薄布料，和精選的

油膏。從這裡出口的則的有穗甘松、木香、代沒藥、象牙、瑪瑙和光玉髓（Carnelian）、枸杞屬植物、各種棉布、絲綢、錦葵製成的布（Mallow cloth）、紗線、長胡椒，還有從各個集鎮運來的其他商品。

木香（也稱為「印度木香」或 "Putchuk"，學名為 "*Dolomiaea costus*"）*是一種和薊（Thistle）有關的香草，因其根部具有藥性而受歡迎，而代沒藥則是一種樹脂，也可以入藥。枸杞屬植物是一種枸杞灌木，其漿果可當成食物、藥物和營養補充品。穗甘松則產自喜馬拉雅山、印度北部和尼泊爾。

巴利加薩是一個重要的貿易中樞，能接待來自阿拉伯、東非和波斯灣的船隻。[76] 這個港口餵養位於訥爾默達河更上游的米納加爾內城（和巴巴里克附近的城市不同）。

其他列於《周航記》，也可能交易過香料的印度港口

《周航記》列出了在巴利加薩和穆齊里斯之間的 11 個港口，但這些港口出口香料的具體事證卻很少。《周航記》的確提到任何抵達卡利埃納（Calliena／Kalliena）的希臘船隻，都會在保護之下，被帶到巴利加薩——這肯定意味著希臘船隻至少會不定期在這裡停靠。根據目前該地種植香料的情況來看，合理推測薑和薑黃過去在此區的腹地種植（或至少採收），而且這些香料可能用於貿易。

---

* 譯註：木香的學名還有另外兩種：*Saussurea costus* 和 *Saussurea lappa*。

表 5：《周航記》中所提到印度貿易港口

《周航記》中的港口	現在位置	產品	註釋
介於巴利加薩與穆齊里斯之間的港口			
索帕拉（Sopara）	納拉索帕拉（Nala Sopara），位於孟買北方25公里	檀香（透過海岸貿易）	年代為公元前6世紀。和羅馬、阿拉伯、非洲和埃及交易。公元1993年在此處發現羅馬雙耳細頸瓶的碎片。公元3世紀後衰落。
卡利埃納	格利揚（Kalyan），位於從現今孟買發源的烏爾哈斯河（Ulhas River）上游	丁香、檀香、芝麻[77]	很重要的城市型港口。《周航記》（§52）記載：「卡利埃納在老薩拉甘努斯（The elder Saraganus）的年代成為合法的集鎮；但自從被桑達雷斯（Saraganus）佔有後，此港口就變得堵塞許多，而停靠在此港口的希臘船隻，很有可能在保護之下被帶到巴利加薩。」
塞米拉（Semylla）	焦爾（Chaul），孟買南部	可能接收來自內陸的香料[78]	
曼加多拉（Mangadora）	曼德（Mandad），約在焦爾東南偏南32公里處，在拉賈普里小灣（Rajapuri Creek）的支流：曼德河（Mandad River）上（拉賈普里小灣寬且深，不受季風影響）	木材	附近庫達（Kuda）的石鑿洞穴有婆羅米文字（Brahmi）的銘刻，年代可追溯到公元1世紀。公元2018年在此處發現羅馬雙耳細頸瓶的把手。
帕拉帕特瑪（Pala Patma）	達博霍爾（Dabhol，也稱為Debel），位於曼德南邊約76公里處，在瓦什什塔河（Vashishthi River）北岸或帕爾謝特（Palshet），更往南16公里處[79]		在中世紀是重要的穆斯林貿易中心，但早期的歷史很少記載。
梅利加拉（Meligara）	希爾岡—拉特納吉里（Shirgaon-Ratnagiri）位在孟買南邊約225公里處——到處可見河流和遮蔽處。也有可能是賈亞加達（Jayagada）或拉賈普爾（Rajapur）（蕭夫〔Schoff〕）[80]		

拜占庭 （Byzantium/ Byzantion）	維傑亞杜格（Vijayadurg；蕭夫），在瓦戈坦河（Vaghotan River）河口，拉特納吉里（Ratnagiri）以南約48公里處[81]		
託加魯姆 （Togarum）	德夫加德（Devgad），沿著德夫加德河的河口岸邊往南約20公里處。是個安全且被陸地包圍的天然港灣		
奧蘭霍諾斯 （Aurannohoas）	馬爾萬（Malvan），德夫加德以南35公里處[82]		
諾拉（Naura）	門格洛爾（Mangalore）[83]		《周航記》中提到的重要貿易港口
廷迪斯 （Tyndis）	波納尼（Ponnani）？		出現在《波伊廷格地圖》（Peutingeriana map；公元4～5世紀的版本）上。《周航記》（§54）說「廷迪斯屬於塞羅博特拉王國（Kingdom of Cerobothra）的切拉王（Cheran king）；從海上看，村莊十分顯眼。

穆齊里斯和內耳肯達以外，更往南和往東的港口

科馬裡 （Comari）	科摩林角（Cape Comorin），印度半島最南端		《周航記》中提到的港灣
卡馬拉 （Camara）	卡韋里帕蒂（Kaveripattinam和其他名稱），現在的蓬普哈爾（Poompuhar）[84]	胡椒、馬拉巴肉桂、甘松——假定在卡馬拉、波杜卡（Poduca）和索帕特瑪（Sopatma）可取得這些香料，因根據《周航記》（§60）中的內容：「任何產於達米里卡（Damirica）的商品，都會進口到這些地方」。公元前幾世紀的塔米爾文長詩《城市與沙漠》（Pattinappalai）提到來自西岸的胡椒、耬斗菜屬（Aquila）、檀香和其他產品。[85]	普哈爾（Puhar）或蓬普哈爾挖掘的遺址出現了浸泡在水中的碼頭和堤防，以及年代可追溯到公元前幾世紀的工藝品。這個遺址規模很大（30平方英里）。[86]托勒密指出它是「哈貝里斯」（Khaberis）。[87]查克拉瓦爾蒂（R. Chakravarti）說這個地方接收了來自東南亞和西印度洋的商品，且是地中海所需商品的出口地。[88]卡松（Casson）則在西方人知道的古塔米爾語文學中提到此處。[89]

阿里卡梅杜（Arikamedu／波杜（Poduca）	（近）朋迪治里（Pondicherry），位於印度東南海岸	胡椒、馬拉巴肉桂、甘松	羅馬人的貿易港口，在現代最早被福榭（L. Faucheux）確認，惠勒（R. E. M. Wheeler）後來對此加以詳述。[90]這裡有年代可追溯到公元1世紀的磚造建築、羅馬陶器、雙耳細頸瓶和其他物品，但只有4枚羅馬硬幣。羅馬人影響力的重要性可能被誇大了。[91]此處至少從公元前2世紀到公元7或8世紀都被佔領。
索帕特瑪	清奈（Chennai；即蕭夫推論出的「馬德拉斯」〔Madras〕）	胡椒、馬拉巴肉桂、甘松	香料可能已經從東邊的海港運到東邊的市場，雖然規模比從馬拉巴海岸往西運送的小。

穆齊里斯

　　穆齊里斯和內耳肯達是位在印度西南部、並且與香料貿易（以黑胡椒為最大宗）有關的最重要港口。穆齊里斯屬於切拉王朝（Cheran Kingdom），內耳肯達則屬於相鄰的潘地亞王朝（Pandian Kingdom）。這兩者都曾被普林尼提起：

　　如果要去印度，奧塞利斯（Ocelis；一個阿拉伯的紅海港口）是最適合上船的地方。如果剛好吹「西帕路斯」（Hippalus）這種風，就有可能在40天抵達最近的印度集市「穆齊里斯」。然而，這個地方卻不是一個非常理想的下船地點，因為附近常有海盜，他們佔領了一個名為「尼特里亞斯」（Nitrias）的地方。不然的話，這是一個貨物非常豐富的地方。此外，給船舶的外海拋錨處，離岸邊也有一段距離，貨物必須靠小船運送，無論是載貨或卸貨皆是如此……另一個港口就方便許多，位於人們稱為「尼亞辛地」（Neacyndi）的領土內，名字是「巴拉斯」（Barace）……用樹木挖空製成的小船，載送胡椒到巴拉斯，該處被稱為「科托納拉」（Cottonara，可能是今日的「科欽」）。[92]

穆齊里斯存在的年代至少可追溯到公元前 1 世紀，（可能）位於今日的戈登格盧爾（Kodungallur）和帕蒂納姆，但確定地點不明，而且穆齊里斯被認為是「消失的城市」。商品出口到阿拉伯海岸，紅海港口，和可能沿著海岸往北運送到斯基泰與波斯灣。

在此處交易的商品有黑胡椒、馬拉巴肉桂、穗甘松、寶石、象牙和中國絲綢，只是胡椒是最主要的貨品（請參考下方說明）。商品是用羅馬幣購買，在此處已發現好幾個羅馬硬幣的藏地，以及其他顯示羅馬人曾在此出現的證據。2009 年，《印度斯坦時報》（Hindu Times）有篇文章描述在帕蒂納姆第三季的考古挖掘中，發現大約 500 個羅馬細頸雙耳瓶的碎片。戈登格盧爾和帕蒂納姆分別在貝里亞爾河（Periyar River）的北面和南面；《周航記》形容這裡有大量的阿拉伯和希臘貨船：「（和廷迪斯）〔Tyndis〕隸屬於同一個王朝的穆齊里斯，有許多從阿拉伯，還有被希臘人（從埃及）派過來的船；它位居河上，與廷迪斯之間隔著河流和海，距離為 500 斯塔德，而從河到岸邊為 20 斯塔德†」。

下面這一節（§56）有貿易的細節：

他們派了大型船隻到這些集鎮（特別是穆齊里斯和內耳肯達），目標是數量和體積都大的黑胡椒和馬拉巴肉桂。他們帶來這裡的，首先是大量的錢幣；數量不多的拓帕石和薄布料；花紋亞麻布、銻、珊瑚、未加工的玻璃、銅、錫、鉛；葡萄酒（數量不多，但和帶到巴里加薩的一樣多）；雄黃和雌黃（Orpiment）；和夠水手吃的小麥——這項並不做買賣。他們輸出胡椒（這些市場附近只有一個名為「科托納拉」的地區在大量生產）。除了胡椒外，他們也運走大量品質精良的珍珠、象牙、絲綢、來自恆河的穗甘松、來自內陸地區的馬拉巴肉桂、各種透明的石頭、鑽石和藍寶石，和玳瑁殼；來自克律塞島（Chryse Island）的商品；還有取自達米里卡（Damirica，又稱為利米里克

---

† 譯註：10 斯塔德約為 1 英里。

〔Limyrike〕）沿岸島嶼的產品。他們在一個適宜的季節（大約是公曆 7 月，也就是古埃及曆法的第 11 個月〔Epiphi〕），從埃及出發航行到這裡。

有趣的事是，穆齊里斯發展的巔峰時期（公元前 2 世紀～公元 4 世紀）雖然比較早，但接近羅馬帝國的時期，因此可假設此處財富的起起落落，與羅馬的財富興衰是並聯的。

《內四百詠》（*Akananuru*）是一本經典的塔米爾語多作者詩集，年代主要從公元 1 ～ 4 世紀。它提到來自羅馬的精美船隻，載著黃金來到「富有的穆西里〔Musiri〕鎮」，並載著胡椒離開。[93]《外四百詠》（*Purananuru*；有 400 首對戰爭和智慧的歌詠）是另一部古老的選集（公元 1 ～ 5 世紀），其中描述了當羅馬人靠岸時，穆齊里斯忙碌的氛圍，有好多袋黑胡椒堆在房子（倉庫）裡，和船載著金子上岸。[94]

《周航記》（§53）曾警示印度西南沿岸地區有海盜，而這個風險甚至標示在《波伊廷格地圖》（見圖 10，P.326，是中世紀對公元 4 ～ 5 世紀原版羅馬地圖的仿本），位在穆齊里斯附近的地區。另外，普林尼也曾提過這個問題。

穆齊里斯也因和鄰近潘地亞王朝之間的衝突，導致治安不佳，在塔米爾語文學作品裡曾描述它如何被圍攻，因而失去貿易的主導地位。

值得注意的是，出現在《波伊廷格地圖》上、穆齊里斯附近的「奧古斯提神廟」（Templum Augusti），強烈暗示此處為羅馬人屯墾區，更加強調羅馬貿易的重要性。

穆齊里斯莎草紙文書

發現公元 2 世紀中期的 "Papyrus Vindobonensis G40822"（比較廣為人知的名字是《穆齊里斯莎草紙文書》），對於了解印度－羅馬香料貿易來說，是個突破性的進展。它在 1980 年代初期出現在一個古董市場裡，後來由奧地利國家博物館（Austrian National Museum）獲得，目前仍是館藏之一，而且受到學者廣泛研究。

它記錄從印度穆齊里斯運送的貨物——文件的一面（見圖 11 正面，P.327）是一份合約，要把貨物從一個紅海的港口（幾乎可以肯定是米奧斯荷爾莫斯或貝勒尼基）穿越埃及的沙漠，送到尼羅河上的科普托斯（Coptos），然後再沿著河往下送到亞歷山卓；[95] 文件的另一面（背面）是各種已知貨物（象牙、破損象牙〔Schidai〕和甘松）的數量摘要和它們的關稅值。

儘管文件殘缺不全，但還是可以知道總重量和貨幣值，這讓德‧羅曼尼斯可以推估未出現的貨物——胡椒和馬拉巴肉桂的數量和種類。[96] 載運這些貨物的船名為「赫瑪波倫號」，根據當時的標準，是一艘非常大型的船隻。我們很快就會看到，船上貨物的價值是非常高的，且在抵達港口後，這些貨物需要在戒護下，穿越沙漠運送。

內耳肯達

《周航記》（§54）提到「內耳肯達和穆齊里斯被河流和海水分開，兩地相距約 500 斯塔德（50 英里），而且隸屬於另一個王朝：潘地亞。這個地方也位在河流上，離海大約 120 斯塔德〔約 12 英里的上流處〕。」和穆齊里斯一樣，內耳肯達的現今位置不明，可能的城鎮包括奎隆（Kollam）、納卡達（Nakkada）、尼達卡拉（Neendakara）、坎內特里（Kannetri），奎隆（舊的英文名稱為 Quilon），都是歷史相當悠久的海港——而且它在潘地亞王朝時非常重要。潘地亞王朝從公元前 3 世紀到公元 14 世紀，想方設法、不擇手段地控制了印度極南端和斯里蘭卡。

戈德亞姆（Kottayam）或附近的尼拉那（Niranam）也是可能的地點，另外波拉卡德（Porakad）可能就是古代海邊的巴卡雷（Bacare）（見下方說明）。因為海岸線和內陸水路在過去 2,000 年來早已有所改變，種種原因造成辨識困難。這些不同的可能地點則是出自蕭夫、阿吉特・庫馬爾（Ajít Kumar）和其他人的論述。[97]

《周航記》（§55）也提到了更多關於內耳肯達的細節——大型船隻無法逆流而上到港口，它們的貨物必須改由小船運到上游。

> 河口另外有一個巴卡雷村；船隻從內耳肯達駛到這邊，然後在泊地下錨，以取下他們的貨物；因為河流裡滿是沙洲，而且河道也不明顯。統治這兩個集鎮的國王都住在內陸。當人們從海上靠近這些地方時，會看到海蛇跑出來，牠們是黑色的，但身形較短，頭部是蛇，且眼睛是血紅色的。

支持尼拉那／波拉卡德的證據，來自在尼拉那潘帕河（Pamba）河岸附近發現的雙耳細頸瓶碎片。托勒密敘述內耳肯達和巴卡雷時（公元 2 世紀），這些城鎮是在阿亞王朝（Aya）和切拉王朝的統治之下，但它們的貿易地位似乎已經衰落。貨船無法從巴卡雷抵達內耳肯達，可能是因為河流淤積，而且在之後中世紀的航海報告中，也未提及內耳肯達。

麥勞克林（McLaughlin）提到一首古塔米爾詩 *Maturaikkanci*，其中提到了輝煌的沿海城市，和載著黃金的大型船隻到來。胡椒在巴卡雷的沿海港口上貨，和《周航記》描述的相同。除了出口黑胡椒，內耳肯達也是當地珍珠行銷和出口的中心（珍珠也深受羅馬人社群重視）。

塔普羅巴納（斯里蘭卡）

西方社會從亞里斯多德（公元前 384～前 322 年）和亞歷山大大帝的年代就認識斯里蘭卡了，但根據普林尼的描述，斯里蘭卡第一次與羅馬帝國的接觸，是和一名從羅馬商人阿尼尤斯·普洛卡姆斯（Annius Plocamus）那裡獲得自由的奴隸有關。在克勞狄烏斯（公元 41～54 年）的統治時期，普洛卡姆斯在斯里蘭卡遭遇船難。使得蘭卡王（Lankan king）派了特使團到羅馬，建立了往後的貿易。

《周航記》（§61）記載了關於「珍珠、透明石頭、平紋細布和玳瑁殼」的貿易，但未提及香料，雖然香料生長於此處，而且似乎可以確定有交易行為存在，只是在公元初期的幾個世紀，規模可能不大。

不像印度南部，斯里蘭卡只發現極少數的帝國硬幣。博佩拉奇奇（Bopearachichi）推測在印度也能找到斯里蘭卡的產品，因此羅馬人就沒有必要發展和斯里蘭卡的直接貿易。[98]

然而，在克勞狄烏斯統治時，情況就演變成如上所述。公元 4 世紀時，在斯里蘭卡的大量羅馬鑄幣可能影響阿克蘇姆王國、希木葉爾王國（Himyarite）和波斯中間人的活動，而且權力從羅馬移到拜占庭（君士坦丁堡），以及斯里蘭卡的外貿重要性也日益增加。[99]古斯里蘭卡有著高出口價值的當地產品：寶石、珍珠、大象、象牙、玳瑁殼、有價值的木頭、布料和香料——丁香、小荳蔻、胡椒和肉桂。[100]

威拉科迪（Weerakoddy）指出在斯里蘭卡發現的羅馬硬幣，主要都是在沿海一帶，特別是在西部和南部的海岸。[101]西南的濕地大部分都被叢林掩蓋，並生產經濟作物：薑、薑黃、胡椒和（之後的）肉桂，但象牙和寶石對於島嶼的外貿也格外重要。他合理地推論西南岸的港口必定扮演著該地區出口地的角色。小荳蔻等多種香料，很早就開始出口了，但肉桂要等到中世紀，才變得重要。[102]

克勞狄烏斯·托勒密在「塔普羅巴納的出口產品」中記載了薑和其他物

品。[103] 斯里蘭卡身為印度洋貿易樞紐的重要性非常合理，因為它處於東方與西方之間的地理位置，能夠取得來自東南亞和印度的香料與其他產品，以及它本地所產的高價值物品。羅馬／拜占庭與斯里蘭卡之間的貿易持續繁榮興盛，直到穆斯林在公元 641 年拿下亞歷山卓為止。

阿努拉德普勒王國（Anuradhapura；公元前 377 年～公元 1017 年）時期，最主要的港口是西北海岸上的「曼泰」（Mantai；或僧加羅語〔Sinhalese〕所稱的「摩訶提多」〔Mahathiththa〕），此地一直存在到 14 世紀才消失。這個港口是一個適合來自東方和西方長程海上貿易的理想地點。

因為找到公元 500 年左右的黑胡椒遺跡，所以我們可以假設在那個時候，這裡可能有黑胡椒貿易。[104] 科斯馬斯・印第科普爾斯茨是公元 6 世紀的修士，他曾形容塔普羅巴納是「來自印度各地、波斯和衣索比亞的船隻時常造訪的地點，而且自己也能派出許多船到其他地方，是一個『貿易的好地點』。」

恆河

《周航記》（§63）曾提及在恆河岸邊、與河流同名的一個集鎮：「這裡到處都是人們帶來的馬拉巴肉桂、恆河的穗甘松與珍珠，以及被稱為『恆河』的頂級平紋細布。」

拉那比爾・查克拉瓦提（Ranabir Chakravarti）覺得該處可能是「錢德拉克圖加爾」（Chandraketugarh），是一個在西孟加拉邦挖到的重要遺址。位於現在三角洲河岸線往上游（往北）125 公里，和距離加爾各答東北方 35 公里處。[105] 古代土紅色封印和船隻的描繪暗示這裡是河港。

這個地點的年代可追溯到孔雀王朝（Maurya；公元前 200～前 300年），且在中古世紀前似乎一直被佔領。雖然沒有與羅馬人交流的直接證據，但《周航記》的作者似乎知道這個地點，而且似乎也可以從這裡間接取得香料。查克拉瓦提表示商品可能沿著岸邊，被運送到塔米爾納度（Tamil Nadu），接著往西走陸路，經過卡魯爾（Karur，現在的孔拜陀

〔Coimbatore〕）和帕爾加特山口（Palghat Gap），運送到馬拉巴海岸。或者，貨物也有可能沿著海岸運輸。

沿著東區沿岸，發現了「圓盤形裝飾用陶器」（Rouletted Ware，公元前2世紀～公元2世紀），這邊是一個發展成熟的沿海網絡。《周航記》（§60）證實當地的大型船隻沿著東邊海岸往返行駛：「那些航行到克律塞（Chryse）和恆河的船被稱為「科蘭迪亞」（Colandia），是非常大型的船。」

東邊海港的意義

胡椒和其他香料似乎是東邊海港貿易的可用商品，但和誰交易呢？羅馬來的船沒道理為了買胡椒，從馬拉巴海岸多航行滿長一段距離來到這裡，儘管有證據顯示，羅馬人曾出現在阿里卡梅杜和阿拉甘庫拉姆（Alagankulam）等地。所以一定是和東方進行這個香料貿易。洪彩政（Cai-Zhen Hong；音譯）提到秦朝和漢朝時，有幾種香料是從中國南部、南亞和歐洲傳入。[106]

結語

許多印度西岸港口，特別是與羅馬人交易頻繁的那些，在羅馬帝國於公元5世紀滅亡之後，也跟著衰落了。事實上貿易量逐漸衰退，從公元250年就滿明顯的了，大概反映出羅馬人對印度香料的需求量減少。巨大市場的崩盤導致出口商的經濟慘劇。但日子還是得過下去，人們也適應新的情勢。特別是印度東岸，相對受到羅馬滅亡的影響較小，而且長期建立的貿易網絡也持續運行。

然而，雖然西羅馬帝國滅亡了，但最後東羅馬帝國（也就是「拜占庭帝國」）從公元476年起又延續了好幾千年。

評估印度－羅馬香料貿易的價值

查克拉瓦提根據公元 2 世紀中期《穆齊里斯莎草紙文書》對貨物的詳細記載（60 個貨櫃中每個價值 4,500 個德拉克馬銀幣〔Silver drachmae〕，是很大一筆錢），而強調穆齊里斯是恆河穗甘松主要的馬拉巴海岸出口港，在《周航記》也有的描述。不過，內耳肯達也可能涉及出口，這同樣在《周航記》中也有所記載。恆河的甘松被認為是所有印度甘松中，品質最好的。這兩個港口也出口胡椒。

既然這邊耗費許多資金，那麼在印度南部發現超過 20 個羅馬硬幣寶藏堆，可能就沒那麼讓人意外了。這些寶藏大多在內陸被發現，可能是本地商人在危機時期出於絕望而埋藏的。不過公元 1847 年，在內耳肯達附近發現的「果塔延寶藏」（Kottayam hoard），是迄今發現最大的錢幣堆，可能是羅馬人藏的。這個沒受到干擾的藏匿底點包含超過 1,000 個有記錄的（羅馬）奧里斯金幣（Gold aurei），其中年代最近的是尼祿統治時期（公元 54 ～ 68 年），可能超過 8,000 個（這堆寶藏後來被村民發現，結果大部分的硬幣都被分掉、遺失了）。若用現在的幣值換算，其購買力可達 200 萬美元。錢幣保存的狀態極好；以下是當代卓利船長（Capt. Drury）的報告（1852）：

> 在馬拉巴海岸坎努爾（Cannanore）附近發掘的大量古羅馬金幣，是最有趣的發現，不只是為數可觀的量（多達好幾百個），也因為它們保存得非常良好。很多就像埋錢當天一樣新：錢幣上圖案的輪廓非常鮮明且清楚，上頭銘刻的字也很清晰易讀。除了極少數的例外，其他都是金幣，年代是羅馬帝國的奧古斯都以降，其中有幾枚硬幣和基督紀年（the Christian era）最早期是同個年代……[107]

有些錢幣是放在一個黃銅的器皿內，再加上錢幣完好無損的狀態，以及鄰近內耳肯達港，可推論出這些錢在到達印度沒多久後就被埋起來了，可能代表一種典型的錢幣寄售（Coin consignment），也許是為了購買胡椒。[108]

麥勞克林補充有關支出和價值的進一步資訊。公元 5 世紀匯編的《後漢書》（記載東漢歷史）提到羅馬人和印度人交易，可得到十分之一的利潤。[109] 把這個套用到《穆齊里斯莎草紙文書》記載的貨物價值（稅前 920 萬塞斯特提斯＊〔Sesterces〕），剛好可算出「果塔延寶藏」8,000 個奧里斯幣的可能寄售價值——相等於 800,000 塞斯特提斯。

德·羅曼尼斯根據不完整的《穆齊里斯莎草紙文書》（合理）推論、計算出「赫瑪波倫號」的貨物：黑胡椒和馬拉巴肉桂是「未知貨物」（Unknown cargo）中的主要品項，雖然也有可能包含其他東西。」[110] 他預估稅後的價值為 1,151「他連得」（Talent）†和 5,852「德拉克馬」‡，是非常大的一個數字。

要將古希臘羅馬貨幣換算成現在的幣值，是出了名的困難，但透過與現在價值的粗略比較（例如，購買力），大概是幾百萬美元。雖然這是一個初步的歸納，但對於了解大致情況還是有用的，而且能夠顯示這其中有什麼樣的報酬。一趟船運下來看似可以賺到超多錢，但若考慮其中的風險，好像就很合理了。

一年一度的印度－羅馬香料貿易

德·羅曼尼斯懷疑史特拉波所說的：每年有 120 艘船從紅海出發，而且駛向馬拉巴海岸的都是大船。不過應該是只有一部分是大型船隻，或許還少於 12 艘。[111] 另一方面，史特拉波只提到米奧斯荷爾莫斯——那麼另一個主要港口，貝勒尼基呢？想必也有船從那裡出發。誠如福科尼耶（B. Fauconnier）的評論，史特拉波的觀察所引起的爭議，引發了所謂的「激烈的辯論」。[112]

＊ 編註：一種古羅馬的硬幣。
† 編註：古代中東和希臘－羅馬使用的質量單位。
‡ 編註：古希臘和現代希臘的貨幣單位。

對上述內容做全面性的事實查證是有必要的。喀拉拉邦的黑胡椒產量目前大約是 2 萬英噸／年，南部三個邦的總產量為 59,000 英噸／年（印度的總產量）。如果赫瑪波倫號載的貨物量（假定）544 英噸，這是正常每年 120 艘船，其中一艘的運輸量，那麼古羅馬人在公元 1 世紀的進口量是 65,280 英噸，超過現代（2019 ～ 2020）的全國總產量，所以顯然是不合理的。德·羅曼尼斯認為一年 12 艘船，總共運 6,528 英噸看起來還比較有可能（佔目前喀拉拉邦年產量的三分之一）。

公元前 30 年羅馬帝國佔領埃及之後，每年的總財政收入上升到約 4 億 2 千萬塞斯特提斯，但依舊是赤字。無論過去或是現在，稅收都是政府財政收入最大的來源之一。根據史特拉波提及的船隊和《穆齊里斯莎草紙文書》中出現的數據，麥勞克林總結貿易可能讓財政收入增加到 10 億塞斯特提斯；四分之一的稅（羅馬對於進口商品徵收 25%的稅）加上附加稅，能讓政府增加 2.75 億的收入。[113]

普林尼抱怨錢都流向了奢侈品：「以最低估算，每年印度、中國和阿拉伯半島從我們帝國這邊收取了 1 億塞斯特提斯——我們為了這些奢侈品和我們的女人，付了好多錢。」[114] 單單在印度花的錢，就是剛剛所說的一半，但他很務實，看到所產生的巨額利潤：「沒有一年印度不把我們帝國榨乾的，收取的金額（通常報價）都不少於 5 千萬塞斯特提斯，然後就會拿它們的產品做交換，後來這些東西在我們這裡販售的價格，是成本的整整 100 倍。」[115]

威爾森（Wilson）和鮑曼（Bowman）觀察到，普林尼上面所述的數字可被解讀為印度和紅海（需納稅）之間增加了 10 倍，而紅海到羅馬，又增加了另外 10 倍。[116] 在埃及，5 億塞斯特提斯的四分之一應納稅額，是繳納 1.25 億塞斯特提斯給政府。普林尼沒有理由抱怨！

紅海的港口及持續運輸到亞歷山卓

紅海港口中，接收、儲存和配送南亞香料的主要港口是米奧斯荷爾莫斯和貝勒尼基，雖然其他港口歷史悠久，而且也被《周航記》（§4）提及，例如，位於今日厄利垂亞的阿杜利斯。科塔巴—莫里（A. M. Kotarba-Morley）列出了 49 個紅海岸邊的希臘—羅馬港口，[117] 不同於亞歷山卓，這些大部分都不是主要的都市居住區，是為了服務印度洋貿易而存在。

紅海港口的考古研究顯示，在公元 4～5 世紀活動增加的情況。羅馬時期的後期也比較喜歡使用偏北的紅海港口（而非靠南邊的），大概是出於防禦考量，強調關鍵港口是最靠近埃及－羅馬重要地區的。根據鮑爾（T. Power）所述，克里斯馬（Clysma）和艾拉（Aila；現在的阿卡巴〔Aqaba〕）在公元 6 世紀成為拜占庭帝國處理印度洋貿易時的主要港口。[118]

透過在紅海南部法拉桑群島（Farasan Islands）上發現的羅馬士兵存在證據，更加突顯了貿易的重要性。法拉桑群島位於貝勒尼基以南大約 1,000 公里處，它曾在一個公元 2 世紀的拉丁文銘文中被提及。[119] 考伯（Cobb）認為羅馬人在印度洋的貿易於公元 1 世紀晚期達到巔峰，後來出於某種原因，開始走下坡。

貝勒尼基

貝勒尼基建立於公元前 3 世紀，到了公元 6 世紀中期被廢棄。它扮演香料轉運港的角色是無庸置疑的。在四季的考古調查中，在建築物的遺址裡發現大約 1,600 顆胡椒粒；此外，在塞拉潘神殿（Temple of Serapis）附近發現大量燒焦的胡椒粒，在神廟的庭院，也發現裝滿胡椒粒的大型印度罐子。包括胡椒在內的奢侈品，正被運送到亞歷山卓（途中要經過沙漠和尼羅河）。因為陶片（Ostraka；上面刻有文字）上刻有坦米爾婆羅米文（Tamil Brahmi），而且考古證據也發現米的存在，所以貝勒尼基的居民很可能已包括印度人。事實上，在現場還發現了 11 種語言的證據。[120]

雖然考古學研究在貝勒尼基很常發現黑胡椒，但還有個獨特的發現——在塞拉潘神殿的庭院，發現一個年代為公元前1世紀晚期或公元1世紀初期的印度「多利姆」（Dolium）儲存罐，裡頭裝有約7.5公斤的胡椒粒。[121] 在貝勒尼基的植物學項目文獻，或在他的發現之下，總共記載了54項，儘管根據田野證據，確切無誤能證明來自印度的香料，除了黑胡椒，就只有芝麻（和椰子）。[122] 其他找到的香料（如芫荽、葫蘆巴、孜然和甜茴香）可能都有不同的出處。

根據證據顯示，貝勒尼基在公元1世紀達到最興盛的時期。[123] 在這段期間，它是沙漠裡一個充滿活力的城鎮，是那個時候賺最多錢的地方。但這個盛況在公元2世紀快速衰退（雖然還是持續從事一樣的活動），到了公元4世紀中期曾微微復甦，但在公元6世紀被沙漠的沙土掩埋後，就被完全遺棄。

米奧斯荷爾莫斯

此處位於貝勒尼基的北邊，也是在紅海的西（埃及）岸，今日「古塞爾·卡迪姆」（Quseir al-Qadim）的北邊8公里處。它建立的時間與貝勒尼基相近，且似乎在公元3世紀初就已荒廢，可能是當時影響羅馬的危機所導致。

到了中世紀，在公元1050～1500年間，這個城市又重新恢復運作。它就是史特拉波筆下的港口，寫於公元前最後幾年或基督紀年（公元）的頭幾年，他說從這裡每年有120艘船航行到印度。此處也詳細記載於《周航記》。史特拉波更進一步提到，米奧斯荷爾莫斯經由穿越東部沙漠的一條路徑，在科普托斯與尼羅河連接。

米奧斯荷爾莫斯的考古學遺址顯示，此處在公元前1世紀晚期和公元1世紀相當活躍，包括一個羅馬港灣的遺跡和羅馬船帆繩索材料、重複使用的船舶用材、錢幣等文物。[124] 米奧斯荷爾莫斯可能是埃及紅海岸上主要造船／修復的地點。

在古塞爾／米奧斯荷爾莫斯找到了大約85種食用植物，這些植物之所以可以保存下來，是因為處在極為乾燥的環境中。這些植物包括羅馬時期的黑胡椒和小荳蔻、薑、薑黃，還有中世紀的檳榔。

前進運輸到亞歷山卓

科普托斯（Koptos／Coptos）位於尼羅河東岸，年代大約可追溯回王朝統治前（即公元前 3100 年之前）。它因位居尼羅河上的戰略位置，而且也是商隊前往紅海港口的起點，而變得重要。通往米奧斯荷爾莫斯的道路有效利用了哈瑪瑪特旱谷（Wadi Hammamat）——這是一條乾燥的河床，連接科普托斯與米奧斯荷爾莫斯的海岸。該路線受到羅馬軍隊用堡壘和商隊驛站保護（有充分的理由這麼做）。有大量的財富經過這條路線和科普托斯。前進運輸到亞歷山卓是要從科普托斯搭船，沿著尼羅河下游，最後到達地中海。

亞歷山卓：香料的集散地

亞歷山大大帝在公元前 331 年建立了亞歷山卓。此處因為位於尼羅河三角洲，所以得以蓬勃發展，並後來順勢成為古代地中海地區第二大城（僅次於羅馬）。

在亞歷山大大帝之後，亞歷山卓成為托勒密王朝的首都，並因貿易而致富。亞歷山卓在被羅馬吞併沒多久後，人口數大概就已經達到好幾十萬，而且角色像是羅馬的糧倉，在帝國鼎盛時期，每年從此處輸出大約 8.3 萬英噸的穀物。[125] 亞歷山卓也是印度和其他地方產出香氣濃烈的香料之集散地，接著再運到羅馬之前的商業中心。這些貿易活動加上其他所有商業活動，都與大量的船隻和在多個地中海港口不斷地來來去去有關，讓碼頭和造船廠成為非常熱鬧的商業中心。

史特拉波指出，亞歷山卓是個出色的港口，而且在尼羅河上位置也相當好，它如此描述：

在人類居住世界中最大的商業中心……大型船隊最遠被送到印度和衣索比亞的末端，從那裡把最有價值的貨物帶回埃及，然後再運送到其他區域；所以此地可收取兩種稅收：進口和出口……[126]

商業中心座落於「大港灣」（Great Harbour）的最西端附近——在這裡會收取進口和出口關稅，而且做為商品運送到港口的市場。這裡是帝國中香料、香水、軟（藥）膏、藥品、其他異國商品，以及各種農產品的主要市場。《馬可奧理略的亞力山卓關稅》（Alexandrian Tariff of Marcus Aurelius；頒布於公元 176～180 年）列出了 54 種在運送到羅馬途中，需要在亞歷山卓支付進口稅的貨品。這些商品包括香料，如豆蔻屬植物、小荳蔻和胡椒。公元 6 世紀，查士丁尼的《學說匯纂》重現了這份清單：

肉桂；長胡椒；白胡椒；Pentasphaerum leaf [註]；小檗屬植物的葉子（Barbary leaf）；木香；與豆蔻和木香類似的植物：Costamomum；甘松、水蘇屬植物（Stachys）、泰爾肉桂（Tyrian casia）；相思木（Casia-wood）；沒藥；豆蔻屬植物；薑；馬拉巴肉桂；印度香料（Indic spice）；白松香；阿魏汁；蘆薈；枸杞屬植物；波斯膠（Persian gum）；阿拉伯縞瑪瑙（Arabian onyx）；小荳蔻類植物（Cardamonurn）；肉桂木（Cinnamon-wood）；棉製品；巴比倫獸皮（Babylonian hides）；波斯獸皮；象牙；印度鐵；亞麻布；

各種寶石；珍珠；紅紋瑪瑙（Sardonyx）；櫻花石（Ceraunium）；紅鋯石（Hyacinth stone）；翡翠；鑽石；藍寶石；綠松石（土耳其石）；綠柱石（Beryl）；玳瑁；印度或亞述的藥；生絲（Raw silk）；絲綢或半絲布料；刺繡的高級亞麻布；絲線；印度太監布；公獅；母獅；豹；花豹；黑豹；紫色染料；以及：摩洛哥羊毛；染料；印度毛髮（Indian hair）

請注意，黑胡椒並未列於清單上，可能是因為它一直以來都很受歡迎。

　　亞歷山卓因在公元 619 年落在波斯人手中，而首次衰落，但 10 年之後就恢復了，最終是在公元 641 年倭馬亞王朝（Ummayad Arabs）的長期圍攻

[註] 譯註：一種未知的香料，也許是「甘松葉」。

下滅城。儘管當地的商業和活動照舊，但這座城市的黃金盛世已過。

亞歷山卓燈塔（The great lighthouse of Pharos；也稱為「大燈塔」或「法羅斯島燈塔」）在公元 14 世紀倒塌。然而，在馬木路克蘇丹國（Mamluk sultanate；1250 ～ 1517）的策劃下，以及香料和其他物品重新從埃及出口，帶來可觀的財富，讓這個城市持續在中世紀發揮重大的影響力。

其他胡椒屬香料

長胡椒

長胡椒（*Piper longum*；又稱「蓽拔」）是一種開花藤本植物，原生於東南亞半島地區、孟加拉、阿薩姆邦和中國南部。它也很常被稱為「印度長胡椒」，或梵語中的 "pippal"，與相似的印尼爪哇長胡椒（Javanese Long Pepper）、長果胡椒（*Piper chaba*；也稱為「假蓽拔」〔*P. retrofractum*〕）和盾葉胡椒（*Piper peepuloides*）屬於不同（物）種。

它的果實會構成如流蘇般（Catkin-like）的圓柱形穗條，這些穗條最多可達 4 公分（母）或 7.5 公分（公），且直徑可達 6 公釐。迷你的卵形果實會嵌在穗條中，果實一開始是綠色，隨後成熟會慢慢轉為灰色或黑色。母的穗條會提供具有經濟價值的胡椒。長胡椒的風味普遍被形容為有灼熱感的辛辣，且帶甜味，還有馥郁芬芳的香氣；辣的感覺會持續，比黑胡椒明顯刺激許多。有趣的是，它的根也被當成一種香料，因為果實和根都含有胡椒鹼。

長胡椒是印度吠陀時代（約公元前 1500 ～前 500 年）使用的調味品之一，其他的調味品為黑胡椒、薑黃、芥末和芝麻。[127]《蘇胥如塔文集》是一本古老的梵語彙編書籍，可能於公元前 1 千紀中期完成；裡頭長胡椒（Pippali）因其藥用價值和烹飪上的助益，而被數度提及，例如加了長胡椒的葡萄酒可以搭配鹿肉料理。另一本彙編於公元前 2 世紀到公元 3 世紀的古代梵語文本──《政事論》（*Arthashastra*），也提到了長胡椒，

麥克德夫（E. Mcduff）推測長胡椒可能是第一種到達西方社會的胡椒，因為其來源為印度次大陸的北邊，比生長在印度最南端的黑胡椒更接近可能的陸上貿易路線。[128]

希波克拉底把胡椒列為他使用的藥物之一，但未直接區分黑胡椒與長胡椒的不同。他文章中所提及的胡椒可能是原生於印度東北邊的長胡椒。[129] 泰奧弗拉斯托斯則是清楚地指出兩者的差別，但後繼一些成功的博學植物學家都未做到這點，實在滿令人訝異的。泰奧弗拉斯托斯觀察到：

> 胡椒是一種果實，有兩種樣子：一種是圓形的，像是苦野豌豆（Bitter vetch），有一層外殼，果肉像是月桂樹的漿果，呈紅色；另一種的果實偏長，為黑色，且有類似罌粟籽的種籽：這種的味道比第一種強烈。然而，兩者皆帶有辣度……[130]

迪奧斯科里德斯似乎也曾描述過長胡椒，並幫它命名，但也有可能他只是在形容黑胡椒未成熟的結果穗條；他記下「更強烈的咬舌感」。關於長胡椒的貿易記載於公元 1 世紀的《愛利脫利亞海周航記》，和其他商品一起列為羅馬人從巴利加薩取得的物品，但那個年代的其他紀錄就無權威性。

例如，普林尼對於胡椒木的描述就令人疑惑，他認為它們與杜松類似，但事實並非如此。他也誤說種籽包在莢裡。

> 這些莢果在成熟之前就採收了，然後日曬乾燥製成我們所稱的「長胡椒」。但如果讓它們成熟，莢果就會慢慢打開，完全成熟時，就能得到白胡椒；若持續讓白胡椒曬太陽，就會變皺，顏色也會改變。[131]

在這裡，他的論點很明顯站不住腳，但他更了解市場的情況——他指出長胡椒的價格是每磅 15 第納里烏斯、白胡椒是每磅 7 第納里烏斯，而黑胡椒則是每磅 4 第納里烏斯。

這引出了一些有趣的問題：如果長胡椒可以說比較好（更嗆鼻、香味更濃且味道更甜），那為什麼黑胡椒在整段羅馬（和之後的）歷史都比長胡椒

佔上風呢？到頭來，黑胡椒較低廉的價格和比較容易取得，似乎成為決定性的因素。馬修・考伯（Matthew Cobb）提到，沒有理由去懷疑長胡椒有沒有進口到羅馬，或普林尼所提到的價格（如上述）是不是沒有意義；這些商品都列在公元 2 世紀的《亞力山卓關稅》中。[132]

在公元 533 年查士丁尼的《學說匯纂》中，長胡椒又再次被列入進入亞歷山卓時，所必須繳稅的物品清單中，這也重現了之前提到的關稅表。

西方社會搞不清楚長胡椒和黑胡椒，在整個中世紀都是如此，公元 14 世紀中期的半虛構小說《曼德維爾遊記》（Travels of Sir John Mandeville）就是一個例子。作者提到胡椒來自同樣的樹：「在一棵胡椒木上，有三種不同的胡椒；長胡椒、黑胡椒和白胡椒。」

中國人在中世紀也使用長胡椒：《飲膳正要》（約公元 1130 年）的作者忽思慧提到的綜合香料，或「細料物」（Xi liaowu）似乎就包含了長胡椒和其他多種香料，而且是分開羅列。長胡椒和黑胡椒的風味似乎都比本地產的花椒更受青睞。[133]

長胡椒用於中世紀晚期的英格蘭，但和古羅馬的情況一樣，頻率比黑胡椒少很多。[134] 和羅馬時期一樣，長胡椒的價格也比較貴——在理查三世加冕盛宴購入的物品中，包含了 5 磅的長胡椒（價格是 16 先令 8 便士）和 44 磅的黑胡椒（價格是 2 鎊 18 先令 4 便士）。這等於 1 磅的長胡椒要 3 先令 4 便士，而 1 磅黑胡椒的價格大約是 1 先令 4 便士，和普林尼所說的價差百分比相似！

長胡椒在《烹飪的形式》裡，只出現在一道「希波克拉斯甜酒」（Hypocras）的食譜；[135] 它還出現在《巴黎家政書》（Le Ménagier de Paris；1393，暫譯）的好幾道食譜中（特別是製作湯品和高湯）。長胡椒也是 15 世紀約翰・羅素製作希波克拉斯甜酒時，所用的香料之一：

穀物 / 薑、長胡椒＆糖 / 放進液體裡
肉桂 / 中國肉桂 / 紅酒 / 慢慢煮到液體減少 [136]

長胡椒加在香料葡萄酒裡的用法似乎滿常見的。到了公元 1588 年，長胡椒在英格蘭的貨源顯然非常充足，因為華特·貝利（Walter Bailey）說：「每間店都可以看到長胡椒。」[137]

約翰·傑勒德在他 1597 年的著作《草藥》中，探討不同種類的胡椒，並正確的區分開來。[138] 長胡椒是：

> 出枝很多且纖細，上面會長出果實，一枝細長的梗就能長出許多顆果實，果實會互相推擠或緊緊靠在一起；一開始是綠色，後來會轉黑；味道和常見的黑胡椒尖銳相比，會比較辣，但同時也比較甜，整體味道較好。

到了 17 世紀，長胡椒又再次成為西方世界非常罕見的食材，但至少在某種程度上，因為辣椒在亞洲快速生長，所以有了新的辣味香料選項。

今日西方社會很少使用長胡椒，通常只有在香料專賣店或印度雜貨店才能取得。它在南亞、印尼、馬來西亞和泰國就是一種相對常見的香料與調味料，而且在阿育吠陀醫學中，有重要的藥用價值。

根據曼吉特·吉爾（Manjit Gill）所提，長胡椒適合用來燉羊肉、搭配煎或烤的魚和肉、放進煙燻食物裡、加到許多蔬菜料理中，和配著起司一起吃。[139] 磨碎的長胡椒也被用來醃菜、製作印度甜酸醬（Chutneys）和某些麵包。[140] 有時也會加進印度檳榔「盤安」（Paan）的香料組合裡，用檳榔葉包著檳榔子一起嚼。有些北非和東非的料理，也會多多少少使用長胡椒，例如柏柏爾（衣索比亞）綜合香料（Berbere spice mixture）。

蓽澄茄

蓽澄茄（*Piper cubeba*）是黑胡椒的近親，在公元 17 世紀結束之前，都是很常用的食材。它也被稱為「爪哇胡椒」（Java Pepper），因為它的原產地是爪哇和鄰近的蘇門答臘。因為梗柄和胡椒粒相連，所有也有人稱它為「尾胡

椒」（Tailed Pepper）。圖 7（見 P.324）可看見乾燥的長胡椒、黑胡椒和蓽澄茄的果實。

蓽澄茄是多年生藤本植物，與胡椒（*Piper nigrum*）相似，在熱帶環境中茁壯生長。它可以長到 10 公尺高，具有宜人的香氣，和刺激、複雜的苦味，類似於多香果與黑胡椒混合的風味。

對於古希臘人和古羅馬人是否使用蓽澄茄，始終存在著疑問——大概是因為它和黑胡椒的相似度太高了，在當時很難將其區分為不同的香料。不過，也有可能單純是無法取得。蓽澄茄是在中世紀初期才傳到中國。

在印度，古梵語的文本就已經把蓽澄茄包含在許多療法中了。遮羅迦（Charaka；生於公元前 100 年～公元前 200 年之間）和蘇胥如塔（生於公元前幾百年）——兩位對阿育吠陀貢獻良多，在他們的處方中，把蓽澄茄泥當成漱口劑，以及把內服乾燥的蓽澄茄用來治療口腔和牙齒疾病、失聲、口臭、發燒和咳嗽。

在公元 14 世紀，「Raja Nirghanta 蓽澄茄」以 "Kankola" 這個名字出現。尤那尼醫生（Unani physicians；在南亞執業的希臘傳統醫生）把磨成泥的蓽澄茄果實，塗在男性和女性的生殖器上，以增加性事歡愉。[141]《天方夜譚》（公元 9 世紀）提到蓽澄茄是不孕症的治療藥物之一。

蓽澄茄是比德（Bede）在公元 735 年留給教友弟兄的香料之一。想當然爾，我們可以假設他們的用法與尤那尼醫生的處方不同。

在公元 1377 年中世紀晚期的英文食譜中，蓽澄茄共出現了 53 次，表示即使它在當時未被大量使用，但的確是被大家認可的香料。[142] 在中世紀的歐洲，蓽澄茄有可以擊退惡魔和邪靈的名聲，也被用於咒語與驅魔避邪。[143]

從 17 世紀開始，越來越難在歐洲取得蓽澄茄，因為在當時黑胡椒才是被力捧的「紅星」。蓽澄茄在許多 18 世紀和之後的料理書中，幾乎完全不見蹤影。

約翰・克勞福（John Crawfurd）是一名英國居民，他在爪哇蘇丹的王室裡注意到蓽澄茄能有效治療淋病，而且在英國人佔領爪哇時（公元 1811 年），居住在孟加拉地區（Bengal）§的人就已經知道這件事。[144]

今日蓽澄茄的全球貿易量很少，且主要用於調味，如做為琴酒中的一種藥草、加進傳統藥物中，和幫香菸增添風味等。在現代的西方超市通常是找不到的，但可上網向專門的香料商購買。

較不常見的種

表 6 說明 7 個胡椒屬中，比較不常見的種，它們也會用於烹飪，但在多數的情況下，則被視為傳統藥物。

---

§ 是歷史上一個地理、民族語言和文化的專有名詞，涵蓋現在的孟加拉（人民共和國）和印度西孟加拉邦。

表 6：胡椒屬中比較不常見的種

阿善提胡椒 （Ashanti Pepper； *Piper guineense*）	也被稱為西非胡椒、非洲黑胡椒，幾內亞胡椒和假蓽澄茄。阿善提是一種多年生攀緣藤本植物，攀在其他樹的樹幹，可以長到20公尺高。它的心形葉子帶有胡椒味，其果實為叢生，成熟時為紅棕色，乾燥後會呈黑色。這種植物原生於熱帶的中非和西非——是非洲唯一原生胡椒屬植物的其中一個。[145]和其他幾個胡椒科的成員一樣，阿善提胡椒含有相當可觀的胡椒鹼，會傳出辛香的辣度，果實的胡椒鹼含量超過3%。[146]它以多種方式做為傳統藥物使用。果實可幫湯品、燉菜和米飯增加辛香，葉子則可以用來幫肉類和新鮮胡椒湯（Fresh pepper soup）調味，也可以當成蔬菜食用。[147]
卡瓦胡椒 （*Piper methysticum*）	卡瓦胡椒是多年生灌木，原生於南太平洋群島，可長到3公尺高，特徵是有很大的心形葉子。這種植物的根部被用來做成同名、能影響精神行為的飲料，具有鎮靜和欣快感（Euphoric）作用。根部包含麻醉椒苦素（Methysticin）、甲氧醉椒素（Yangonin）、二氫麻醉椒苦素（Dihydromethysticin）和去氫卡瓦胡椒素（Dihydrokawain）等複合物。[148] 這些都是卡瓦內脂（Kavalactone），是一種內脂複合物，在乾燥的卡瓦胡椒根部中，大約佔了15%的比例。陳登春（Tran Dang Xuan；音譯）等多位作者共辨識出了18種卡瓦內脂。[149]卡瓦內脂含量在根部最多，然後慢慢往上到莖和葉時，量就會減少。根部或磨碎或敲碎後，和水混合，便成了飲料「卡瓦」。斐濟的版本稱為「格洛格」（Grog）。 卡瓦胡椒的可能源於萬那杜，應該是透過人類傳輸在全部島嶼廣泛散布，在不同的島嶼也衍生出新品種；目前已知有超過100個栽培品種。荷蘭的航海探險家勒麥爾（Le Maire）和舒滕（Schouten）在全球航行時，於公元1616年在富圖納島（Island of Futuna；在斐濟東北方超過500公里處）發現它的蹤跡。*P. wichmanii*（與*P. methysticum*非常相似）本來可能是野生種，農夫再透過它人工培育出P. methysticum品種。[150] 人工培植卡瓦胡椒的起源地是萬那杜北部，大概是3,000年前左右、人類首度抵達那裡就開始了；人工培育的品種可能從萬那杜被往東帶到玻里尼西亞，和往西帶到新幾內亞和密克羅尼西亞（Micronesia）。[151] 卡瓦（飲料）從夏威夷傳到美國（本土）。1915年，西爾斯百貨（Sears）的商品目錄曾出現卡瓦的廣告。它被形容為「最棒的無酒精酒類」以及「世界上最好的戒酒飲料，比超市裡最高價的葡萄酒更好。味道極佳、有益健康且能讓人充滿活力……做為餐桌上佐餐的『酒類』，沒有人比得上它。」上述內容也許有點誇大，但卡瓦的吸引力的確逐漸增加當中，現在在美國本土，「卡瓦吧」變得越來越受歡迎。

粗葉胡椒 （Rough-leaved Pepper；*Piper amalago*）	粗葉胡椒也稱為「老胡椒」（Pepper elder），是一種原生於新熱帶界的常綠灌木，通常會長到1.5公尺～3公尺高，有時會更高。果實為黑色且嗆鼻，長在長長的穗條上；風味和刺激性上與黑胡椒極為相似，但它的果實比較小，和芥末籽的大小差不多。[152]它們可增加食物的辣度、當調味料。植物也可用來入藥，例如，用葉子泡的茶可用來治療咳嗽，根部則可以治療蛇咬。[153]在墨西哥與巴西，會使用它的葉子來治療各種症狀，如心臟疾病、燒傷、發炎和感染、肚子痛和肌肉疼痛，以及其他症狀。[154] 最近有個研究分析其葉子裡的精油，發現了38種複合物，這些佔了整體的90%以上；主要的成分有：水芹烯（β-phellandrene；20.42%）、匙葉桉油烯醇（Spathulenol；10.34%）、雙環大根老鸛草烯（Bicyclogermacrene；8.5%）和α-蒎烯（α-Pinene；7.29%）。主要的複合物為單萜（Monoterpenes）、倍半萜烯（Sesquiterpenes）和氧化倍半萜烯（Oxygenated sesquiterpenes）。[155]
非洲長胡椒 （African Long Pepper；*Piper capense*）	非洲長胡椒是一種有香味的灌木或蔓生的藤本植物，原產於非洲東北部、中部和南部，可長到5尺高（或長）、有大大的卵形或橢圓形的葉子，以及長在長穗條上的花。果實類似印度長胡椒（Indian long pepper）的果實。當地人稱它為"Timiz"。這是唯二原生於非洲之胡椒屬物種的第二種。它在衣索比亞是很受歡迎的香料，因為容易取得且價格比進口的印度長胡椒低。通常從野外採集，但需要與狒狒競爭，因為牠們很愛非洲長胡椒的果實！[156]這種香料通常會和黑胡椒、肉豆蔻、丁香和薑黃一起用於傳統燉肉料理。它也是當地「柏柏爾綜合香料」的一員，還可用來增添咖啡、茶與奶油的辛香。 西邊的喀麥隆傳統上把它的果實當成香料使用，會加進名為"Nkui"或"Nah poh"的湯。葉子視為一種傳統藥物，在聖多美普林西比（São Tomé and Principe）會用來治療胃部不適，而在喀麥隆的藥方中，則能治療癲癇。薩利希（B. Salehi）和其他作者另外還寫了許多其他的傳統用途。[157]
長果胡椒 （*Piper chaba*／*P. retrofractum*）	長果胡椒是一種多年生開花藤本植物，原生於南亞和東南亞。它也被稱為「爪哇長胡椒」，和在泰國被稱為"Dee plee"。葉片是卵型或披針形（Lanceolate），通常為10～15公分×4～6公分。果實長在長穗條上，穗條可長到8.5公分（公）和6.5公分（母）；果實成熟時是紅色，乾燥後會轉為深棕色或黑色。嚐起來有濃濃的嗆鼻胡椒味，可能也會讓嘴巴感到麻麻的——它們被視為一種香料，也會加進醃菜等料理中，用法類似於印度長胡椒。[158]它因為可以成為一種「間作」（Intercrop），而在孟加拉越來越受歡迎，《每日星報》（Daily Star）的一篇文章觀察到「在奇奈地區（Chhinai union），家家戶戶的院子裡都有長果胡椒藤。」[159]在孟加拉，長果胡椒被當成一種煮肉、魚、羊肉咖哩和其他菜餚時會使用的一種香料。切碎的莖、根和皮比果實更受歡迎，更常被人使用。在孟加拉西南部，長果胡椒是最受歡迎的香料之一。它的根部因為香氣更濃烈，所以價格比其他部位高。[160]長果胡椒也有多種傳統醫藥用法。[161]

樹胡椒 （Spiked Pepper；*Piper aduncum*）	樹胡椒或狹葉胡椒葉（Matico）是一種常綠灌木，原生於中美洲和南美洲，高度可長到7～8尺。類似「之」字型的莖會長出披針形的互生葉（Alternate lanceolate leaf），葉子的長度可達到18公分，小果實則長在細長又彎曲的穗條上。它生長在全球多個熱帶區域內，且具有高度侵入性（胡椒屬中最具侵入性的）。整棵植物都帶有胡椒香氣，果實被用為香料與調味料。果實成熟時，帶有某種甜味。除了烹飪用途，它在整個亞馬遜雨林區被廣泛當成傳統藥物；事實上，Matico這個名字據稱是來自一名受傷的西班牙士兵，他從當地人那裡學到如何把葉子敷在傷口上止血。 樹胡椒被當成一種殺菌劑使用，可以止血、預防感染，和加快復原的速度。[162]葉子會壓碎或磨成粉後再撒在傷口上，或偶爾當成一種膏藥使用。它也可做為一種抗發炎，治療胃病和其他不適的輸液。 阿爾弗雷德・哈特明克（Alfred E. Hartemink）在他的網站上，援引這種植物在東南亞的擴散來核查其侵入性本質。[163]它在公元1860年代，由印尼爪哇的茂物植物園（Bogor Botanical Gardens）引入；到了1920年代晚期，已經成為植物園方圓50～100公里最常見的次生幼植被（Young secondary vegetation），生長地點為河流附近和陡峭的斜坡上。加亞布拉（Jayapura）在1955年、比亞克（Biak）在1960年，以及伊里安查亞（Irian Jaya）、馬來西亞和婆羅洲在1960年代都曾特別註記。新加坡和蘇門答臘也將其記錄在案。到了1990年代晚期，樹胡椒在巴布亞紐幾內亞已經非常普遍。
墨西哥胡椒葉／北美聖草 （Hoja Santa；*Piper auritum*）	墨西哥胡椒葉的西文意思為「聖葉」，也被稱為「麥根沙士植物」（Root Beer Plant），學名為*Piper auritum*。它是一種大型的灌木植物，原生於中美洲和南美洲的熱帶地區。葉子很大，呈心形，通常會用於墨西哥料理中，例如當成包拉美玉米粽（Tamale；或稱為「墨西哥粽」）的葉子，或用來蒸或烤海鮮和肉類（吃之前，會把葉子拿掉）。葉子能在烹調途中幫內餡調味。它也是瓦哈卡（Oaxaca）地區做綠色墨西哥混醬（Mole verde）和黃色墨西哥混醬（Mole amarillo）時的食材之一。[164]將其切碎後，可加在燉菜、湯品和炒蛋中。 它的風味像是黃樟／檫樹（sassafras）、洋茴香、胡椒和甘草的綜合體，莖和葉經壓碎後，會散發出濃烈的洋茴香香氣；之所以有「麥根沙士植物」這個綽號，是因為含有高濃度的黃樟素（Safrole），這是一種能在檫樹屬植物中發現的苯丙素（Phenylpropanoid）複合物。

05

The Ginger Family

薑科

薑黃（學名：*Curcuma longa*），《科勒藥用植物》（*Köhler's Medizinal-Pflanzen*；1883～1914），生物多樣性歷史文獻圖書館（Biodiversity Heritage Library）

薑科（Zingiberaceae family）包含幾個常用香料——薑、薑黃、南薑、小荳蔻、黑荳蔻、天堂椒（Grains of paradise）和莪朮（Zedoary），還有許多鮮為人知的香料。

在 53 個屬中，最大的是月桃屬（*Alpinia*），約有 244 個公認的種，接著是茴香砂仁屬（*Etlingera*）、薑黃屬（*Curcuma*）、薑屬（*Zingiber*）、舞花薑屬（*Globba*）、豔苞薑屬（*Renealmia*）、蠍尾薑屬（*Riedelia*）、豆蔻屬（*Amomum*）、椒蔻屬／非洲豆蔻屬（*Aframomum*）和凹唇薑屬（*Boesenbergia*）。我們使用薑、薑黃、南薑和莪朮的根狀莖，而小荳蔻與天堂椒則是使用它們的種籽。

薑（*Zingiber officinale*）是一種細長的熱帶多年生植物，高度可長到約 1 公尺，具有會長出葉芽（Leafy shoot）的根狀莖或根莖。葉子是披針狀，通常約 15 公分長。花序為穗狀花序，花朵為淡黃色且具有紫色邊緣。這種植物可能的原產地為印度，之後向東傳到中國中南部，但現在已經遍布於整個熱帶地區。

利德雷（Ridley）解釋它似乎不是野外到處可見的植物（意即它是種栽培植物），所以確切原生地並不明。[1] 它在各種不同的熱帶棲息地蓬勃生長，而且廣泛分佈於低地和高地環境。華特（Watt）指出學名中 "Zingiber" 這個字的語源是來自梵語的 "Sringavera"（角狀的），這可能暗示其來源為印度。[2]

在今日的印度，薑生長最密集的區域是東北部，如阿薩姆邦、孟加拉等地區，以及喀拉拉邦，但其實在整個國家都很普遍。100 年前的情況和現在一樣，且在古代應該也很類似。

公元 1596 年，荷蘭商人暨探險家林斯豪頓（Jan van Linschoten）描述了印度的西部海岸，他說：「那裡同樣存放很多薑，另外沿著整個海岸也都是薑，但是沒什麼價值。」[3] 他進一步說：「薑生長在印度許多地方，但品質最好且運到國外最多的，是產於馬拉巴海岸的。」[4] 這種根狀莖是一種熱門的香料——具有宜人、類似花朵的香氣，其辛辣刺激的味道受到眾人喜愛。嫩薑往往很多汁，而老薑就比較乾，纖維也較多。薑在過去與現在的料

理中，都有著各式各樣的用法。

　　薑黃（*Curcuma longa*）是一種類似薑的植物，它的根狀莖也廣泛用於料理中，當成調味料使用。其原產地也是印度。薑黃是多年生香草，植株可長到 1 公尺高，有著簇生的披針狀葉子，穗狀花序上有色彩繽紛的花朵，以及淺綠色苞片。根狀莖裡頭是亮橘色，帶有溫暖、發苦，和類似胡椒的風味，但磨成粉後，則有著迷人淡雅，似泥土的香氣，以及帶苦的餘味。因為其會染色的特性，所以俗稱為「印度番紅花」（Indian saffron）。

　　南薑在身份認同上遇到一點點危機。這個名稱被或曾被歸入薑科的三個不同屬／四個不同種：大良薑（Greater galangal；*Alpinia galanga*）、小良薑（Lesser galangal；*Alpinia officinarum*）、中國薑（Chinese ginger/Chinese keys/lesser galangal；*Boesenbergia rotunda*），做為香料與藥用植物的歷史悠久，特別是在東南亞。而山柰（Black galangal；*Kaempferia galanga*）有時也被誤認為是小良薑。

　　南薑原生於熱帶亞洲，是一種多年生植物，根據品種，植株可長到 1～2 公尺高。葉片為長型，類似刀片，花朵小，呈白色，且帶有紅色脈絡。和薑一樣，南薑也是種來取其根狀莖，最常見的用法是新鮮切片使用，或乾燥和磨成粉。它的味道尖銳帶有胡椒味與柑橘調性。南薑是東南亞普遍的烹飪食材，特別是用於泰式料理中。小良薑的風味比大良薑更為刺激。

　　另一個和上述植物類似的是莪朮，或稱為白薑黃（White turmeric；*Curcuma zedoaria*）和（不相關的）莎草根（Cyperus roots；*Cyperus longus*）——它也是庫爾佩珀（Culpeper）所形容的「英國南薑」（English galingale）。在古代，有時會把 "Galangal" 寫為 "Galingale"。

　　莪朮是另一種為了取其根狀莖而種植的植物，但在西方並不常使用。它的特徵是大葉芽，有著淡黃色花朵，以及紅與綠色苞片的穗狀花序。其根狀莖大且多肉，裡面呈白色到淺橘色。它們的風味不若薑或薑黃刺激，但有著帶苦的餘味。在印度和東南亞主要被當成香料使用。

小荳蔻為 "Elettaria cardamomum" 植物的種籽，這種植株是一種有香味的多年生香草，高度幾乎可達 4 公尺。種莢是淺綠色，且為獨特的紡錘形，剖面為三角形。原生於印度，在印度長在高海拔地區（800～1,500 公尺），是一種林下作物（Understorey crop），生長在森林樹木的遮蔭下。[5]

相關的種（但來自不同屬）有白荳蔻（Amomum krervanh）和黑荳蔻（Amomum subulatum），後者原生於印度的喜馬拉雅山脈地區、尼泊爾和中國南部。小荳蔻的味道非常強烈，有著嗆鼻、類似樹脂的香氣，似乎是尤加利樹、薄荷醇與洋茴香籽。

天堂椒（Grains of Paradise／melegueta pepper；Aframomum melegueta）是另一種薑科香料，其小顆、紅棕色的種籽帶有淡淡的香氣，味道則是辛辣、有胡椒味，又有微微、帶有點薑的味道。長得很像蘆葦的植株是兩年生植物，原生於幾內亞到安哥拉的西非海岸帶，具有像是巨大刀片的葉子和大小適中的莖（可長到 1.5 公尺高），花為紫色，會長成內有種籽的種莢。

薑科的早期使用

薑在亞洲

最早使用薑科香料的證據出現在亞洲，這一點也不令人意外，因為這裡就是它的原生地。印度法馬那（Farmana）一份小牛牙齒牙結石上澱粉粒（Starch grain）的研究分析，提供了首份偵測到煮熟的薑與薑黃的直接證據。[6] 這個研究顯示印度河河谷的哈拉帕文明，在公元 3 千紀下半，就食用以薑和薑黃增添風味的食物。他們也在人類牙齒上和鍋子裡發現殘留物——人類吃了用香料調味的食物，而牛隻則吃剩下的。分析也顯示可能還存有其他食物，這暗示著，即使在那個時候還無法取得辣椒，這可能也是世界上最早出現的咖哩。

在印度，薑黃是古代阿育吠陀香料中最重要的一個，且它的使用歷史甚至可追溯回更久以前——公元前 4000 年或更早。[7] 此外，在公元前 800 年左右的《蘇胥如塔文集》中也提及薑。[8]

中國傳奇帝王神農氏（約公元前 2800 年）所著的《神農本草經》中，記載了薑被當成藥物使用；原版文本已經遺失，但之後的彙集應該都是根據神農氏的原著。公元 7 世紀唐朝時，把薑黃視為一種藥物。孔子（公元前 551～前 479 年）認為薑對於膳食非常重要——「他每餐必有薑」。[9]

米勒（J. Innes Miller）提到在中國的船隻上，把薑種在盆栽，來做為新鮮食物食用的做法（來自佛教僧侶「法顯」的《高僧法顯傳》〔Travels〕）。[10]

托勒密說在公元 2 世紀的塔普羅巴納（斯里蘭卡）：「這個國家生產米、蜂蜜、薑、綠柱石、紅鋯石……」[11]

薑在中東

羅伊・史壯（Roy Strong）提到，在公元前 2 千紀美索不達米亞的皇家宴會上，在那裡賓客會收到一小瓶以雪松、薑和香桃木增香的香氛油，讓他們可以在餐前和結束時，塗抹在自己身上。[12] 此外，早在公元前 18 世紀的巴比倫就種有薑黃和小荳蔻，而這些東西一定是從原產地——印度引入的。[13] 這兩種植物都列在亞述帝國尼尼微大圖書館、一份羅列各種香味植物的捲軸中（圖書館由亞述巴尼拔國王於公元前 668～前 663 年興建）。有些學者推測尼尼微的花園可能就是真正的「巴比倫空中花園」（Hanging Gardens of Babylon）。

薑在地中海

根據保存在公元前 5 世紀～前 3 世紀，羅馬雙耳細頸瓶內的古代 DNA 顯示，薑和其他各種食物一起出現，證明在那個年代，它屬於地中海地區海上貿易的一部分。[14]

普林尼和迪奧斯科里德斯都曾提及薑生長在「阿拉伯的穴居建築區（Troglodytical Arabia；即紅海的西南岸）」。這個想法有其支持者，但屬實的可能性似乎非常低——因為薑是一種熱帶植物。[15] 普林尼說：

乾薑或薑……的味道很像（黑胡椒）。事實上，薑長在阿拉伯和穴居建築區，出現在多個耕作地點，是有著白色根部的小型植物。這種植物雖然有強烈的嗆鼻味，但很容易就會腐敗，價格是每磅 6 第納里烏斯。[16]

普林尼對於薑的價格與他對胡椒價格展現一樣的態度，他哀嘆——這暗示了普遍使用的情形，可能是一種相對新的「流行趨勢」：「胡椒和薑都在其相應國家瘋狂生長，但這裡我們卻是秤重賣——就好像它們是黃金或白銀一樣。」

迪奧斯科里德斯則說，薑可以和其他東西混合製成飲料，薑淺色的根味道類似胡椒，而且有宜人的香氣。[17]

誤報特定香料的起源，在當時並不罕見，原因有幾個：資訊是第二手或第三手；真實的來源超出西方編年史家所知的世界邊界；中間的貿易商持續隱瞞真實來源，以維護其獨佔的地位。最重要的是，錯誤證明了薑從印度進口過來的路線，也就是確實經過紅海，另外也有可能經由波斯灣。

薑沒有列於《周航記》中的進口物品，暗指它是由第三方進口——可能是阿拉伯或波斯的商人，或由印度人自己。相同的錯誤來源邏輯也可套用在豆蔻屬植物和小荳蔻上（見圖 14，P329）。

沃明頓（Warmington）認為薑幾乎都是透過陸路進口，且修飾詞（Epithet）透露了它們所使用的路線，因此，薩盧斯特（Sallust）提到：在整個（位於亞美尼亞〔Armenia〕）戈爾杜埃尼亞斯（Gorduenians）中，都散發著豆蔻屬植物和其他迷人的香氣（即有香味的植物）。」[18]

而普林尼觀察到「豆蔻屬植物也（即印度也有）生長於亞美里亞、一個名為『奧泰內』（Otene）的地方；也生長於密迪亞（Media）及彭託斯（Pontus）。」[19] 普林尼同時也針對小荳蔻做出解釋：「它在印度和阿拉伯是用相同的方式採集……，小荳蔻也生長在密迪亞。」[20]

迪奧斯科里德斯說豆蔻屬植物來自亞美里亞，密迪亞和彭託斯，而小荳蔻則來自科馬基尼（Commagene）、亞美里亞和博斯普魯斯（Bosphorus），以及印度和阿拉伯。[21]

沃明頓另外也引用蒂爾（加盧斯〔Gallus〕或維吉爾〔Virgil〕）、巴比倫（蓋倫）和亞述（史塔提烏斯〔Statius〕）的例子。[22]

這些例子全都明顯指出在希臘－羅馬時期，豆蔻屬植物與小荳蔻透過絲路為陸路出口途徑。

但在帕蒂納姆（馬拉巴海岸上的穆齊里斯，過去胡椒從此處出口到羅馬）曾找到小荳蔻的遺骸，表示即使未記載於《周航記》，在公元早期幾世紀至少有零星的小荳蔻和胡椒一起（經由紅海）出口到羅馬。到了公元 3 世紀，眾人就比較清楚這些特定香料的起源了。

薑被記載在歐洲公元 1 世紀羅馬與印度的交易文件中。[23] 阿彼修斯在許多食譜中都提起它，薑是僅次於胡椒的最重要遠東香料。[24] 它是香料鹽、Oxyporum（一種餐後酒）裡的原料，也會放進沙拉、包含豌豆的菜色、乳豬、填餡雞肉、烤肉和其他料理。然而，薑黃不太可能在古羅馬廣泛使用。

薑科植物被當成藥物使用的歷史很悠久。希波克拉底在他的藥單中曾列出豆蔻屬植物（可能是小荳蔻）。[25] 泰奧弗拉斯托斯提過豆蔻屬植物，也提過南薑。[26] 凱爾蘇斯在多個療法中使用小荳蔻，例如用來治療水腫，以及治療神經，但他很少使用薑和豆蔻屬植物。[27] 迪奧斯科里德斯提到薑和胡椒一樣，是暖性且能幫助消化的藥物，對胃有益，根部也能治療眼疾。[28]

薑黃比較不常出現在古典文學裡，雖然迪奧斯科里德斯所說的「印度紙莎草」（Indian cyperus）指的可能就是薑黃——它和薑類似，且嚼起來有苦味。[29] 不過，由羅馬第二大學（Tor Vergata University of Rome）研究員，針對一名2,000年前托斯卡尼年輕女性（這名女子在世時患有乳糜瀉〔Coeliac disease〕）的牙齒以及牙菌斑遺跡所做的一份最新研究，發現古羅馬人使用的藥物，包含只生長在亞洲的植物根部和香草。[30] 牙菌斑上的化學殘留物表明使用了人參和薑黃等藥用植物，來治療她的疾病（在早期的 DNA 研究中所發現的結果）。在這裡發現薑黃之所以重要，是因為能證明東方與西方之間，在當時必定有些貿易往來。這名女性是和黃金一起下葬的，表示她來自富裕人家，因此能負擔得起昂貴的香料。

印度作家蘇胥如塔二世（Susruta II，公元 2 世紀）在一份僅使用植物的全方位藥物清單上，列了薑黃。[31]

到了公元 2 世紀，商隊會定期帶著薑、中國肉桂、中國肉桂葉和肉桂從當時中國的首都洛陽出發。[32] 這些和其他香料在羅馬時期和羅馬時期之後，都是沿著絲路移動到西方，此外還有更大量的香料直接從印度經由紅海和波斯灣海運到羅馬。

《馬可奧理略的亞力山卓關稅》頒布於公元 176～180 年，其中列出 54 種需要付進口稅的物品，包含許多藥草植物。公元 301 年的《限制最高價格法》（Diocletian's Maximum Price Edict，又稱為《戴克里先詔書》）列出了 1,200 多餘種物品，其中包括荳蔻屬植物，已經處理過的薑和乾薑，至少說明了它們當時是現行貿易中的商品。公元 533 年查士丁尼的《學說匯纂》列了 56 個需要付進口稅（Vectigal）的物品——本質上就是重複《亞力山卓關稅》，兩者都包含豆蔻屬植物、薑和小荳蔻。[33]

中世紀的使用

中世紀時，薑在西方社會的進口量與消耗量僅次於黑胡椒。南薑也很受歡迎，莪朮較少，薑黃則要等到之後才會出現（或「重現」）。值得注意的是，雖然當時西方國家仍未發現到達亞洲的南部航海路線，但中世紀的料理已經大量使用薑。這有可能是阿拉伯的商人供貨給君士坦丁、威尼斯和亞歷山卓的中間商。就在發現南邊航海路線之前沒多久的公元 1496 年 11 月，有 4 艘船從亞歷山卓到達威尼斯，船上共載了 200 萬公斤的香料，其中有 1,363,934 公斤是胡椒，288,524 公斤是薑。[34]

薑（新鮮的與另外保存的）包含在比德遺贈給其弟兄的各式各樣香料中，《治療》這本書也提到薑 5 次。[35] 在 1960 年代，科比修道院（Corby Abbey）從康布雷（Cambrai）買了 70 磅的薑，另外還買了其他香料。[36] 薑在諾曼征服（Norman conquest）之前，在英格蘭早已眾所周知。[37]

11 世紀的醫生「非洲的君士坦丁」（Constantine the African）是一名移民到義大利的北非人，他在卡西諾山（Monte Cassino）的修道院成為修士。他曾寫下好幾則治療性慾低下的方法，其中大多都包括薑和南薑。[38] 薑做為催情劑的名聲在中世紀（中世紀）廣為流傳──也許這就是造成它這麼受歡迎的部分原因！

　　薑在印度的情況似乎也是如此──林斯豪頓形容某些果亞（Goa）女性習慣「吃整把的丁香、胡椒、薑，以及一種名為 "Chachunde" 的烤肉（加了各式各樣的香料和香草），而像這樣的肉，全都是為了增加性慾。」[39]

　　小荳蔻也是自很久以前就被當成一種催情劑──它多次出現在《天方夜譚》（一千零一夜）中：在第 250 夜，是沙姆斯丁（Shams al-Din）生子藥中的一個成分，他結婚 40 年了，卻還沒有子嗣。這帖藥包含蓽澄茄、肉桂、丁香、小荳蔻、薑、白胡椒、攀蜥（Mountain lizard）、乳香和孜然（最後結果當時是奏效）。

　　薑和小荳蔻的遺跡被發現於埃及紅海沿岸的古貿易港口古塞爾・卡迪姆／米奧斯荷爾莫斯，年代為公元 1050 ～ 1500 年。[40]

　　馬可・波羅（Marco Polo）提到薑出現在中國、馬拉巴和蘇門答臘，表示在當時，薑絕對已經在整個南亞和東南亞廣泛分布。[41] 他也描寫了來自中國的薑黃，但他很顯然對薑黃不熟：「（它）具有所有真番紅花的特性，包括氣味和顏色，但它不是番紅花。當地人對它有高度評價，是所有料理的食材之一，因此價格高昂。」

　　科林・史賓塞（Colin Spencer）提到，薑在約翰國王（King John）統治時期的公元 1205 ～ 1207 年之間，被列在皇家帳戶中，另外還有許多其他香料，包含糖也列在其中。[42] 這種口味的擴張反映十字軍歸來後所帶出的部分影響。

　　公元 12 世紀晚期成立的倫敦「胡椒同業工會」，和胡椒商、香料商與藥商的崛起是相關的。史賓塞描述了幾個裡頭加了薑，來自愛德華一世

（Edward I）王室家庭的早期食譜（約公元 1275 年），例如用薑粉、丁香、肉桂、南薑、鼠尾草和全熟水煮蛋的蛋黃，混合葡萄酒或蘋果酒製成的鼠尾草醬汁，搭配乳豬的豬腳和其他基本上較為膩口的料理食用。他也描述了一種中世紀後期所搭配肉或魚的醬汁，稱為 "Gravey"，是一種由杏仁和薑混合而成，再以糖增加甜味的糊狀物。

公元 1300 年，彭布羅克伯爵夫人（Countess of Pembroke）購買了多種香料，包括溫徹斯特的薑、孜然和糖。[43] 在 14 世紀早期的法國，在「美男子」查理四世（King Charles le Bel）的遺孀珍妮‧德‧埃夫勒（Jeanne d'Evreux）的廚房裡，除了許多其他香料，還有大約 23.5 磅的薑。[44]

薑在當時中世紀一定是個深受眾人喜愛的香料，而且價格高昂：公元 1301 ～ 1304 年，在英格蘭的價格為每磅 2 先令 4 便士到 3 先令 4 便士，雖然利德雷說在公元 13 與 14 世紀，薑的價格是每磅 1 先令 7 便士，大約是一隻綿羊的價格。

關於南薑的早期分布並不明確——它可能在中世紀早期就已經從亞洲傳到歐洲。南薑出現在公元 1390 年的《烹飪的形式》中，它主要是磨成粉用於製作「夫人醬」（Sawse Madam），也是希波克拉斯甜酒的原料之一，還會加進「香料麵包醋醬」（Galyntyne sauce）或做成其他料理。[45]

公元 14 世紀，約翰‧曼德維爾爵士（Sir John Mandeville）——是一位作家的華麗筆名，其真實姓名不詳，形容了爪哇和那裡的香料：「那裡生長了各式各樣的香料，比任何單一國家還多；那裡有薑、丁香、肉桂、荗朮、肉豆蔻和肉豆蔻乾皮。[46] 雖然他的文章內容中有許多謬誤，但在這個例子中，他正確指出了這些香料生長在印尼，當時那個年代，西方社會對這個地方幾乎一無所知，總是靠第二手和不可靠的資訊。

公元 14 世紀後期完成的《巴黎家政書》，作者不詳且可能是虛構的丈夫寫給年輕妻子的家務指南。書中內容包括中世紀對婚姻的想法和許多關於烹飪的資訊。[47] 可看看一個小型婚宴要用多少香料：一磅的哥倫拜恩薑（Columbine ginger；即產自印度奎隆〔Kollam〕的薑）、¼ 磅的麥加薑

（Mesche ginger ／ Mecca ginger，又是一個弄錯產地的例子）、½ 磅肉桂粉、¼ 磅丁香和大蒜種籽、⅛ 磅長胡椒、⅛ 磅南薑和 ⅛ 磅肉豆蔻乾皮。薑在整本書的眾多食譜中，是最常使用的香料。

在一份 2012 年的研究中，薑在中世紀後期的食譜中，出現的頻率佔了 35%，讓它成為繼番紅花之後，第二大最常使用的香料。[48] 南薑也滿受歡迎的，出現在 95 道食譜中（6.9%），小荳蔻只出現在一則食譜中，薑黃則是掛零，暗示後兩者在 15 世紀前的英格蘭並不常見。在《烹飪的形式》的約 200 道菜中，大概有 44 道用了薑，例如高湯燉肉（Bruet ／ Brewet）和甜葡萄酒堅果燉野禽（Mawmenee）——這兩道都是知名中世紀燉肉料理，和以下範例：

熱吐司

把葡萄酒和蜂蜜混合均勻後，過濾。把薑粉、胡椒和鹽加入液體中，一起慢慢熬煮。麵包片烤過後，淋上煮好的蜜汁，再切一點薑撒在上頭，即完成。

糖漬西洋梨

西洋梨削皮後，放入裝了好紅酒和桑椹的鍋中熬煮。西洋梨煮軟後撈起，把 Vernage 義大利甜酒、白糖粉、薑粉和鍋裡剩下的紅酒一起煮成糖漿，淋在西洋梨上，即完成。[49]

薑也出現在綜合香料中，如「白粉末」（Blanch powder）：白糖、薑（可能還有肉桂）；「強味粉」（Powder fort）：胡椒、丁香和薑；「甜味粉」（Powder douce）：南薑粉或混合多種芬芳的香料，如薑、肉桂、肉豆蔻和糖；不同廚師可能會有自己的配方。

約公元 1400 年出版的《坎特伯里故事集》前言中，出現了南薑（Galyngale）：

A cook they hadde with hem for the nones
To boille the chiknes with the marybones

And poudre-marchant tart and **galyngale**

Wel koude he knowe a draughte of London ale. [50]

　　愛麗絲・德・布萊恩夫人（Dame Alice de Bryene）一家在公元 1418 ～ 1419 年用了 2½ 磅的薑，不過是因為她承辦了多人宴會。[51] 希波克拉斯甜酒是一種用濾袋過濾後的香料葡萄酒，在當時很受歡迎。底下是約翰・羅素（公圓 1460 ～ 1470）在《培育之書》中，以詩的形式寫成的一篇食譜（用了薑和天堂椒〔以粗體表示〕）：

Good son, to make ypocras, hit were gret lernynge,

and for to take the spice therto aftur the proporcionynge,

Gynger, Synamome / Graynis, Sugur / Turnesole, that is good colourynge;

For commyn peple / **Gynger,** Canelle / longe pepur / hony aftur claryfiynge ...

Se that youre **gynger** be welle y-pared / or hit to powder ye bete,

and that hit be hard / with-owt worme / bytynge, & good hete ;

For good gynger colombyne / is best to drynke and ete;

Gynger valadyne & maydelyn ar not so holsom in mete ...

Graynes of paradise, hoote & moyst they be:

Sugre of.iij.cute /white / hoot & moyst in his propurte;

Sugre Candy is best of alle, as y telle the,

and red wyne is whote & drye to tast, fele, & see.

Graynes / **gynger**, longe pepur, & sugre / hoot & moyst in worchynge;

Synamome / Canelle / red wyne / hoot & drye in theire doynge;

Turnesole is good & holsom for red wyne colowrynge:

alle these ingredyentes, they ar for ypocras makynge. [52]

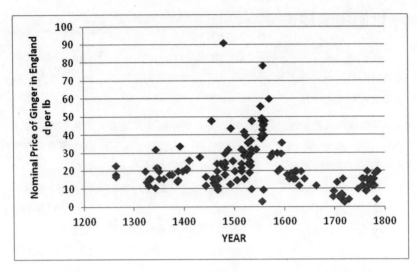

公元 1264 ～ 1786 年，薑在英格蘭的價格。非常低的價格（低於 10 便士）主要是批發價。請注意價格在 16 世紀的高峰後，快速下跌，這與越來越容易取得，以及葡萄牙壟斷的衰落有關。（資料來源：索羅德・羅傑斯〔J. E. Thorold Rogers〕，1866 ～ 1902）[56]

　　貴族大戶人家所購買的香料量是很驚人的。公元 1452 ～ 1453 年，白金漢公爵（Duke of Buckingham）買了 316 磅胡椒和 194 磅薑。[53] 為了 1483 年理查三世（Richard III）的加冕禮，花了 2 鎊 16 先令，買了 26 磅薑。[54] 還買了 4 磅的南薑，花了 13 先令 4 便士，比薑的價格貴很多。事實上，薑的價格與品質有關，有可能和胡椒同價，也有可能貴三倍。[55]

　　一般來說，薑在英格蘭的名義價格（Nominal price）從 13 ～ 16 世紀晚期，似乎都是上漲的，之後價格就下滑，然後一直處於低點，直到 18 世紀又再度飆升。低價的年代對應到英國東印度公司的繁忙活動（這部分之後會詳談），和來自西印度群島（West Indies）的新貨源。

中世紀後的使用

斯特凡‧哈利科夫斯基‧史密斯（Stefan Halikowski Smith）提到文藝復興時期是烹飪香料的黃金時期，而中世紀晚期的烹飪中，最令人吃驚的部分是「香到無法控制，而且味道非常重」。[57]

薑和其他異國香料時常出現在公元 1510 年荷蘭料理書《烹飪名著》（*Een notabel boecxken van cokeryen*），這是第一本以荷蘭語印刷的食譜書。[58] 薑被用於各式各樣的料理，從為一大清早吃的鬆餅增添風味，到為香腸增添辛香。例如，休‧普拉特閣下（Sir Hugh Plat）在他公元 1603 年的食譜中描述：「取豬排，和一把紅鼠尾草（Red sage）一起切成細末，加入薑和胡椒調味與增添辣度，然後把肉餡塞進品質優良的羊腸裡，接著用鹽水浸泡 3 晚，之後再取出煮熟，並掛在底下的火會經常燃燒的煙囪裡。」[59] 薑糖也是都鐸時期（Tudor）人們的最愛。[60]

薑在印度料理中，一直都是重要的食材。在公元 1596 年，林斯豪頓提到「根是薑，很鮮嫩，印度人很常吃，做成沙拉，也泡在醋裡（他們稱為泡菜〔Achar〕）……同樣地，許多薑也會放進（來自孟加拉地區的）糖裡保存。」[61]

薑被廣泛出口到紅海、荷姆茲（Hormuz）、阿拉伯和波斯，但由於強加在印度船以外的關稅，所以進口到葡萄牙的量不多。這是葡萄牙前期壟斷情況衰退的時期。

根據林斯豪頓的描述，主要生長在馬拉巴的小荳蔻，當時在印度也很受歡迎：「他們把小荳蔻放入鍋子，它可以讓肉像加了印度其他香料的效果一樣，帶出好滋味、好味道。」

它的藥用價值也很高：「它在消除口臭，和治療腦袋精神狀態不佳的效果非常好。」林斯豪頓也提到南薑的起源，聞起來甜甜的小良薑來自中國，而較不吸引人的大良薑則來自爪哇。在印度，它是種在院子裡，用為「沙拉和其他藥物，助產士特別常使用。」

薑黃是英國東印度公司從孟加拉地區出口的商品之一，雖然相對來說量

並不多——公司在公元 1657 年的需求量只有 5 或 10 英噸，到了公元 1659 年，增加到 30 英噸。[62] 在公元 1680 年初期，有好幾年的船運量增加到 250 英噸，但它被公司管理階層認為是「乏味的商品」，於是又再度下降到少量的水平。薑黃這麼晚才出現在歐洲，真的很奇怪，相比其他非常相關的薑科植物，早已在過去 2,000 年被廣為使用。

西班牙是第一個使用薑黃的歐洲國家，由阿拉伯人引入。英格蘭人到了 17 世紀一定早已知道薑黃。薑黃出現在漢娜‧格拉斯公元 1747 年的經典食譜書，是印度醃菜（乳酸水醃紫高麗菜）中的一項食材。[63] 印度醃菜在 18 世紀的某個時候演變成酸辣泡菜（Piccalilli）——薑黃一直是關鍵食材。在漢娜‧格拉斯公元 1767 年的版本中，稱它為 "Paco-lilla"，而用來醃菜的原料包括根薑（Root ginger）、鹽、長胡椒、大蒜、芥末籽、薑黃和白酒醋，然後放入各種不同的蔬菜和水果醃漬。

薑餅麵包在中世紀時出現於歐洲，整個 18 世紀，在不列顛到處可見。即使在 13 世紀，也相當知名，是適合送給權貴的禮物——在公元 1284 ～ 1285 年，價格從每磅 9 便士到 2 先令不等。[64] 莎賓娜‧韋爾瑟（Sabina Welserin）在她 1553 年出版的食譜書中，寫了一個「紐倫堡薑餅麵包」的食譜。約翰‧穆勒（John Murrel）在 1617 年，提供另一個更簡單的紅薑餅麵包（Red gingerbread／leach lumbar）食譜：

> 把兩條放久變乾的 "Manchet"（中世紀的酵母麵包）磨成粉，直火或用烤箱烘乾麵包粉，用篩子過濾後，把肉桂、薑、糖、甘草、洋茴香籽加進來；把食材拌勻，同時把一品脫的紅酒煮滾，接著把混合好的乾粉倒入液體中拌勻，麵糊要和「哈斯提布丁」（Hastie-pudding）一樣濃稠。倒出來放涼。成形時再加進肉桂、薑、甘草和洋茴香籽，接著擀薄，用模具壓，再放入預熱好的烤箱烤乾（烤熟）。[65]

薑餅（Gingerbread biscuits）通常會做成薑餅人的樣子，這個傳統至少可追溯到 16 世紀。薑餅即使在莎士比亞的年代，也很受歡迎，在《愛的徒勞》

（*Love's Labours Lost*）裡，考斯塔德（Costard）哀嘆：「我身上只剩下 1 便士，你不應該拿來買薑餅。」[66] 薩拉·葛蘭德斯－皮斯（Zara Groundes-Peace）觀察到，當時無論是貴族或平民都很喜歡薑餅，它是宮廷、一般慶祝場合和主人送給工人的常見禮物。[67] 薑餅可以現烤現吃，也可以存放一年。烘焙用的模具有各種造型，有的還很精美。幾個世紀以來，薑餅的使用已經被發揮到淋漓盡致：

大約在公元 1400 年，巴黎商人雅各·杜什（Jacques Duche）建造了一個可以走進去的薑餅屋。這個主題最近（公元 2019 年）在舊金山的費蒙特飯店（Fairmont）有復刻版：主廚烤了 8,000 塊薑餅磚，用了 3,500 磅糖霜，以及幾乎 1 英噸的糖果，來打造專屬限定版的薑餅屋。[68] 同樣地，世界上最大的薑餅海盜船過去曾多年在聖誕假期時，於阿美利亞島（Amelia Island）的麗池卡登飯店大廳展示，另外還有許多其他的創意持續競爭中，試著要超越彼此。

低地國家（The Low Countries）* 有一種季節性點心「香料薑餅」（Speculaas）與薑餅有關。它在 12 月初（12 月 5 日或 6 日）慶祝聖尼古拉節時，會被大量食用。這是一種充滿香料味的薄餅，通常會加薑、肉桂、胡椒、小荳蔻、肉豆蔻、丁香和紅糖，而且傳統上會使用弗里斯蘭麵粉（Frisian flour），只是現在已經有許多變化版本。這種餅的初始年代可能是 17 世紀，當時這些香料透過荷蘭東印度公司（Dutch East India Company ／ VOC），而變得普及。

薑在 16 世紀被傳入美洲和西印度群島，在公元 1547 年時，牙買加出口了超過 2 百萬磅的薑到歐洲。牙買加從那時候開始，就是一個很重要的生產者和出口者。[69] 薑黃在公元 1783 年傳入牙買加。伊斯帕尼奧拉島（Hispaniola）在 16 世紀時也成為重要的生產者，在公元 1576 ～ 1594 年，共運了 2.2 萬公擔（Quintales；1 公擔＝約 46 公斤）的薑到塞維亞（Seville）。[70] 西印度群島產的薑比印度產的便宜許多；公元 1592 年時，產自聖多明尼各島（Santa

---

* 譯註：狹義上指「荷比盧」。

Domingo）的薑，比產自科澤科德（Calicut）的便宜 5 倍。[71]

薑茶是現代人的最愛（使用 ½ 盎司薑粉或新鮮切片的薑，兌上 1 品脫的沸水，再視情況加一點點蜂蜜增加甜味），類似的茶飲歷史悠久，是治療胃不舒服、噁心反胃和感冒的方法。它在阿育吠陀醫學和其他地方的傳統藥材上被廣泛使用。

今日全球生產最多薑的國家是印度，接著是中國與奈及利亞。其他重要的生產國有尼泊爾、印尼和泰國。不過，最大的出口國是中國。

市面上販售的薑，有新鮮的嫩薑、老薑、乾薑和薑粉，或醃薑。蜜漬糖薑（Stem ginger）是把新鮮的根狀莖去皮後煮熟，再放入糖漿中保存。薑是印度咖哩與其他食物中的關鍵食材，並廣泛使用於亞洲料理中。薑在西方國家也很受歡迎，現在全球最大的進口國是美國。薑用於酒精性與非酒精性飲料的歷史也很悠久，如薑酒（Ginger wine）、薑汁啤酒、薑汁艾爾等，也很常放入蛋糕、布丁、餅乾和酥餅糕點中。

薑黃的使用範圍廣泛，包括咖哩粉（通常是主要原料）、雞湯、香腸、肉汁、調味料、醃菜（泡菜）和酸甜醃菜、湯、飲料和糕餅糖果。今日薑黃是最潮的香料之一：許多健身愛好者常去的時髦咖啡店，都有薑黃拿鐵。不過，薑黃也有可能會對健康造成負面影響：因為薑黃的鮮黃色實在太吸引人了，所以在孟加拉、美國和或許其他地方，都增添一種工業顏料色素──鉻酸鉛（Lead chromate）來造假，以強化和維持鮮豔顏色。[72]

最大規模種植薑黃的地方是印度，然後是孟加拉、中國、泰國、柬埔寨、馬來西亞、印尼和菲律賓。印度是最大的生產國、消費國和出口國。

薑科的香料種籽：小荳蔻與天堂椒

小荳蔻

　　小荳蔻在公元前初期幾世紀時，是用來製成藥物。在公元前 5 世紀的阿育吠陀（一種印度的醫學系統）文本中，指出小荳蔻可治療泌尿系統問題、消除體脂肪，和治療痔瘡與黃疸。[73] 其中之一的文本是印度梵語的《遮羅迦集》（*Charaka Samhita*；寫於公元前 2 世紀～公元 2 世紀），在這本書中，提到小荳蔻是某些藥物的原料。[74]

　　小荳蔻在公元前的最後幾世紀傳入羅馬和希臘，但就像我們之前提到的，羅馬人並不知道它的來源。阿彼修斯也很少提到它。它在《亞力山卓關稅》中被列為「豆蔻屬植物」，而且可能只少量進口，也許比較常用於製造香水，而非烹飪。[75] 目前只有一筆印度的考古學紀錄曾出現小荳蔻——在早期歷史地點帕蒂納姆（穆齊里斯）挖掘到的結果。

　　尊者比德曾遺贈其弟兄許多種香料，小荳蔻（或天堂椒）名列其一。[76] 中世紀（中世紀）的香料商會使用小荳蔻和其他香料來調味飲品，特別是在十字軍東征後，當時出現了比較多種香料。然而，和其他香料相比，小荳蔻出現在中世紀歐洲料理的機率還是很低，也不常出現在該年代的食譜中。

　　今日，瓜地馬拉是最大的小荳蔻商業生產國。小荳蔻在印度料理中是常見食材——綠荳蔻會用於傳統印度甜點和印度香料奶茶（Masala chai），黑荳蔻有時會摻入做咖哩的葛拉姆瑪薩拉，以及加進印度香飯和其他料理。小荳蔻很常見於中東的甜點與鹹食，也會加入飲料中增添風味，尤其是茶和咖啡。小荳蔻咖啡 "Ghawa" 是阿拉伯文化中的傳統飲料，也是好客款待的象徵。它還可用來醃漬蔬菜、製成德國酸菜，或放到蔬菜湯裡。另外，烘焙品中也很常加小荳蔻，例如丹麥酥皮點心、薑餅和咖啡蛋糕。

小荳蔻咖啡

原料

未烘過的阿拉比卡咖啡豆（購買烘過的，或咖啡粉亦可），4 小尖匙的咖啡粉就足夠做 2 杯

小荳蔻種籽 1 大匙，磨碎

糖適量

丁香粉

水

做法

依個人口味烘咖啡豆（165～210°C，使用烘過的咖啡豆，或咖啡粉亦可）。把咖啡豆磨成粉。

把小荳蔻種籽從種莢中取出，並磨成細粉。

用傳統阿拉伯咖啡壺 "Dallah"（或小醬汁鍋）把水煮滾。咖啡壺／鍋子離火，並把火力調整為小／中火。

把咖啡粉放入滾水中，再把咖啡壺／鍋子放回爐火上，讓咖啡煮 10 分鐘左右（勿再次煮沸）。

將咖啡壺／鍋子離火，讓咖啡靜置，接著放入小荳蔻粉（也可隨喜好，放入丁香粉）。

把咖啡壺／鍋子再放到爐火上，直到快要煮沸時。

咖啡壺／鍋子離火，靜置幾分鐘（粉類會沉澱在咖啡壺／鍋子底部）。

直接倒進杯子端上桌，或過濾倒出再端上桌。

隨咖啡送上椰棗或甜酥餅。小荳蔻可去除咖啡的苦味，成為一杯口感滑順、喝了很舒服，而且又有迷人香氣的飲料。

（生物）關係上很緊密的黑荳蔻，具有類似的形狀，但種莢較大。因為傳統上會用柴火來乾燥黑荳蔻的種莢，所以其天然的香氣常常會被煙燻味蓋過。黑荳蔻主要用於南亞的鹹食料理，可增添風味，另外也用於傳統藥方中。

天堂椒

　　這種香料在中世紀（中世紀）和早期現代很受歡迎，但目前已失寵許久。香料是從西非用駱駝隊，穿過薩哈拉沙漠運送到歐洲，接著再運到義大利（有時也會用船運）。它的價格昂貴，根據理察三世在公元 1483 年加冕禮的花費紀錄，得知天堂椒每磅要 1 先令 6 便士，比黑胡椒還貴。

　　事實上，天堂椒的價格在英格蘭的似乎變化很大──在 13 世紀是便宜的，每磅只要 3 或 4 便士（基於有限資料），但到了 14、15 世紀就變貴。[77] 在 15 世紀比較後期時，葡萄牙的貿易商開始開發西非沿岸的香料。使得貨源突然變得充足，造成里斯本的黑胡椒價格大跌，在 15 世紀後期，天堂椒的價格也因此下跌。[78]

　　有關天堂椒的考古植物學證據很稀少，朱利安·維特霍德（Julian Wiethold）說在 14 ～ 16 世紀德國基爾（Kiel）與德國北部其他地方的（營房、營地）廁所，找到了天堂椒（*Aframomum m.*）。[79] 根據維特霍德較早之前的著作，葛利格（Greig）重新評估了 15 世紀溫徹斯特（營房、營地）廁所採集來的樣本，認定它是「天堂椒」，另外在湯頓（Taunton）找到的 16 世紀物質，也被認為是天堂椒。[80] 葛利格提到天堂椒從 13 世紀就已經記載於歷史中，但似乎在 17 世紀時，就已經沒有使用的紀錄。

　　這種植物在傳入南美洲後，就種植在蘇利南與蓋亞那。[81] 在 19 世紀，人們會把它摻進飲料裡，給人一種有力量的意象，現在則是當成某些琴酒裡的藥草，也會當成香料和調味品使用。它也是非洲當地民間醫學的藥物，可治療許多種不適症狀。

　　中古世紀大量使用薑科香料的現象非常值得關注，因為它是在西羅馬帝

國滅亡後發生的。這表示雖然羅馬遭逢毀滅性的災害，東西方的交易並未停止，但實質上一定發生了變化……。

舌尖上的香料史

06

The Age of Discovery, Part 1:
Nutmeg, Mace,
Cloves and Cinnamon

地理大發現（首部曲）：
肉豆蔻、肉豆蔻乾皮、
丁香和肉桂

丁香，《鳥類與各種自然物種》
（*Birds and all Nature*，暫譯，芝加哥，1899）
資料來源：生物多樣性歷史文獻圖書館

肉豆蔻與肉豆蔻乾皮

肉豆蔻（*Myristica fragrans*）是一種常綠樹木的果實，原生於遙遠的印尼馬魯古省（或稱「摩鹿加省」）班達群島（Banda Islands）。肉豆蔻呈卵形，大約 2～3 公分長；肉豆蔻乾皮是假種皮，是覆蓋住肉豆蔻的鮮紅色肉質外層，本身也可以做為一種香料（見圖 18，P.331）。摩鹿加群島常被稱為香料群島，而班達群島則由 10 個小火山島組成，位於本身也非常偏遠的希蘭島（Seram）南方約 140 公里處。

把肉豆蔻當成食物使用的最早期紀錄，來自艾島（Pulau Ai；班達群島中的其中一個小島）的一個考古遺址，在該處的陶器碎片遺跡上發現了肉豆蔻的殘留物，且年代被認為有 3,500 年左右。[1] 肉豆蔻樹大概可長到 19.8 公尺（65 呎）高，果實外觀像杏桃，尺寸也很相似。

肉豆蔻具有非常濃郁的香氣，嚐起來有淡淡的甜味，整顆果實可以磨成粉末來當做一種香料，為多種料理，如烘焙品、布丁、糕餅糖果、熱紅酒、馬鈴薯、肉類、蔬菜和醬汁，增添風味。在印尼料理中，肉豆蔻會加進「索多」（Soto）、羊肉湯（Sop kambing）和印尼肉丸湯（Bakso）等辣湯中，也會加進佐搭肉類的肉汁裡，以及放進炸香蕉等熱門甜點裡。

一直到 18 世紀晚期前，班達群島都是唯一一個可以取得肉豆蔻的地方，但因為有阿拉伯商人，所以肉豆蔻早在這個時期前，就已經出現在歐洲和中東，而且阿拉伯商人也小心翼翼守護著肉豆蔻的源頭。

肉豆蔻到了 6 世紀便家喻戶曉。香料在黑暗時代（Dark Ages）變得很昂貴，甚至在香料取得容易許多的 14 世紀也是如此。一張 1393 年德國的價目表列出 1 磅的肉豆蔻與 7 隻肥牛等值。[2]

在中世紀的英格蘭，儘管根據同時期食譜的出現頻率，肉豆蔻乾皮算是滿受歡迎的香料，但肉豆蔻因為很罕見，所以更昂貴。肉豆蔻乾皮的遺跡在 15 世紀蘇格蘭佩斯利修道院（Paisley Abbey）的下水道被發現；在蘇格蘭蘇特拉（Soutra）一個中世紀的醫院遺址，發現一小片肉豆蔻，另外根據 15 世

紀晚期／16 世紀初期、在斯洛伐克布拉提斯拉瓦（Bratislava）的遺跡，和捷克貝龍（Beroun）14 世紀初期的遺跡中，也都發現肉豆蔻。[3]

在 16 ～ 18 世紀，葡萄牙、荷蘭與英國之間為了爭奪利潤非常豐厚的遠東香料貿易控制權，發生多場戰爭（這部分之後會詳述）。

肉豆蔻樹直到 1773 年才抵達新世界。[4] 從 18 世紀初開始，法國人就想要移植香料植物到他們自己的領土，而在 1750 年，為了帶 25 棵肉豆蔻樹到印度南部的港口城市——朋迪榭里（Pondicherry；昔日為法國的殖民地），他們付了 2 萬塊銀。在 1750 年代的一次失敗嘗試後，博物學家皮耶・波夫瓦（Pierre Poivre）成功在 1770 年和 1772 年，把許多棵肉豆蔻樹帶到模里西斯。樣本在 1773 年送達法屬圭亞那（French Guiana）的卡宴島（Isle de Cayenne）。美國大約在 18 世紀末才加入香料貿易，並從大西洋的港口派船出去，用美國的產品交易回香料（尤其是胡椒）、茶和咖啡。

肉豆蔻不僅僅是一種香料——因為具有名為「肉豆蔻醚」（Myristicin）的精神活性物質（Psychoactive substance），所以它也具有引起幻覺的特性。艾伯特・霍夫曼（Albert Hoffman；是意料之中的事，因為他是發現迷幻藥 LSD 的人）和麥爾坎 X（Malcolm X）都曾使用過它，然而其輕微的亢奮效果會伴隨著反胃噁心、頭痛、幻覺、疑神疑鬼，以及其他令人不適的副作用，所以請適度使用！

丁香

丁香是常綠樹木「丁（子）香」（*Syzygium aromaticum*）的花苞，原產地同樣是摩鹿加群島。樹木可生長到 12 公尺高，具有大型、結構簡單的批針狀葉子，和成熟可採收時會變成緋紅色的花穗（見圖 16，P.330）。採收後，帶有香氣的花朵會經日曬乾燥，而變成咖啡色，反而像是生鏽壞掉的舊釘子（見圖 18，P.331）。

丁香最早的使用紀錄也許遠至公元前 18 世紀（根據古敘利亞公元前

1721 年一份未經證實的報告），但它們絕對是公元 1 世紀印度交易到羅馬的物品之一（普林尼稱之為 "Caryophyllon"），而且確實在摩鹿加群島自然生長數千年之久。[5] 不過最早的確切考古學證據，是在斯里蘭卡發現的一顆丁香，年代約為 900 ～ 1100 年。[6]

《荳蔻的故事——香料如何改變世界歷史》（*Nathaniel's Nutmeg*）具體闡述了丁香的價值：大衛·米德爾頓（David Middleton）是一艘小船「承諾號」（Consent）的船長，這艘船是東印度公司於 1607 年第三次遠征到香料群島的一員，當時它剛好遇到一艘滿載丁香要特賣的戎克船（Junk）經過。船長用 3,000 英鎊買下整批貨品，最後在倫敦賣了 36,000 英鎊。[7] 世界上最老的活丁香樹名為「阿福」（Afo），它位於德那第（Ternate）的摩鹿加群島，據稱有 350 ～ 400 歲。我們的朋友、園藝學家皮耶·波夫瓦，在 1770 年把肉豆蔻帶到模里西斯，據說在運送肉豆蔻時，也運送了偷來的阿福丁香幼苗。

今日，丁香主要生長於印尼、馬達加斯加、桑吉巴（Zanzibar）、斯里蘭卡和巴西。在印尼，丁香（Cengkeh）會用來幫受歡迎的丁香煙（Kretek）調味，這種煙的味道無所不在，而且不會讓人感到不快。除了原本加進鹹甜食當香料的用途外，它也被用於香水、化妝品、牙膏和藥物，包括一種治療牙痛的鎮痛劑。它也是伍斯特醬的關鍵食材！

肉桂

肉桂（見圖 18，P.331）是肉桂（*Cinnamomum*）樹的內樹皮，肉桂樹和月桂樹同科，通常生長在熱帶或亞熱帶氣候，它是調味品也是香料，加入鹹食與甜食皆可，也可以摻進某些飲料中增添風味。有機化合物「肉桂醛」（Cinnamaldehyde）讓肉桂嚐起來甜甜的，且有怡人的香氣，因此受到大眾喜愛。中國肉桂（*Cinnamomum cassia*）是一種比真肉桂（*Cinnamomum verum*）便宜且更常見的品種，較不細緻，樹皮也比較厚。英國和美國超市裡賣的大多都是中國肉桂。約翰·羅素在其著作《培育之書》（約 1460 ～ 1470 年）中曾比較兩者的不同：「看看你的肉桂，輕薄易碎且顏色均勻，放

進嘴巴，清新且辣中帶甜／這是品質最好的真肉桂，如果是中國肉桂，就不會那麼細緻。」[8]

真肉桂原產於印度、斯里蘭卡、孟加拉和緬甸。今日，肉桂的主要生產國為印尼、中國、越南和斯里蘭卡。

在以色列一處考古遺跡中的 27 個腓尼基長頸瓶裡，有 10 個偵測到肉桂醛，長頸瓶的年代為公元前 11 ～前 9 世紀。[9]因為當時肉桂只生長於南亞和東南亞，所以可推測黎凡特與亞洲之間的交易，大約 3,000 年前就已經存在了。

古希臘人也肯定進口過肉桂，它是希波克拉底（公元前 460 ～前 377 年）在其專著中所提及的藥用植物之一。

希羅多德在公元前 5 世紀曾敘述中國肉桂在古埃及的用途：古埃及人進行防腐處理時，會在腹腔裡塞滿中國肉桂、沒藥以及「各種其他種類的香料」。希羅多德也提到阿拉伯是唯一一個生產肉桂與中國肉桂的國家。他更進一步描述肉桂的取得方法（但不太可能是真實的）：

> 他們說，好鳥兒會帶著我們希臘人稱為「肉桂」的樹枝（稱呼是從腓尼基人那邊學來的），然後衝著它們，飛到高空去築巢。鳥巢被一種泥土固定在垂直的峭壁，因為人類沒辦法爬上去，所以阿拉伯人為了得到肉桂，會用以下的詭計。他們把死在土地上的牛、驢和役畜切成大塊，然後帶到上述區域，放在鳥巢附近：接著他們就撤到遠處，而老鳥會往下俯衝，捉取肉塊，然後往上飛到鳥巢；但鳥巢因無法承受肉塊的重量而崩解，掉到地上。於是，阿拉伯人便可回到那裡，收集掉落的肉桂，之後再運送到其他國家。[10]

泰奧弗拉斯托斯也區分了肉桂與中國肉桂，證明此兩者在 4 世紀前，就早已為西方所熟知，而且有其重要性。阿彼修斯把馬拉巴肉桂（*C. temala*）的葉子放進羅盤草醬汁，以及水煮龍蝦及貝類料理中。肉桂和中國肉桂皆包含在 50 ～ 70 年的《藥物論》中。[11]

埃及人用中國肉桂來防腐的做法可能沿襲自中國，寫於公元前 4 世紀的《楚辭》中有一則使用紀錄。[12] 它也包含在神農氏以及其他人較早期的中國草藥典籍中。

　　數百年來，阿拉伯商人一直壟斷東方香料的交易，他們的做法是提供錯誤資訊，並謊稱中國肉桂和肉桂來自非洲，而不是遠東，好讓進口者打消與真正來源直接接觸的念頭。

　　普林尼提到最遠可追溯回公元 1 世紀，像是希羅多德等人的想像故事都是捏造的，為的是讓價格維持在高位，只是錯誤資訊仍一直存在著，連普林尼也弄錯了——他以為肉桂長在衣索比亞。肉桂的價格為每磅 [12] 第納里烏斯。[13] 到了公元 2 世紀，從遠東到歐洲的香料路線已經建立，有商隊定期載著滿滿的薑、中國肉桂與肉桂從中國洛陽出發。[14] 羅馬帝國衰亡後，香料變得更貴、更稀少。只有修道院和一些商人才能取得少量的遠東香料。[15]

　　伊本・胡爾達茲比赫（Ibn Khordadbeh；一名公元 9 世紀的波斯地理學家及官員）在其著作《邦國的道路》（*Book of Roads and Kingdoms*，暫譯）中描述拉特那猶太商人（Radhanite Jewish merchants）從西歐到埃及，接著再穿越阿拉伯到印度與中國的旅程。他們帶著許多東方的產品回到君士坦丁堡，其中包括肉桂：

> 他們從西方運送閹人、女性奴隸、男孩、絲綢、海狸皮、貂皮、其他皮草，以及寶劍。（從法國）搭船，度過西邊的海域，航向「法拉瑪」（Farama；埃及尼羅河三角洲上的「佩魯希姆」〔Pelusium〕）。在那裡，他們把東西移到駱駝上，然後走陸路到「科爾祖姆」（Al-Kolzum；即「蘇伊士港」），在 5 天內移動了 25「帕勒桑」（Parasang）。*他們在東海（紅海）登船，從「科爾祖姆」航向「賈爾」（Al-Jar）和「吉達」（Al-Jeddah），接著前往信德（Sind）、印度和中國。

＊ 譯註：古波斯的距離單位。

從中國回程時，他們帶回了麝香、蘆薈、樟、肉桂和其他產自東方國家的物品，回到「科爾祖姆」，隨後再帶回「法拉瑪」，在那裡再度於西邊的海域登船。有些船航向君士坦丁堡，把他們的商品賣給羅馬人；有些則是把商品帶到法蘭克國王的宮殿……[16]

公元 12 世紀的後半，香料貿易迅速發展（由十字軍東征復興），接著在 1245 年，羅伯特・德・蒙彼利埃（Robert de Montpelier）在倫敦開了第一間藥局，販售藥、香料及糕餅糖果。在 1250 年，有人向約翰・阿德里安（John Adrian）購買椰棗、薑餅麵包、肉桂和其他香料，共付了超過 54 英鎊——這在當時是一大筆錢。[17] 愛麗絲・德・布勞內（Alice de Bryene）在 1418 年買了 2 磅肉桂，但她是要幫一大家子的人辦外燴——當時價格為每磅 19 便士，但從 15 世紀中期開始，價格有越來越高的趨勢。[18] 肉桂（或拉丁文中的 Cannel）頻繁出現在《烹飪的形式》（1390）的甜鹹食裡，以及香料葡萄酒「希波克拉斯」中。它在中世紀以及早期現代的歐洲食譜中，變得越來越有人氣。

斯里蘭卡一直以來都被認為能產出品質最好的肉桂。林斯豪頓在 1596 年評論：

> 錫蘭是生產最多、最佳肉桂的地方，在那裡有一整個樹林（的肉桂樹）：在馬拉巴海岸也長有一些類似的肉桂樹，但品質不及前者的一半，數量也較少。錫蘭島產的肉桂是最棒、品質最好的，而且價格「至少」是 3 倍。[19]

肉桂在 1762 年以前，就到達瓜地洛普島（Island of Guadeloupe），隨後傳到其他加勒比海島嶼。到了 1800 年，肉桂不再是那麼昂貴和稀少的商品，因為其他地方已經開始有人種植。

肉桂吐司和肉桂捲是歐美國家常見的甜食點心。肉桂也許是今日最常用的烘焙香料。

肉桂在歷史上，用於許多種不同的藥方：迪奧斯科里德斯寫了肉桂（樹皮）放進熱蘭姆酒，可以治感冒，另外，肉桂或中國肉桂也可以用來治療其他許多不適，中國人則用它來消解腸胃脹氣。中世紀和早期現代醫生也會把肉桂當做預防瘟疫的數種香料之一。今日某些人認為它有降血壓、緩解腸胃問題、幫助控制糖尿病以及多種其他疾病的功效，但這些都未經證實。

馬拉巴肉桂

馬拉巴肉桂是有香氣的馬拉巴肉桂樹（*Cinnamomum malabathrum*）或柴桂樹（*Cinnamomum tamala*）的葉子，生長在喜馬拉雅山東側和印度的西高止山脈（Western Ghats）。馬拉巴肉桂深受古羅馬人歡迎，他們會把肉桂做成香氛油、放入有香味的藥膏或當成調味品。普林尼說它：

> 敘利亞也生產馬拉巴肉桂，這種樹的葉子是合攏的，乾燥時就是葉子的顏色。這種樹提煉出來的油可用來做有香味的藥膏。埃及的產量較多，但產自印度的最深受好評，在那裡肉桂樹和扁豆一樣長在沼澤地。馬拉巴肉桂的氣味比番紅花濃，有著黑色粗糙的外表，嚐起來微鹹。大家最不喜歡的就是白色，而且放久的話，很快就會發霉。在舌下的味道，應該要很類似於甘松。放在葡萄酒中加熱到微溫時，其芳香無其他香料可及。這種香料的價差驚人地大，從每磅 1 第納里烏斯到 400 第納里烏斯都有；至於葉子，通常是每磅 60 第納里烏斯。[20]

❦❦❦

公元 15 ～ 17 世紀，西方歐洲國家跨越了一段地理大發現時期，同時也是歐洲文化上的文藝復興時期。航海上的大發現從一個缺乏自然資源，但有著重要大西洋海岸線的小國開始：葡萄牙。

葡萄牙為歐洲香料貿易揭開序幕

公元 14 世紀時，葡萄牙的未來必然將與海洋有關。丹尼斯國王（King Denis）以及他的兒子阿方索四世（Afonso IV）開始培養可以快速發展，並領導葡萄牙成為主要海上強權的葡萄牙海軍以及商用船隊。不過葡萄牙因其位置位於歐洲的極西邊，所以國家要進一步發展的選擇有限。

它已經和西北歐國家，如英格蘭、諾曼第和弗蘭德等建立貿易關係，出口像是葡萄酒、橄欖油、鹽、無花果、葡萄乾、蜂蜜和獸皮等產品。在地中海地區的貿易很困難，因為那些國家與葡萄牙都生產同樣的東西，或者是貿易被威尼斯、熱那亞（Genoa）和鄂圖曼帝國的人掌控。此外，公元 15 世紀中期君士坦丁堡被鄂圖曼帝國攻陷，造成亞洲和歐洲間的貿易量減少。葡萄牙唯一的選擇是向西邊的大西洋看……或往南望向非洲。

早在 1415 年，葡萄牙就已經拿下北非海岸的休達（Ceuta）。在 1420 年時，攻佔大西洋上的馬德拉群島（Madeira），接著在 1427 年取下亞速爾群島（Azores）。甘蔗在公元 15 世紀中期，成為馬德拉群島上的主要產業。年輕的恩里克王子（Prince Henrique，後來大家稱他為「航海家恩里克」〔Henry the Navigator〕）贊助這些冒險，人們使用不到 100 英噸、容易操作的二或三桅卡拉維爾輕快帆船（Caravel）出海，而他會收取利潤中的 20%。

「錢」，一如往常是最關鍵的動力，但他也受到宗教以及對發現新事物的狂熱所驅使（只是他從未參加任何一場遠征）。探索的航程全都從拉各斯（Lagos）出發，沿著非洲海岸往更南邊前進，於 1441 年到達白岬／白色海角（Cap Blanc），之後在 1445 年，航海家狄尼什・迪亞士（Dinis Dias）抵達塞內加爾河（Senegal River）的河口。當時的大獎是黃金——以及奴隸，後者可以賣給穆斯林商人。

1487 年 7 月，葡萄牙水手巴托洛梅奧・迪亞士（Bartolomeo Dias，他是狄尼什・迪亞士的後代）從里斯本啟航，試圖找到非洲的最南端，並再繞回來，希望能藉此證明一條到達東方的新貿易路線。他的船隊由兩艘卡拉維爾輕快帆船和一艘補給船組成。[21] 他們在 12 月 8 日到達鯨灣（Walvis Bay，

在今日納米比亞境內）。1 月的猛烈暴風雨逼他們往更南方航行，接著他們就看不到陸地了；幾天之後，他往北轉，在 2 月 3 日到了南非的摩梭灣（Mossel Bay）——大約是好望角（Cape of Good Hope）以東 250 公里。

他繼續往東航行 250 公里到阿果亞灣（Algoa Bay），但因為船員很疲倦又不情願，加上補給品逐漸減少，所以他被迫回頭。最後他們在 1488 年 12 月回到葡萄牙，他們在回程時，第一次看到好望角，迪亞士把它命名為「風暴角」（Cape of Storms），但之後就改成我們今日所用，且較為正向樂觀的名稱了。

迪亞士雖然無法如願到達印度，但也成就不凡——他們找到非洲最南端，並通過了，他們確實找出一條到達東方的潛在路線。這個海域非常危險，在接下來的幾世紀，有好幾百艘船在這邊沉沒，其中許多的適航性都遠勝於葡萄牙的船。但造化弄人，迪亞士後來在 1500 年 5 月，在好望角附近率領一艘困在暴風雨中的船時，葬送了自己的生命。

葡萄牙在迪亞士歷史性的繞行好望角，回到葡萄牙之後的 10 年，終於到達印度。被約翰國王（King João，或譯為「若昂」）選出來領導這次嘗試（後來由約翰的繼位者曼紐一世〔Dom Manuel〕確認）的人，是瓦斯科・達伽馬（Vasco da Gama）。他受到約翰國王的信賴，因為他是一名能幹且足智多謀的水手。達伽馬的路線與迪亞士不同——他要從維斯角（Cape Verde）離開前往中南大西洋（mid- South Atlantic），接著再登陸非洲南部的聖海倫娜灣（St Helena Bay），這是一趟共 93 天的航程。

關於這段航行的內容，我們主要是參考無名氏寫的《路線圖》（*Roteiro*，暫譯）或《日誌》（*Journal*，暫譯）；曼紐國王在吉羅拉莫・塞爾尼吉（Girolamo Sernigi）從印度回來後，立即與他通的信件；約翰・德・巴羅斯（João de Barros）的著作《亞洲旬年》（*Decades*，暫譯）和達米昂・德・戈伊斯（Damiao de Goes）所寫的曼紐國王《編年史》（*Chronicle*，暫譯）。[22] 另外也參考了加斯帕・科雷亞（Gaspar Correa）的記述，他是一名葡萄牙的歷史學家，曾於 1512～1529 年居住在印度，但他的大事紀與其他報告不同。[23]

船隊由 4 艘船組成：主船「聖加百列號」（S. Gabriel）、「聖拉斐爾號」（S. Raphael）——船長為保羅‧達伽馬（Paulo da Gama；是瓦斯科的哥哥）、「貝理歐號」——船長為尼可拉‧科埃略（Nicolau Coelho）和另一艘未命名的補給船，船隊在 1497 年 7 月從里斯本出發，登船的總人數未知，但應該接近巴羅斯所說的 170 人。[24] 他們在維德角的聖地牙哥島（São Thiago）重新補給所需和修繕，並於 8 月 3 日再度啟程。

這段航程很長，但相對平靜，最終在 11 月 4 日看到陸地（舉辦慶祝活動並鳴砲），並在 11 月 7 日於聖海倫娜灣下錨。他們在那裡待了 8 天，收取木材並進行修復。那邊的居民很明顯是科伊桑族（Khoisan），船員一開始與他們友好相處，但達伽馬之後還是在一場小爭執中，被矛刺傷。他們展示肉桂、丁香、珍珠和黃金給一群當地人看，顯然他們之前從未見過這些物品。

船隊在 16 日揚帆離開，接著在 18 日看到好望角，但因為逆風，所以等到 22 日才通過。25 日到達摩梭灣，在那邊待了 13 天。當時補給船壞掉了，於是就地焚毀，並將儲存的物品移到其他的船，接著在次月的 1 日，又再一次（平和地）遇到科伊桑人。次日，出現了大約 200 人吹奏笛子和跳舞，氣氛一片和睦。有人買了一頭牛，隨後大家飽餐一頓，「牠的肉和葡萄牙的牛肉一樣可口」。

12 月 8 日他們再度啟航，並透過巴托洛梅奧‧迪亞士樹立的支柱，沿著濱海地區標示他們的進展；雖然需與風力和洋流抗爭，但他們很快就通過他之前所到達的最遠端。1 月 11 日，因為缺水，他們來到了一條小河「銅之河」（Rio do Cobre），並在海岸邊下錨（此地為今日的莫三比克南部）。因為受到友善接待，他們把這個國家命名為「好人之地」（Terra da Boa Gente／Land of Good People）。在 1 月 25 日，他們到達下一站——位於莫三比克北部的一條寬廣河流（隨後被命名為「好兆頭河」〔Rio dos bons Signaes〕）的河口，那裡的人也很和善：「這些人很喜歡我們。」

有一個據信是來自遙遠國度的年輕男子，很熟悉船隊中這樣的大船——達伽馬認為這是個好兆頭，意味著他們可能已經接近印度洋的貿易路線。他

們在那個地方待了 32 天，重新補給、修補船體，以及聖拉斐爾號在 12 月就破裂的桅杆。許多船員在這裡都感到身體不適，顯然是因為壞血病。在 2 月 24 日，他們啟航往東北方前進，在 3 月 2 日靠近另一片陸地。

領頭的貝理歐號撞到岸邊因而受損，但轉了方向，接著重新回到較深的水域，那裡是莫三比克島（Island of Mozambique）的一個村莊，他們在附近下錨，村子裡的居民是穆斯林，穿著刺繡精美的亞麻或棉質服飾，看起來很友善。他們是商人，與阿拉伯人做過生意。阿拉伯人有四艘船停在港口，滿載著丁香、胡椒、薑、黃金、銀和寶石。阿拉伯人確認這些商品在印度有很多，這讓船員們很開心，因為這表示他們已經越來越接近目標。

當尼可拉‧科埃略初次進入港口時，受到當地首領的熱情招待，並給他一罐青黑色的椰棗與丁香和孜然。不過，當居民發現來訪的人是基督徒，而非他們本來以為的土耳其人時，就密謀把船員們抓起來殺掉。在遭逢背叛、威脅、逆風和小規模衝突後，船隊於 3 月 29 日離開此區，駛向北方。

在 4 月 6 日，聖拉斐爾號擱淺在一片沙洲上，退潮時，船高高待在沙洲上，而且完全沒有水。不過他們很幸運，漲潮時，船得以重新回到海上，大家都因為成功啟程而歡欣鼓舞。7 日時，於蒙巴薩（Mombasa）外下錨，並待了 6 天。他們沒有進入港口，因為懷疑前方有詐。他們已經看到在他們初次現身時，就有一大群武裝人士在午夜搭著獨桅帆船靠近。要逮捕葡萄牙船隻的這個陰謀，在之後被證實了（在拷問兩名被留在船上的莫三比克當地人後），接著他們在 13 號離開蒙巴薩，朝北方前進。

同一天晚上，他們停泊在麻林地市（the town of Malindi）外，此處大約離蒙巴薩 90 海里（Nautical mile）。和當地人的初步交流是順利的，而且國王也送來丁香、孜然、薑、肉豆蔻和胡椒等禮物。

在 18 號，國王的兒子與達伽馬在隨著一起來的一艘船上會晤，兩人相談甚歡。接下來的幾天可以看到樂師在海邊奏樂，沿著港口也有許多慶典；雖然他們受邀上岸，但達伽馬很猶豫，經歷過近來的遭遇，這種反應是可以理解的。他們在港口遇到四艘來自印度的船。最後，有一名古吉拉特的領航

員被派過來，並在痲林地待了 9 天後，他們就啟航穿過印度洋，前往科澤科德（Calicut，古稱「卡里卡特」）。

5 月 18 日，在海上乘風航行 23 天後，他們看到了陸地，隨後在 20 日抵達科澤科德。整批葡萄牙船員中有一些罪犯，他們是為了冒險從事風險特別高的活動才被帶出來的。其中有一位約翰・努涅斯（Joao Nunez）被送到科澤科德的岸上，在那裡，他遇到兩個能說一點西班牙文的突尼西亞人。他們一開始的對話是：「希望惡魔把你帶走！你來這裡做什麼？」然後突尼西亞人被告知，船員們是來找基督徒和香料的。

《日誌》的作者把科澤科德形容成基督徒的居住地，但事實並非如此，而且很有可能是一廂情願和誤解。那裡的人被認為是「態度好且性情溫和」，但現在證明這個評價是草率的。話被帶到國王（或稱「扎莫林」〔Zamorin〕）那裡，於是雙方安排在 28 日舉行一場會議。達伽馬和 13 名船員受到管轄者與許多人的友善對待，接著走陸路和經由河流進入科澤科德內部。

在一大群人的陪伴下，他們抵達皇宮。當他們總算見到扎莫林時，他居然斜躺在長椅上，嘴裡嚼著檳榔！隔天，他們準備呈上禮物：衣服、布料、珊瑚、糖、油和蜂蜜等，但陪同的臣子笑他們的禮物內容有夠寒酸，他們說：「連來自麥加……或印度最窮的商人，給的都比你們多。」達伽馬所接受的淡漠接待和隨後阿拉伯商人輕蔑的不公平對待，而雪上加霜，最後毫無進展。

除了待在那裡的數週，與當地人進行一些丁香、肉桂和寶石的小交易外，雙方並未完成什麼實質的大生意，所以在 8 月達伽馬宣布他們即將離去。扎莫林和阿拉伯商人真的很不友善，甚至可說是充滿敵意，他們在狄亞哥・迪亞士（Diogo Dias）於 8 月 13 日謁見扎莫林後，暫時把他拘留。

達伽馬抓了 18 名過客到船上，扣留他們以等待狄亞哥的歸來。他在 8 月 23 日啟航，並在海上遙遠處下錨，當時狄亞哥仍在岸上。狄亞哥後來在 27 日回到船上。29 日時，達伽馬下定決心要出發，他已經證明香料和寶石的存在，卻也無法再做些什麼。然而，他們卻因無風而無法前進，隔天有 70 艘來自科澤科德的船靠近他們。當這些船進入距離範圍內時，達伽馬下令對

它們開槍。而一場雷雨，把他們帶回海上，並將追趕者拋在腦後。

　　他們往北，沿著與海岸平行的路線前進，並於 9 月 20 日下錨在離果亞大約 40 英里的安吉迪瓦島（Anjediva Islands）。他們取走產自島嶼的中國肉桂，並帶回船上；27 日時，看到遠方有 8 艘船，於是船員對著它們開火，因為他們認為對方帶著敵意而來的。他們在那邊停留到 10 月 5 日，進行一些修繕，並收集更多中國肉桂，而且認定這個國家大部分的人對他們都不懷好意。

　　因為風向不利，所以跨越印度洋的回程花了將近 3 個月（10 月 5 日～隔年 1 月 2 日），許多船員又再度因壞血病而病倒，有 30 名因此死亡。他們在回程時經過麻林地，但更多船員在這裡去世。他們於 11 日離開，經過蒙巴薩附近，並於 13 日下錨，盡可能地把所有物資從聖拉斐爾號上搬走，之後便燒掉、捨棄這艘船，原因是船員的數量減少，導致沒辦法繼續開三艘船前進。2 月 3 日，他們抵達摩梭灣的安格拉聖布拉斯（Angra de São Bráz），在那裡抓了許多鯤魚、海豹和企鵝，並用鹽醃漬，為之後的航程做準備。20 日時，他們通過好望角，只是遭逢冷風摧殘，讓他們迫切想回家。接下來的 27 天都是順風，隨後就靠近維德島了。

　　《日誌》中的詳細記載於 4 月 25 日結束在這附近。

　　達伽馬和科埃略因一場風暴而分離，科埃略繼續向前，於 7 月 10 日抵達里斯本附近的卡斯凱什（Cascaes）。瓦斯科繼續前往聖地牙哥島——此時他哥哥保羅快死了，他想用卡拉維爾輕快帆船載他到特塞拉島（Island of Terceira），卻在到達那邊沒多久後，保羅就過世了。聖加百列號改聽約翰·德·薩（João de Sa）的指揮，繼續往里斯本前進，在科埃略到後沒多久，他們也抵達了。

　　瓦斯科到達里斯本時，可能已經是 8 月 29 日（但確切日期不詳），幾天後有一場正式的凱旋進城儀式。曼紐國王（King Manuel）用許多方式獎賞瓦斯科·達伽馬——給他豐厚的撫恤金，封他為印度海軍上將（Admiral of India）和其他多個領地的頭銜。他後來又分別在 1502 年和 1524 年兩度航行到印度。於 1524 年的平安夜因瘧疾死於科欽。

後續葡萄牙人到印度的遠征

在達伽馬的成功遠征後，1500 年 3 月，葡萄牙派出另一個更大型，由 13 艘船組成的船隊，在佩德羅・阿瓦雷斯・卡布拉爾（Pedro Alvares Cabral）的率領之下出發遠征。[25] 此行主要的目的是與印度建立貿易關係，並帶回香料。遠征隊包括 1,500 名男人，而且在考量達伽馬遇過的困境後，這支艦隊更具戰鬥力。

其中兩艘先出發到莫三比克的索法拉（Sofala）尋找黃金，其餘的則前往印度。有幾位曾參與達伽馬遠征的船員，這次在隊伍中最有名的是尼可拉・科埃略、佩德羅・艾斯科巴（Pedro Escobar）、約翰・德・薩、狄亞哥・迪亞士和他的弟弟巴托洛梅奧・迪亞士。

有一艘船在途中壞掉了，必須返回里斯本。在抵達維德島後，他們選了一個往西南方的路線，想好好利用順風和南大西洋的海洋環流（Ocean circulation），只是不清楚當時的他們對於這個環流系統認識有多深。因為他們航行的路線比達伽馬之前走的更西邊，他們在 4 月 22 日看到陸地──他們發現了巴西。這些航海家算出那個地方是「托德西利亞斯線」（Tordesillas Line）以東（葡萄牙與西班牙簽訂《托德西利亞斯條約》，以一條線劃歸新發現的地方），所以卡布拉爾宣告新發現的地方是屬於葡萄牙的，並將其取名為「聖十字架之地」（Terra de Santa Cruz）。補給船在 5 月 2 日被送回里斯本，船上載著與當地人交易的物品，以及要告訴國王新發現的信件。剩下的 11 艘船隨後啟程，繼續航向它們的目的地：印度。

他們大約在 5 月底到達好望角，但這裡嚴峻的天氣讓他們失去了 4 艘船，這是一個重大災難（巴托洛梅奧・迪亞士也在此時去世）。倖存下來的船分組進行：卡布拉爾的三艘船小組在 6 月 22 日抵達莫三比克島，該處居民雖然之前與達伽馬有過爭執，但這次對船員很好，他們也得以重新補給所需。其他另外 3 艘船，很快就過來會合，但由狄亞哥・迪亞士擔任船長的船卻消失了。他一路航行到太東邊，接著繼續往北超過馬達加斯加，後來看到摩加迪休（Mogadishu）附近的非洲大陸，不過這裡實在太北邊了。他一直與主要的船隻群分開前進，並在亞丁灣持續停留一段時間後，就獨自回葡萄牙。

主要的船隻群，現在只剩下 6 艘，繼續往基爾瓦島（Kilwa）和麻林地前進，在 8 月 7 日穿越印度洋。他們在 22 日到達安吉迪瓦島，最後在 9 月 13 日抵達科澤科德。卡布拉爾釋放了達伽馬抓的 4 名人質，還贈送了比第一次來時更奢華的禮物，並與新任扎莫林進行會談，成功談出一份商業條約；一切看起來充滿希望，而且「代理處」（倉庫）就設在岸上。

艾利斯・科雷亞（Aires Correia）是科澤科德的代理商，他開始買回程要帶回去的香料，但到了 12 月，僅管想盡辦法，卻還是只能買到一部分所需的香料，因此他懷疑是阿拉伯商人早已清空市場上的香料。卡布拉爾跟扎莫林抱怨這件事，但扎莫林拒絕介入。此時需要有人採取行動：他逮住一艘阿拉伯的船，奪走他們的香料貨物，宣稱根據條約的條款，這些屬於葡萄牙。阿拉伯商人暴跳如雷，並攻擊葡萄牙人的代理處，屠殺了至少 53 名工人，包含科雷亞在內。扎莫林未提供任何協助，所以隔天，卡布拉爾便奪取更多阿拉伯人商船的貨品，燒他們的船、殺他們的船員，隨後連續砲轟這座城市，殺了數百人。這是葡萄牙與科澤科德衝突的開端，後來斷斷續續延續了數十年。

12 月 24 日卡布拉爾和他的幾艘船離開了，並揚帆前往科欽，沿著馬拉巴海岸往南航行。他們和科欽很快地簽了一個條約，科欽希望擺脫其強大鄰國的陰影。它們的香料市場比科澤科德的小，但足以讓船能慢慢裝滿。另外也有來自奎隆（Quilon）的邀約，希望他們往南行，也有來自格朗格努爾（Cranganore；鄰近古穆齊里斯和坎努爾（Cannanore）的邀請，希望他們往北航行。

卡布拉爾在得知科澤科德正調動大批火力準備對付他們後，快速地造訪了坎努爾，並裝載了一些薑，之後便越過印度洋返回。在接近麻林地時，有一艘船擱淺了，結果他們的總船數又少了一艘，不過好在救回那船上的貨品。剩下的船到達莫三比克島；從此地，卡布拉爾派了速度最快的船，帶著遠征隊的消息獨自返回里斯本。整批 5 艘船全都在 1501 年的 6 月和 7 月平安回到里斯本。在他們回到里斯本的前兩個月左右，第三次遠征同時揚帆啟程；葡萄牙－印度的遠征在未來幾年，成為一年一度的盛事。

1501 年的第三次遠征，由若昂・達・諾瓦領隊，共有 4 艘（或 5 艘）船，此次的任務只單純前往印度，並裝滿香料後返回。一干船員共有約 400 人，計畫前往科澤科德（在這群人出發時，第二次遠征的結果都還尚未傳回里斯本）。他們於 1501 年 4 月出發，在 7 月通過好望角，接著在摩梭灣下錨，他們在那裡發現第二次遠征的某一個船長留下來的通知，警告他們科澤科德發生的事件。他們依照前兩次遠征的路線，往北到東非海岸，並停留在莫三比克、基爾瓦島和麻林地，沿途了解更多關於印度情勢的資訊。

他們在 11 月抵達坎努爾，那裡有許多讓人產生混淆的事──科澤科德的扎莫林派了一位特使來傳話，表示他們對於去年發生的事件感到遺憾，希望能有機會和葡萄牙交朋友、和平共處。達・諾瓦被邀請到科澤科德，領取遺留的物品與賠償。達・諾瓦懷疑其中有詐，因此不予理會。不過，加斯帕・科雷亞堅稱達・諾瓦確實開船去科澤科德，並事先對扎莫林奸詐的意圖有所警覺，他搶了港邊 3 三艘船的貨品，並把船摧毀後，隨後再次往南移動到科欽。[26]

達・諾瓦遇到另一個問題：銀兩不足，無法購買他想要裝載的香料量。他最後是由坎努爾的拉賈（Raja）幫忙擴大信用，讓他可以帶走他想要的香料。在 12 月中，船隊已經準備回家，只是遇到來自科澤科德、由大大小小船隻組成的船隊。他們決定殺出重圍，而這場兩日之戰最後在 1502 年 1 月 2 日結束，由於葡萄牙的武器和船隻水準都比較高，所以儘管敵人的船隻數多很多，最後的結果是 5 艘科澤科德的大船和許多小船都沉沒了，而葡萄牙方幾乎毫無受損。

整個船隊共 4 艘船都在 1502 年 9 月平安回家，另外在航程中，還發現了聖海倫娜島（the island of St Helena）。他們帶回 900 公擔的黑胡椒、550 公擔的肉桂和 35 公擔的薑，以及其他奪取來的物品。第三次遠征留下些遺憾，因為不是滿載而歸。

1502 年的第四次遠征，由瓦斯科・達伽馬領軍──這是他第二次航向印度。[27] 這趟的目的有一部分是為了商業，但主要還是著重在軍事方面：在卡布拉爾第二次遠征遭逢的慘劇後，他們想要收服科澤科德。船隊由 20 艘船

組成，因為預計出發的當日（1502 年 2 月），所有船就緒的程度不同，所以這 20 艘船又分成 3 個小隊。在 7 月 29 日，主力船隊從麻林地出發越過印度洋，共有 18 艘船成功橫跨到印度洋岸。在 9 月，船隊下錨在距離科澤科德約 75 英里處。

29 日時，達伽馬做了一件不光彩的事。達伽馬船隊的其中一艘船，看見一艘從麥加返回、載著朝聖者的大商船「米里號」（Miri），接著他們就開始追捕。這艘船被送到主船附近下錨，當達伽馬發現這艘大商船來自科澤科德時，便下令船員奪取該商船的貨物，並燒掉那艘船和船上的所有人員。加斯帕‧科雷亞說達伽馬忽視當時船上船東的懇求，並說：「你應該被活活燒死，因為你建議科澤科德的國王殺死和掠奪代理商和葡萄牙人……，這世上沒有任何東西可以阻止我殺你 100 次，如果可以讓你死這麼多次的話，我一定會照做。」[28]

對方的船遭受砲火並沉沒，儘管船上有許多人反擊，但最後所有人員皆亡，即便是逃掉的人，也會被達伽馬的人以箭射殺。據信共有數百人死亡。

10 月中時，船隊抵達坎努爾。雙方開始建立一個代理處和固定價格表協商，根據科雷亞所寫的內容，拉賈後來接受了協定。10 月 25 日，船隊的主要成員航向科澤科德，於 29 日抵達。雖然扎莫林透露一些願意和解的善意，但達伽馬要求在任何可能的討論開始前，需先送上從葡萄牙代表處搶走的貨物，以及驅逐科澤科德的所有穆斯林。因為沒有收到正面回覆，所以船隊在 11 月 1 日殘忍轟炸這座城市兩天。

科雷亞寫道，在連續轟炸之後，2 艘大船和 22 艘較小的船非常不幸，也無法逃離科澤科德。6 艘來自坎努爾的小船被赦免，其他的被搜刮侵佔，船上船員的雙手、雙耳和鼻子都被切掉，牙齒也被敲掉，他們被綁了起來，接著點燃船隻，朝海岸上送去。所有切下來的身體部位則用另外一艘船運送，船上有名穿的像修道士的婆羅門特使（身體早已殘缺不全），以及一則給扎莫林的訊息：「用修道士帶給他的東西，做一道咖哩吧。」達伽馬逃離科澤科德的封鎖，前往科欽，在那裡建立新的定價商務條約，並把船裝滿了香料。

同時，鄰近的城市「奎隆」也要求達伽馬快去他們那裡買香料。1月初時，有一名來自科澤科德的富有婆羅門擔任扎莫林的特使前來交涉，扎莫林想要和葡萄牙有個永久的協定……並提供補償。1月5日，達伽馬帶著兩艘船回到科澤科德，想要完成協定，但此時早就有個陷阱在等著他。

他把大船「海上之花號」（Flor de la Mar）停進科澤科德的港口，並下錨，那裡暫時沒有封鎖的船隻守護。協商進行了3天，接著在第四天的早晨，他們就被約100艘小型武裝船隻包圍。因為無法使用火砲，所以船員只能拚命地用小武器把蜂擁而上的船隻趕走。

扎莫林的手下在達伽馬的大船上接了一個燃燒中的快速帆船，但達伽馬的船員把纜繩砍斷，所以快速帆船就飄走了；同時間，他們歷經了一些困難，終於把錨索砍斷，使他們可以慢慢撤離港口，等距離拉開後，就換火砲上場。船上的3名人質被吊在整座城市都看得到的主桅杆上。

船隊回到科欽，但那裡有更多煩人的消息：有個由扎莫林的船和紅海武裝民船（私掠船）組成的大型船隊，正在科澤科德集結，準備追捕葡萄牙人；敵人總共有20艘大船、許多小型武裝船和好幾千個（男）人。雖然拉賈催他們立刻回葡萄牙，但達伽馬反而做好作戰準備。雙方於2月初在科澤科德附近開戰，葡萄牙的船隻擊沉或毀損對方大半的船隻，其他的則是徹底潰敗逃亡。回到坎努爾後，他留下一小批防禦部隊來保護當地的代理處，在2月底，與12艘船啟航準備回里斯本，留下了5～6艘卡拉維爾輕快帆船，並在文森·索德雷（Vincente Sodre）的帶領之下，保護科欽和坎努爾。

隨後的大型艦隊

前幾次遠征發生的事件為之後的幾十年鋪陳出：葡萄牙打算用殘忍無情的暴力和勒索，來擴張帝國和建立其商業力量。它們在該世紀剩下的幾年，與科澤科德斷斷續續不時有戰爭。另外還建立了一連串的海岸碉堡——一開始在東非海岸的索法拉和基爾瓦島，以及印度洋海岸上的安吉迪瓦、坎努爾和科欽，之後又在其他地方建立更多堡壘。

整個 16 世紀以及進入 17 世紀的頭幾十年，每年都有大型艦隊遠征。然而，印度人並沒有那麼容易被嚇唬，尤其是長久以來與阿拉伯商人有貿易關係的地方收到威脅時，就會像科澤科德的抵抗一樣。1508 年，由埃及馬木路克（Mamluk）和古吉拉特人組成的盟軍，在查烏爾（Chaul）和達布爾（Dabul）攻擊一個葡萄牙中隊；這個盟軍在次年擴大規模，納入鄂圖曼帝國的人和科澤科德的扎莫林，雙方在古吉拉特的第烏（Diu）進行一場猛烈的海上戰爭，這次葡萄牙佔上風。

　　在一個令人注意的附註（Side note）中寫道，穆斯林的武力受到來自威尼斯共和國的專家協助，這可清楚預見，威尼斯在地中海分銷向阿拉伯人購得之香料的獨佔事業，受到了威脅。

　　「葡屬印度」（Estado da Índia ／ Portuguese India）於 1505 年建立，一開始以科欽為基地，但在 1510 年後，總部換成果亞（後來果亞一直到 1961 年都是葡屬）。

　　進口到葡萄牙的香料量很大。1503 ～ 1506 年，每年的胡椒進口量為 1 萬～ 2.6 萬公擔。[29] 在那段期間，官方統計「其他香料」的進口量，每年只有 991 ～ 6,000 公擔。然而，韋克（Wake）估算該段時間每年非胡椒的香料進口量應該更多，大約 1.2 萬～ 1.5 萬公擔左右，多出來的部分是由不法官員進行的私下交易。胡椒的進口量可能沒錯，因為當時嚴格地執行王室壟斷。在這段期間，這些數字可能只代表一半的歐洲香料貿易量，但十多年後，無疑佔了更大比例。胡椒在 1518 年，進口量增加到巨額的 4.4 萬公擔。

印度之屋

　　執行這項大規模貿易的國營組織是 1500 年建立的「印度之屋」。它負責看管葡萄牙在非洲，以及之後在亞洲其他地方的資產。它會組織每年到印度的艦隊並籌劃財務調度，以及管理岸邊基地、倉儲、海關、碉堡和軍隊等，這些都是貿易不可或缺的要素。其辦公室從 1511 年起，設在里斯本的里貝拉廣場（Ribeira Palace），顯示該公司的重要性。

最初幾十年收到豐厚的利潤，而且維持皇家獨佔香料、貴金屬和其他珍貴貨物的目地上，也沒遇到太多問題。但從 16 世紀開始，要維持廣大殖民據點的開銷變得越來越沉重。里貝拉廣場因 1755 年的一場地震，而毀於一旦，但該組織依舊苟延殘喘到 1833 年才解散。

葡萄牙在錫蘭

早在葡萄牙人於 1505 年到達錫蘭前，這裡就已經因產有高品質肉桂而聲名遠播超過千年之久。總督之子洛倫索閣下（Dom Lourenço）率領了由 9 艘船組成的船隊抵達「加勒」（Galle）附近——但這是無心插柳柳成蔭，因為他們原先計畫去的地方是紅海，但卻遇上了逆風。[30] 這批外國人被謹慎地接待，而洛倫索閣下表示他們有興趣建立貿易關係（以可倫坡附近為中心地帶的科提王國〔Kotte〕）。國王同意簽訂條約，只要他們能夠防守海岸，使其免於攻擊，就允許他們每年帶走 400「巴哈爾」（Bahar；1 巴哈爾＝ 550 磅／ 4 公擔）的肉桂。

事實上，在 16 世紀的頭幾年，葡萄牙每年可以從馬拉巴海岸取得好幾百公擔的肉桂，但僅僅付出高於市價的價格，這樣是無法持續下去的。[31] 大宗貨運從錫蘭出發；例如在 1513 年，3 艘船共運了 720 公擔到里斯本港，之後幾年的船運都是差不多的規模。葡萄牙人在 1518 年於可倫坡蓋了一座碉堡，藉此威懾住穆斯林貿易商，但雙方關係存有問題，於是在 1524 年拆除。

自 1520 年起，王室獨佔肉桂貿易後，肉桂的價格就居高不下。在 1521 年，一個巴哈爾肉桂為 3 克魯札多（Cruzado），但在科欽要賣 15 克魯札多；在 1525 年，一個巴哈爾肉桂在里斯本甚至賣 195 克魯札多！ 1533 年簽訂的合約，讓葡萄牙人壟斷肉桂採購，此外，為表示敬意，每年還免費送上 900 巴哈爾肉桂。肉桂先被送到科欽或果亞，接著再運到里斯本。

後來科澤科德攻打錫蘭，使得需要立即的支援，而葡萄牙在 1538 年對抗扎莫林的船隊時，贏得決定性的一役。1540 年，米蓋爾・費雷拉（Miguel Ferreyra）寫信給果亞的總督：「羅馬人和其他國家都是為了肉桂來到錫蘭；

我很擔心，先生，那些嚐過肉桂滋味的人，會循其香氣追趕我們。」

　　葡萄牙在 1565 年戰敗，把科提市拱手讓給鄰近的悉多伐伽王國（Sitawaka kingdom），其對於香料的獨佔也逐漸式微。持續的衝突不斷哄抬香料價格，但對里斯本的供貨依舊無虞，事實上，因為 1595 年引入的新合約系統，反而更蓬勃發展。每個人都希望採取一些行動，而且因為可倫坡的統帥（the Captain of Colombo）被賦予集貨及出口的專有權，所以無法避免發生許多豁免。

　　1600 年，有 4,508 公擔的貨物被送到里斯本。17 世紀初期，在錫蘭擴張生產規模造成市場崩潰。從 1614 年開始強制實施王室獨佔，且每年的產量被定為 1,000 公擔。

　　在 17 世紀頭二十幾年，與其他鄰近王國的衝突依舊持續不斷，最有名的就是與肯提王國（Kandy）的衝突，它在 1617 年歸順葡萄牙。1619 年征服北邊的賈夫納王國（Jaffna）後，葡萄牙對於錫蘭的控制到達範圍最廣泛的程度，一段相對和平的時期也因而產生……，直到荷蘭人在 1638 年出現。荷蘭人的荷蘭東印度公司（VOC）想要控制亞洲的香料貿易，並看到可以和肯提王國結盟的機會，而且兩方聯合武力可以讓葡萄牙承受巨大的損失。葡萄牙漸漸失寵，可倫坡在 1656 年淪陷，兩年後，葡萄牙人就永遠離開錫蘭。誠如荷蘭統治者在 1670 年代所言：「肉桂是『在錫蘭，大家都想圍繞著她跳舞的新娘』。」

葡萄牙在東南亞的擴張

　　往東南亞擴張是很合理的，因為許多在印度發現的香料都來自更遠的東方。葡萄牙的第一步是調查麻六甲的蘇丹國（Sultanate of Malacca），謠傳那裡是一個巨大的香料集散地。拿下這座城市不只能讓葡萄牙更有錢，還能剝奪受人憎恨的阿拉伯人，進行重要香料貿易的權利。曼紐國王在 1509 年派了一個由迪奧戈‧洛佩斯‧德‧塞蓋拉將軍（Admiral Diogo Lopes de Sequeira）率領的考察團，他們證實了麻六甲的財富，但初步的接觸很快就

轉為敵對，而且考察團中的幾個人也被抓走了。

　　1511年，葡屬印度的統治者阿方索‧德‧阿布奎基（Afonso de Albuquerque）率領了一個由 18 艘船組成的大型船隊，用武力攻下這座城市。阿布奎基是另一個聰明但惡毒的指揮官，他曾參加 1503 年和 1506 年的印度艦隊，並成功領導了在阿拉伯海岸的冒險行動，隨後於 1510 年，在一場血戰中，攻取果亞。

　　從阿布奎基在進攻麻六甲前，對手下的談話，可見他們有兩個主要動機：

　　首先，我們要盡最大力量服侍我們的主，把摩爾人從這個國家趕走……另一個理由是，因為這裡是所有香料和藥物的總部，摩爾人每年都從這邊攜帶許多貨物到（紅海的）海峽……但如果我們搶走他們這個古老市場，那麼他們就會連一個港口都沒有……無法運送這些物品進行交易……而且我非常確定如果我們把麻六甲的貿易從他們手上搶過來，開羅和麥加就會徹底瓦解，然後就沒有香料會運到威尼斯，除非他們的商人前往葡萄牙跟我們的人購買。[32]

　　在經過一場苦戰後，葡萄牙人拿下了麻六甲，但阿布奎基並未因此停止。他現在已經知道「香料群島」的大概位置了，所以決定要為了葡萄牙攻佔這個地點。他讓安東尼奧‧德‧阿布瑞尤（Antonió de Abreu）當指揮官領著 3 艘船，並由弗朗西斯科‧塞拉（Francisco Serrão）擔任副手，指揮另一艘船。塞拉和斐迪南‧麥哲倫（Ferdinand Magellan）的關係密切（他們可能是堂／表兄弟），而且兩個人都曾參加 1506 年的印度遠征，再加入攻克麻六甲的行動。

　　當麥哲倫準備要回葡萄牙時，新的遠征在 1511 年 11 月揚帆駛向東方。在爪哇短暫停靠時，塞拉的船因暴風雨而受到嚴重損毀，不過船員全數倖存。同時，阿布瑞尤帶來一艘戎克船，來取代壞掉的那艘船，但他們被迫要在希蘭島（Seram）等待順風，才能前往班達群島；在班達群島載滿香料後，他決定回頭，不再繼續奮力往北到摩鹿加群島，在班達群島獲得的貨物以及

資訊，已讓他心滿意足。然而，塞拉在回去麻六甲的途中，在安汶（Ambon）附近遭遇第二次沉船，但這次也幸運生還。塞拉最後在 1512 年 5 月左右，在德那第（Ternate）安頓下來，成為拉賈的好友和顧問（德那第和蒂多雷〔Tidore〕都看到可以在麻六甲和葡萄牙結盟的機會）。

在接下來的幾年，塞拉寫了很多信給麥哲倫、阿布奎基和曼紐國王。因此，葡萄牙人從 1513 年起，每年都會派船從麻六甲到香料群島，並由塞拉協助相關貿易事宜。

塞拉於 1521 年去世，但隔年德那第蓋起了一座大碉堡（德那第的受洗者約翰〔São João Baptista de Ternate〕）；另外也在多個不同的時間中，建造了其他的小型碉堡。然而，葡萄牙人越來越高壓的氣焰，招來了麻煩。

麥哲倫和第一次環遊世界

斐迪南・麥哲倫也是葡萄牙人，但當他往西航行，到達印度的計畫被國王曼紐一世拒絕後，他就轉而效忠西班牙國王卡洛斯一世（Charles I），以採取往西的路線到達香料群島。他的遠征隊由 5 艘船組成，在 1519 年啟航，經過漫長且艱鉅的航程後，在 1521 年發現菲律賓，但在航程中已經因為壞血病、飢餓、口渴和爆發船員叛變，而遭逢重大損失，還損失了一艘船，另一艘則是背棄逃離。麥哲倫本人被馬克坦島（island of Mactan）當地居民所殺。

安東尼奧・皮加費塔（Antonio Pigafetta）鉅細靡遺地描述這場重要的航程。皮加費塔是義大利的探險家，也是探險船隊的成員，並擔任麥哲倫的助手。[33] 艦隊剩下的船隻最後終於在 1521 年後期抵達摩鹿加群島，並在蒂多雷交易了大量的丁香。但最後只剩「維多利亞號」（Victoria）適合航行回家。雖然人員與物資的損傷慘重（船員出發時有 230 名，最後僅剩包含皮加費塔在內的 18 人存活下來），但他們帶回 26 英噸的丁香、許多袋的肉豆蔻、肉豆蔻乾皮和肉桂，以及大量的檀香，這些全都價值連城。

船上的情況

除了因為壞血病及其他疾病、暴力和沉船而造成可怕的人員傷亡外，船上的情況最好時是令人不快，最糟糕時根本是活地獄。法國探險家讓・莫凱（Jean Mocquet）述說在 1608 〜 1609 年，隨著葡萄牙的艦隊往東航行，一路航向果亞：

> 在我們當中，充滿超亂七八糟的情況以及可以想像得到的雜亂與困惑，因為不時有人嘔吐，糞便也不斷堆積：四周都能聽見人們苦於口渴、飢餓、疾病和其他物資缺乏，而發出的哀嘆和呻吟，以及他們咒罵自己上船的時機、他們的父母親、和他們自己……[34]

莫凱也得了壞血病：

> 整段航程，我幾乎一直感覺不適；但並不只這樣，我還得了……（壞血病）……這個病幾乎腐蝕我的牙齦，還流出黑色腐爛的血；膝蓋也都縮起來了，我無法彎曲我的肢體；大腿和小腿都是黑的，和其他人的壞疽一樣，而且一直流出這種黑色腐爛的血液，我劃開我牙齒上方又黑又腐爛的牙齦，然後每天爬到船邊，用繩索把自己固定住，手上拿著一小面鏡子，看看哪裡可以剪掉：當我必須剪掉這些死肉時，又流出大量的黑血，我用尿清洗口腔和牙齒，但隔天早上又會有很多髒東西；而且我的厄運是，因為這個疾病所帶來的巨大疼痛，我根本沒辦法吃東西，腦裡想的是把食物吞下去，而不是咀嚼。我發現紫羅蘭糖漿（Syrop of Gilli-flowers）和好的葡萄酒是最好的療法：每天都有很多人死掉，而且眼前所見都是被丟出船外的屍體。

葡萄牙和其短暫主導東方的年代所受到的威脅

從 1530 年起，德那第人與葡萄牙人一連串的不合，導致時而有人圍攻殖民碉堡，這個情況在 1536 年因一個抵達麻六甲的艦隊，才得以緩解。接著在蘇丹海潤（Sultan Hairun）的統治下，有了一段相對平和的時期，那裡的人容忍接納葡萄牙人，但雙方之間從未有親密的友誼和忠誠。基督教宣教也並未有所幫助，附近的莫洛／哈馬黑拉（Moro ／ Halmahera）與巴肯（Bacan）的基督教社群被攻擊，在安汶也有反基督教的風波。這些事件在迪奧戈·洛佩斯·德·塞蓋拉於 1570 年暗殺海潤後，局勢來到緊要關頭，使得摩鹿加人團結起來對抗葡萄牙人。

葡萄牙人被圍攻，困在碉堡裡長達數年，最後在 1575 年被驅逐。但島民非常務實，所以葡萄牙的商人還是可以在那邊交易。在接下來的幾年，葡萄牙人與蒂多雷的敵對島嶼結盟，那裡同樣也生產丁香，接著在 1578 年時，於島上建造了一座碉堡，並一直佔據到 1605 年。

大約在蒂多雷以南 650 公里處，葡萄牙人遇到另一個問題：班達群島。雖然阿布瑞尤曾在 1512 年時登陸過這裡，但在那之後的幾年，並未建立永久的殖民地。葡萄牙人反而是每年派一些商人到島上，載回肉豆蔻和肉豆蔻乾皮。每年的收成都很可觀：6,000 或 7,000 巴哈爾的肉豆蔻，以及 500 或 600 巴哈爾的肉豆蔻乾皮。[35] 在 1574 年時，班達的島民受到德那第起義的激勵，最後和德那第的蘇丹，而非對手蒂多雷結盟，來一起抵抗葡萄牙。[36]

同時，在他們被德那第人趕走後，葡萄牙人在安汶長期建立的據點，成為摩鹿加貿易活動的中心。此處的優勢是位置比供應肉豆蔻和肉豆蔻乾皮的班達群島，和供應丁香的摩鹿加群島北部更接近中央，但安汶本身也是一個不穩定的據點，葡萄牙人很容易受到穆斯林村民的攻擊，部分問題是因宗教而起。

葡萄牙堅守在安汶，直到 1605 年被荷蘭人驅逐為止。這些島嶼持續供應丁香給（葡萄牙）帝國，但他們現在的日子如同風中殘燭。

餘波

葡萄牙人用蠻力攻擊、奴隸制度和對當地人的高壓統治，來鞏固自己對香料群島的控制。他們對香料貿易的壟斷最終延續了一個世紀，直到被一樣殘忍和暴虐的荷蘭人攛走為止。那也是一個不完全獨佔（Imperfect monopoly）──威尼斯在 1560 年代，從亞歷山卓進口的胡椒量和他們在 1490 年代進口的相同。[37] 這表示葡萄牙無力壓制其他的貿易路線──尤其無法有效控制紅海（即便他們從 1615 年起，就控制了荷姆茲）。陸路的供貨路線也一直持續著。不過，好望角路線的存在，也證實的確對貿易路線造成不可逆轉的影響，特別是在黎凡特的貿易，而最後的致命一擊是英國與荷蘭的登場。

英國、東印度公司……與荷蘭東印度公司

英國人首次露面是在 1580 年，法蘭西斯‧德瑞克（Francis Drake）西向東環球航海的一部分。那是一個由 5 艘船組成的船隊，在 1577 年 11 月從普利茅斯（Plymouth）出發，德瑞克的路線經過維德島（他在這裡取一艘葡萄牙的商船）並橫跨大西洋，最後到達阿根廷南部海岸。[38] 船隊中的 3 艘船因為人員傷亡，且其中 1 艘的木材腐爛而被棄而不用。在度過漫長的冬天後，剩下的船通過麥哲倫海峽，進入太平洋。這次又有 1 艘船被猛烈的暴風雨摧毀，另 1 艘回英國，只剩德雷克的「鵜鶘號」（Pelican；後來重新命名為「金鹿號」〔Golden Hind〕）繼續航行。他奮力通過南美洲的太平洋岸，攻擊和劫掠西班牙的殖民地，也掠奪了幾艘船──對於只有一艘船的船隊而言，是非常具攻擊性，也極為挑釁的姿態。

在沿著海岸往北一直航行到奧勒岡（Oregon）時，他們往西漫長地穿越太平洋，在幾個月後到達摩鹿加群島。他們遇到德那第的蘇丹，也和他成為朋友。丁香是一定要裝上船的，只是幾天後（為了減輕重量）必須捨棄部分的貨物（包含 3 英噸的丁香），這樣船才能在擱淺後重新浮起來。

大約在一個月後，他們抵達「巴拉特維島」（Island of 'Barateve'）（可能在南班達海）

> 他們一樣有多樣又充足的果實；如肉豆蔻、薑、長胡椒、檸檬、黃瓜，椰子、無花果、西谷椰（Sagu），還有其他形形色色的種類，其中有一個我得到了相當數量，它外型很大，而且有外殼，非常像山桃（Bay berry），整體很硬，但味道很好……無論我們需要什麼，我們收下拿到的每一顆。[39]

1580 年 9 月 26 日，德瑞克最終克服困難駛回普利茅斯，載著一批香料和從西班牙那裡搶來的財寶，但原本 164 名船員僅剩 59 人。身為第一個環球航行的英國人，德瑞克當然是英雄，並在隔年封爵。他接下來在 1588 年擊潰西班牙艦隊，此舉無疑提高了英國在海上的實力，而且大大激勵英國的商人圈，讓他們充滿信心。

有一個由 3 艘船組成的船隊，一部分在德瑞克功業的激勵下，另一方面也受到葡萄牙人成就的啟發，在 1591 年駛離普利茅斯，計畫在東印度群島尋找貿易及財富。船隊的指揮官是詹姆斯·蘭開斯特（James Lancaster），而這趟旅程簡直厄運纏身。在抵達西開普省（Western Cape）的港灣後，「皇家商人號」（Merchant Royal）就載著染上壞血病的船員回英國。[40]

在通過好望角後沒多久，另一艘船「潘尼洛普號」（Penelope）在一場猛烈的暴風雨中，觸礁遇難。「好運的愛德華號」（Edward Bonaventure）繼續向北沿著非洲東岸航行，但是在到達葛摩群島（Comoro Islands）時，有 30 名船員因為試著取水，而被當地人殺害。他們之後到了桑吉巴（Zanzibar），在那裡停留到 2 月，接著在慢慢跨橫跨印度洋時，又有更多人喪命。

他們抵達檳城，隨後掠奪了幾艘船，主要都是葡萄牙的商船。他們在尼科巴群島（Nicobar Islands）登陸，並在 11 月到達錫蘭。蘭開斯特非常想留在這裡──「這塊土地產有極佳的肉桂」，但因為其他船員已瀕臨叛變，伴

隨著糧食短缺，使得情況越來越危急，他們只好啟航回家。他們成功抵達聖海蓮娜，接著到達西印度群島。在一艘法國船隻的幫助之下，只有 25 名船員倖存，在 1594 年回到英國。這個英國人第一次到東印度群島的旅程可說是一場災難，但蘭開斯特並未就此放棄。

事實證明，攻擊葡萄牙人和西班牙人對英國海軍而言是高度有利可圖的。在 1592 年，由華特·雷利爵士（Sir Walter Raleigh）率領的 6 艘船到亞速爾群島（Azores）以攻擊從新世界返回的船隻，並在佛洛里斯島（Island of Flores）附近遇到一個葡萄牙船隊。他搶了 1,600 英噸的「聖母號」（Madre de Dios），這艘船上載了極佳的珠寶、黃金和香料——胡椒、丁香、肉桂、肉豆蔻、肉豆蔻乾皮和薑，以及其他珍貴之物。1599 年時，一群倫敦商人下定決心要籌措去東印度群島冒險的資金，並尋求女王的協助，她最後同意了。所以在 1600 年，倫敦對東印度貿易商協會（Governor and Company of Merchants of London trading into the East Indies）成立，並授予英國在東方貿易的特許壟斷權。

詹姆斯·蘭開斯特是董事之一，被委任引領公司的首次航程（一個由 4 艘船和 480 個人組成的船隊），他們在 1601 年 2 月離開伍爾威治（Woolwich），路線是經由好望角、馬達加斯加和尼科巴群島，到達北蘇門答臘的亞齊（Aceh），他們在 1602 年 6 月抵達。他們與亞齊的蘇丹簽了一個協定，且在那邊久待了 3 個月，期間他們把胡椒、肉桂、和丁香裝上船，接著航向麻六甲海峽。[41] 在奪取一艘葡萄牙的船，並搶走船上貨品後，他們回到亞齊，最後在 11 月初離開。此時，其中一艘船「揚升號」（Ascencion）被要求先把船上的香料載回家。「赫克特號」（Hector）和「紅龍號」（Red Dragon）往萬丹（Banten）前進，那裡是西爪哇的重要港口，他們希望在那裡與事先被派送出來的「蘇珊號」（Susan）會合。

他們在蘇門答臘海岸上帕里亞曼（Priaman）找到蘇珊號，他們在那裡裝了 600 巴哈爾的胡椒和 66 巴哈爾的丁香，而且額外的好處是，此地的胡椒的價格比亞齊的低。蘇珊號也在這個時候先被送回英國。

12 月 4 日，剩下的 2 艘船出發前往萬丹，並在 16 日抵達。他們與（10 歲的）蘇丹及其皇室建立友好的關係，在那裡待了 5 週左右，進行交易，並帶走了 276 袋的胡椒，其中每袋重 62 磅。到了 2 月 10 日，船隻已經滿載，且要離開。他們計畫留下 3 名代理商和 8 個人把剩下的商品賣一賣，並為下一個前來的英國船隊購買所需貨物。

有一艘小一點的 40 噸船滿載商品，被送到摩鹿加群島，以在那裡建立一個據點。準備成立一個代理處及取得香料。回國的航程很危險，他們因為好望角附近的惡劣天氣，差點失去紅龍號，但還好受到幸運之神眷顧，最後在 1603 年 9 月 11 日回到英國。這趟航程共帶回了 103 萬磅的胡椒。當他們不在國內時，伊莉莎白一世駕崩，由詹姆斯一世繼位——蘭開斯特在回國後的次月封爵。

第二次航行由亨利・米德爾頓（Henry Middleton）指揮（他在前一趟航程中，是蘇珊號的船長），於 1604 年 3 月離開格蘭夫森德（Gravesend），船隊的 4 艘船和上一次的相同。[42] 雖然他們在 7 月時，許多船員罹患壞死病，而且因為病得很嚴重，被迫在桌灣（Table Bay）停留，但在 12 月就到達蘇門答臘，這是顯著突出的進展。由於船員的病情還是非常嚴重，他們必須奮鬥掙扎朝向萬丹前進，最後在 22 日抵達。當時有一個荷蘭的大船隊已經在那裡，雖然他們的船長很友善，但接下來要發生的事情已可預見。先前被蘭開斯特留下的英國代表團，看到英國的船抵達時喜出望外，但當這群人登上主船時，有一部分的人被來訪者的情況嚇到：「當我們登船去找司令時，看到他們很虛弱，也聽說其他 3 艘船的人都病得很嚴重，我們好難過。」

米德爾頓和他的官員們，一開始甚至連上岸向年輕蘇丹表示敬意都沒有辦法。在 1605 年 1 月初，他們決定在裝滿胡椒之後，先將蘇珊號和赫克特號送回英國；揚升號和紅龍號依原訂計畫前往摩鹿加群島。兩艘船在 16 日出發，但這次有別的病（痢疾）侵襲而來，根據報告可看出其嚴重程度：「今晚（16 日）亨利・杜布雷（Henry Dewbrey）因痢疾而亡……17 日，死於痢疾的有威廉・盧葦德（William Lewed）、約翰・詹肯斯（John Jenkens）和山謬・波特（Samuel Porter）……今天（20 日）我們的主木匠亨利・斯泰

爾斯（Henry Stiles）也走了，還有詹姆斯・瓦爾納姆（James Varnam）和約翰・伊伯森（Jogn Iberson），全都是因為痢疾……」等等。

2月10日，在更多人過世後，他們在安汶島下錨。他們和安汶人接觸，要求做交易，但這是被禁止的──除非佔領安汶碉堡的葡萄牙人同意。米德爾頓派去的使者被友善對待，且獲得許可，但之後有件不尋常的事情發生了。荷蘭（從萬丹來的）船隊出現，而且停泊在碉堡附近，接著一支葡萄牙的代表團登上艦隊司令的船（掛了休戰旗），詢問他們的意圖，結果這並非天下太平：

> 荷蘭的將軍說他來此是為了從他們那裡奪走城堡，並要他們把鑰匙交出來，他們會做好妥善處理；如果拒絕的話，他希望他們能自求多福，保衛自己，因為他想在離開前拿到它……

米德爾頓聽說隔天碉堡失守，現已落入荷蘭人的手中；安汶人不想在這個新局勢下做交易。在幾乎絕望之際，他們決定分頭進行──揚升號前往班達群島，而紅龍號往摩鹿加群島北部前進。

紅龍號在歷經漫長的艱苦，船上也有更多船員死於痢疾之後，於3月22日抵達蒂多雷。他們抵達時，意外地看到德那第的蘇丹被7艘蒂多雷的小船追殺。他們救了蘇丹，所以得到在德那第交易丁香的許可。他們也和葡萄牙在蒂多雷的代表團建立良好的關係，但在4月12日，卻重演安汶發生的事件，荷蘭的船隊在島外出現，並在5月9日擊潰葡萄牙人。米德爾頓無計可施，只能離開，而且幾乎是空手而回，接著他在5月18日這麼做：在回程時，裝了一小批馬基安（Makian）的丁香上船載走。他在7月24日抵達萬丹，但迎接他的是壞消息：留在萬丹的24名船員中，有12名死了。

由庫特赫斯特（Coulthurst）船長率領的揚升號運氣比較好，他們在1605年2月20日抵達班達群島。一群人在那裡待了快22週，並在這段期間把肉豆蔻和肉豆蔻乾皮送到船上（但細節並不清楚），並和內拉的薩班達（Sabandar of Nera）交了朋友，他送給詹姆斯國王1巴哈爾的肉豆蔻。他

們在 7 月 21 日離開，8 月 16 日抵達萬丹。揚升號和紅龍號一起回英國。赫克特號和蘇珊號早在好幾個月就載滿胡椒啟程出發，但因為船員大量減少，所以他們必須雇用中國和印度的船員。蘇珊號在非洲南部完全失守，而赫克特號則逃過類似的命運，船上的船員大部分都喪命了，僅剩 14 人存活，後來被紅龍號搶救了。他們在 1606 年 5 月回到普利茅斯。

米德爾頓的旅程好壞參半，不算完全成功，但接下來英國東印度公司的航行就把重心全放在香料群島上。從米德爾頓的遭遇看到荷蘭人的侵略行動變得越來越糟，他們越來越好鬥的態度，讓英國人並不好過。第三次航行（1607 ～ 1610）再次使用赫克特號和紅龍號以及第三艘船──「承諾號」（Consent）。

赫克特號因為是第一艘到達印度的英國船隻而在歷史上留名。它接著航行到班達群島，在那裡買了肉豆蔻和肉豆蔻乾皮。最後在回程時，於萬丹裝載了 4,900 袋胡椒。紅龍號也從蘇門答臘和萬丹買了整整一艘船的胡椒；這趟航程的營收是認繳資本（Subscribed capital）的 234%。[43] 第四次航行（1608 ～ 1609）只用了兩艘船，但兩艘都不見了。第五次航行（1609 ～ 1611）只有一艘船「遠征號」（Expedition），雖然受到荷蘭人的勒索與威脅，但它最後成功帶回班達群島的肉豆蔻和肉豆蔻乾皮。在一封寫給公司的信中，船長大衛‧米德爾頓（David Middleton，是亨利爵士的弟弟）大致說明了情況：「我裝了 139 英噸、6 卡丹（Cathaye）、1 夸脫又 2 磅的肉豆蔻，以及 622 袋肉豆蔻乾皮，重量合計為 36 英噸、15 卡丹、1 夸脫又 21 磅。」[44]

第六次航行（1610 ～ 1613）再次由亨利‧米德爾頓爵士領軍，共有 3 艘船出發：「興隆號」（Trade's Increase）、「胡椒粒號」（Peppercorn）和「愛人號」（Darling）。他們規劃在去遠東的途中，於印度停留。

船隊有一大堆貨物要運回英國：印度產的靛青色染料、厚棉布（Calico）、錫蘭肉桂、棉線、生薑、紅檀、盒果藤（Turbith）、鴉片、垂榕（Benjamin）、鹵砂（Sal ammoniac）、印度乳香（Olibanum）、沉水香／首蜜香（Lignum aloe）、土荊芥（Worm seed）、油患子（Gumlac）和波斯絲綢，產自蘇門

答臘的胡椒和黃金，以及來自班達群島的肉豆蔻和肉豆蔻乾皮。[45]

他們也造訪了蘇拉特（Surat），但因為葡萄牙人反對，所以只能做非常少交易。在這次航行中，失去了興隆號和愛人號，只有胡椒粒號載滿了胡椒回到英國，即便如此，還是賺了一大筆。

在接下來十幾年都是如此模式，但基本上能帶來很高的利潤，只是人員和船隻會損失慘重。荷蘭人的經濟越來越好，武器也越來越精良，在遠東的交易則是越來越冷酷殘忍。1598 年，由雅各‧范‧內克指揮的第二次遠征，具體展現如何運作：船隊有 8 艘船，載回大量的胡椒、丁香、肉豆蔻、肉豆蔻乾皮和肉桂。他們在 1602 年建立了聯合（荷蘭）東印度公司（Vereenigde Oostindische Compagnie，VOC），目標類似英國東印度公司。荷蘭東印度公司的組織非常完整，且設備精良，實際上是由荷蘭政府支援的軍商合一企業。它也是世界上第一家上市公司。其主要目標之一是掌控東南亞的香料貿易，而他們也繼續用只講效率不講情面的方式去實現。

1605 年，荷蘭人在安汶已經完全取代葡萄牙人，而在 1603 年時，剛成立的聯合東印度公司在新加坡攔截一艘貨品豐厚的葡萄牙卡瑞克帆船（Carrack）「聖卡塔琳娜號」（Santa Catarina），並在萬丹建立貿易站，隨後在 1611 年，也在爪哇的巴達維亞（Batavia）建立貿易戰。但在 1605 ～ 1621 年之間，荷蘭人用武力強制驅逐葡萄牙人，讓荷蘭人能夠壟斷肉豆蔻和丁香的貿易。[46]

1604 年，英國人和荷蘭人在班達群島發生衝突，隨後也在多個場合發生類似情況。1616 年時，納森尼爾‧柯特普（Nathaniel Courthope）率領他的船隻「天鵝號」（Swan）和「防禦號」（Defence）到龍島（Island of Run），他在那裡與島民結盟，並加強防禦，成為一個對抗荷蘭人的駐點。荷蘭人最終還是在島上肆虐，並在圍攻 1,540 天後，殺了柯特普。這個事件的後記是，荷蘭人殺害或俘虜島上所有的原住民，並砍掉所有的肉豆蔻樹，以阻止日後英國再對此地感興趣。

多重事件在 1623 年達到頂點，導致「安汶大屠殺」（Amboyna Massacre），

當時荷蘭人逮捕、凌虐和處決 20 個人，其中包括 10 名英國商人。這些人被控反叛，密謀霸佔荷蘭人在安汶的碉堡，以及暗殺統治者。他們被斬首處死，而英國首領加百列・托維森船長（Captain Gabriel Towerson）的頭顱遭尖椿刺穿。這個事件的負面政治影響力非常巨大，間接導致 1652～1654 年的第一次英荷戰爭。

肉豆蔻的種植集中在班達群島和安汶，而在 1651 年時，荷蘭人把其他島上的肉豆蔻和丁香樹也連根拔起，就像他們在龍島做的一樣，以更好掌握壟斷權。到了 1681 年，香料群島上大約 75% 的丁香和肉豆蔻樹都被摧毀，造成香料短缺，價格上揚，進而對聯合東印度公司有利。

根據一封在 1613 年寫給英國東印度公司的信，荷蘭在遠東有 28 個代理處和 15 座碉堡，相較之下，英國只在萬丹有一個代理處。[47] 英國在 1613 年於蘇拉威西島（Sulawesi）西南岸的望加錫（Makassar）建立一個代理處，望家錫是那個區域的重要轉口港，也接收各式各樣的商品。此外，該處鄰近香料群島，佔了地利之便，英國便可以取得走私的肉豆蔻、肉豆蔻乾皮和丁香，並避免荷蘭人的侵略。1632 年 12 月，高達 8.1 萬磅的丁香運往英國。[48]

荷蘭對於望加錫的敵意從 1640 年代開始增加，因此造成丁香價格鉅額上升，直到 1660 年代中期才停止，而且供貨到望加錫的丁香幾乎都中斷了。期待局勢好轉的英國人，直到 1667 年都還停留在望加錫，直到被荷蘭人驅逐，才正式為英國東印度公司在東方群島的活動劃下句點。

到了 1700 年，葡萄牙人除了在印度西部與澳門有小型的飛地（Enclave），已經失去對此區的控制。荷蘭人篡奪他們在亞洲大部分地區的地位，而且如今也大大地控制亞洲香料貿易。英國人除了透過蘇門答臘的幾個地點外，在東南亞從未有重大進展，但他們穩穩立足在印度，很快就佔有主導優勢。

英國東印度公司重新調整重心，試著在印度站穩腳步。1612 年，蒙兀兒帝國的皇帝賈漢吉爾（Mughal emperor Jahangir），批准東印度公司於蘇拉特和其他地方成立代理處。到了 1647 年，英國東印度公司在印度已經有 23 個代理處，使得葡萄牙的重要性減弱——但香料不是此處的交易主力，而是

絲綢、厚棉布、靛藍色染料和茶葉，與其他商品。代理處常常逐漸演變成堡壘。雖然從 17 世紀後期開始，有幾場英印戰爭，但英國東印度公司仍在印度擴張其業務，到最後擁有他們自己的部隊，從 18 世紀中期起，軍力也急遽增長。在孟買，馬德拉斯和孟加拉地區設立總督區（Presidency），而每區都由一個總督負責管理。

香料價格

香料價格表（見圖 21，P.332）顯示了幾個值得注意的現象。首先，香料在索羅德・羅傑斯資料集中的可取得性：肉桂在 1430 年前是稀少的，肉豆蔻直到 1554 年才有紀錄。[49] 丁香和肉豆蔻乾皮則在整個時期都可取得，所以肉豆蔻必定是因為 1550 年代以前不受歡迎才短缺——這一點可以從它幾乎沒有出現在同年代的英國食譜中而證實，只有歐洲大陸有零星幾筆紀錄。

其次，這些香料的相對價格是依循一個一致的模式：黑胡椒永遠是或多或少買得起的，而且經過審視，也通常是 5 種香料中最便宜的。由於英國東印度公司在印度的主導權，所以供貨無虞，從未真正受限過。值得關注的是，歐洲對胡椒的消耗量，在 1600 年代初期價格下降後，劇烈增加。[50]

肉豆蔻乾皮幾乎永遠是這些香料中價格最高的。看它在中世紀被廣泛使用（買得起的人），實在很讓人好奇——他們很愛把這種帶苦、濃烈又有香氣的風味加進鹹食裡。丁香和肉桂的價格在整個時期大致相同，取得上也都沒問題。在 1400 年前，丁香和肉豆蔻乾皮一樣貴，甚至更貴。

第三點，也是最重要的一點，就是價格隨時間的變動，主要是因應從拜占庭滅亡後的重大地緣政治事件。葡萄牙從 1500 年代早期起，在印度和東南亞控制香料貿易，和上一個世紀維持 100 年的價格相比，香料價格大幅增加。其他導致價格上升的因素，是葡萄牙在 1515 年攻佔荷姆茲，以及土耳其在 1516 ～ 1517 年攻佔埃及（造成香料不容易經由紅海路線運輸）。

英國人和荷蘭人在 17 世紀初開始出現後，葡萄牙人的權力就急速衰減。

獨佔事業被破解，價格大幅下降，但這情況並未維持太久。荷蘭人迅速取代葡萄牙人在東南亞大部分地區的地位，並把英國人封鎖在摩鹿加群島的交易外，結果是由不同的壟斷者造成另一次大漲價。

餘波

到了 17 世紀末，荷蘭人已經成功主導亞洲香料貿易，不僅限肉豆蔻和肉豆蔻乾皮，還有印度的胡椒、薑、薑黃和來自錫蘭的肉桂。他們的獨佔事業一直延續到 18 世紀末；肉豆蔻、丁香和其他香料被法國人偷偷從香料群島運送出去，種在他們其他的殖民地，而在 1780 年，英國的船隻擋住荷屬東印度（Dutch East Indies）的港口。在 18 世紀末，聯合東印度公司因為管理不善、惡化的貿易情況，和荷蘭在第四次英荷戰爭（1780 ～ 1784）戰敗而受盡折磨。荷蘭東印度公司一直到 1796 年成為國有化，並於 1799 年結束最後一天。

英國東印度公司撐得稍微久一點，但在 1857 年「印度民族起義」之後，就注定出現不祥之兆。次年，《印度政府法案》（Government of India Act）生效，英國東印度公司在印度得到的所有利益都要繳交給皇室。荷蘭和英國在 1824 年瓜分南亞大部分地區，接著荷蘭就一直待在印尼，直到第二次世界大戰才離開。英國東印度公司最後在 1874 年解散。

地理大發現（二部曲）：
辣椒和新世界香料

普通辣椒，《花卉順勢療法》
（*The Flora Homoeopathica*，倫敦，1852～1853）
資料來源：生物多樣性歷史文獻圖書館

辣椒

辣椒有 5 個栽培種（D omesticated specie），全都屬於「番椒屬」（Capsicum）。另外還有大概 30 個野生種。[1] 栽培種包括：

普通辣椒／一年生辣椒（*C. annuum*）：是世界上最常見的辣椒。這些包含典型的且通常為手指形狀的辣椒，但普通辣椒在形狀、大小與顏色上其實有許多變化。第一個人工種植的地點是墨西哥，從辣的到不辣的皆有。[2]

燈籠椒（*C. chinense*）：包括蘇格蘭圓帽辣椒（Scotch Bonnet）、哈瓦那辣椒（Habanero）和卡羅萊納死神辣椒（Carolina Reaper）及變種。果實通常是球狀或櫻桃狀，而且超級辣。種植於亞馬遜（河）雨林北部。

漿果辣椒（*C. baccatum*）：包括風鈴辣椒／主教王冠辣椒（Bishop's Crown／Friar's Hat）和祕魯黃辣椒（Ají Amarillo）及變種；第一個人工種植的地點是玻利維亞。辣椒莢通常是垂下的，而且辣度非常高。

灌木狀辣椒（*C. frutescens*）：塔巴斯科辣椒、馬拉蓋塔椒（Malagueta）和朝天椒（Cabe Rawit pepper）。它們通常個頭小，呈細長的圓錐形，直直地長在植株上。種植於加勒比海地區。

絨毛辣椒（*C. pubescens*）：包括祕魯紅辣椒（Rocoto peppers）；果實一般為球狀。這是一個長壽的種，且辣椒帶有獨特的果香。種植於安地斯山南部。

番椒屬是茄科的一員，茄科還包含番茄、馬鈴薯和茄子。人們認為辣椒最早出現於玻利維亞，且所有物種都與南美洲不同地方有關。人類大約從 8,000 年前開始採摘野生的辣椒，開始種植辣椒的歷史可能是大約 6,000 年前。[3] 目前在墨西哥的洞穴中，找到最古老的辣椒宏觀遺址（Macro remains），年

代大約是 7,000 ～ 9,000 年前——這讓它們成為人類最早使用的辣椒種。[4] 在厄瓜多的沉積物樣本、磨石和烹飪用具碎片裡的食物殘留物中,也找到非常早期的辣椒遺跡(澱粉)。[5] 這個遺址的年代可追溯 6,100 年前。

玉米和辣椒常同時出現在古老的遺址中——人類愛吃辣的口味偏好,顯然已經持續數千年之久。

辣椒的辣對於許多人來說似乎會上癮,包括我自己在內。這種辣度或「刺激」紀錄在「史高維爾辣度單位」(Scoville Heat Units,SHU),以包含多少辣椒素類物質(Capsaicinoid,其中以辣椒素的最高)而定。辣椒素類物質是出現在辣椒種籽周圍組織、內膜和其他部分的生物鹼(Alkaloid)。

在現代,要測量刺激度的方法是「高效液相層析」(High performance liquid chromatography),然後把辣椒素類物質(以 ppm 為單位)乘以 15,即可轉換為 SHU。在史高維爾辣度單位中,任何高於 80,000 SHU 的辣椒都會被標為「非常辛辣刺激」(Very highly pungent),但如果你看到下表,就會知道僅僅 80,000 SHU 根本就是小兒科。請記住,這些只是大家所熟悉的品種中,非常小的一部分——全世界共有超過 5,000 個番椒屬的栽培品種(Cultivar)。

表 7:常見的辣椒品種及其辛辣刺激度

名稱	物種	史高維爾辣度單位
純辣椒素	不適用	16,000,000
X辣椒	燈籠椒	2,690,000
卡羅萊納死神	燈籠椒	1,000,000~2,200,000
千里達莫魯加毒蠍椒 (Trinidad Moruga Scorpion)	燈籠椒	1,000,000~2,000,000+
奇特品辣椒 (Chiltepin pepper)	普通辣椒/一年生辣椒 (*Glabriusculum* 變種)	465,000~1,628,000
千里達毒蠍布奇T辣椒 (Trinidad Scorpion Butch T)	燈籠椒	1,000,000~1,460,000

娜迦毒蛇辣椒 （Naga Viper）	燈籠椒	1,382,000
印度鬼椒 （Ghost Pepper／Bhut Jolokia）	燈籠椒／灌木狀辣椒雜交種	855,000~1,000,000+
阿朱瑪辣椒 （Adjuma pepper）	燈籠椒	100,000~500,000
哈瓦那辣椒	燈籠椒	100,000~350,000
蘇格蘭圓帽辣椒	燈籠椒	100,000~350,000
查理斯敦辣椒 （Charleston Hot pepper）	普通辣椒／一年生辣椒	70,000~100,000
泰國奇奴辣椒 （Prik Kee Nu）	普通辣椒／一年生辣椒	50,000~100,000
秘魯紅辣椒／曼札諾辣椒	絨毛辣椒	30,000~100,000
塔巴斯科辣椒	灌木狀辣椒	30,000~50,000
卡宴辣椒 （Cayenne pepper）	普通辣椒／一年生辣椒	30,000~50,000
迪阿波辣椒／樹辣椒 （Chile de arbol）	普通辣椒／一年生辣椒	15,000~30,000
風鈴辣椒	漿果辣椒	10,000~30,000
塞拉諾辣椒 （Serrano pepper）	普通辣椒／一年生辣椒	10,000~23,000
哈拉皮紐辣椒 （Jalapeño pepper）	普通辣椒／一年生辣椒	4,000~8,500
奇波雷辣椒／乾哈拉皮紐辣椒 （Chipotle pepper／ Dried jalapeno）	普通辣椒／一年生辣椒	2,500~8,000
米拉索辣椒 （Mirasol pepper）	普通辣椒／一年生辣椒	2,500–5,000
其拉卡／帕錫亞乾辣椒 （Chilaca/Pasilla pepper）	普通辣椒／一年生辣椒	1,000~4,000
波布拉諾辣椒 （Poblano pepper）	普通辣椒／一年生辣椒	1,000~1,500
美希貝爾辣椒 （Mexibell pepper）	普通辣椒／一年生辣椒	100~1000

西班牙紅椒 （Pimento pepper）	普通辣椒／一年生辣椒	100~500
希臘金椒 （Pepperoncini）	普通辣椒／一年生辣椒	100~500
義大利青辣椒 （Friggitelli）	普通辣椒／一年生辣椒	100~500
香蕉甜椒 （Banana pepper）	普通辣椒／一年生辣椒	0~500
甜椒（Bell pepper）	普通辣椒／一年生辣椒	0

　　然而，世界上最辣的辣椒目前是卡羅萊納死神，它的辣度可達 220 萬 SHU。這個神奇的東西是「斯莫金」艾德・柯里（Smokin' Ed Currie）種出來的。柯里成立了一個取名相當適當的「帕可巴特辣椒公司」（PuckerButt* Pepper Co）。[6] 柯里也販售一系列辣椒醬，名稱包括：巫毒王子死神曼巴（Voodoo Prince Death Mamba）、煉獄（Purgatory）、死神（The Reaper）等。不過，世界上最辣的食品添加物是「布萊的一千六百萬儲備」（Blair's 16 Million Reserve），裡頭包含純辣椒素結晶，這罐醬料實質上是不能吃的，它只是當成值得收藏的珍品販售而已。

　　辣椒遍布整個南美洲與中美洲，派瑞（Perry）等人曾報導在巴拿馬一處遺跡的磨石工具上找到辣椒澱粉，歷史大約有 5,600 年；祕魯則是從距今 4,000 年起，就開始種植三個栽培種的辣椒；而聖薩爾瓦多市（San Salvador），則是大約 1,000 年前；另外在委內瑞拉一處年代為 450～1,000 年以前的遺址，也發現種植辣椒的證據。考古學家在每個地點都發現辣椒與玉米有關。辣椒植株本身是由鳥類自然傳播的，因為鳥類沒有感受辣椒素灼熱感的受體（不像大部分的哺乳類，會和我們一樣感到疼痛）。

---

* 譯註：PuckerButt 是「讓肛門收縮」的意思。

然而，辣椒傳到歐洲的時間，一直要等到 1492 年，才被來自熱那亞的航海家哥倫布（Christopher Columbus）所發現。事實上，哥倫布要找的是通往亞洲的西邊路線，他們相信亞洲是唯一可以用很棒的價格取得香料的來源，而且（他們認為是）乃經由陸上的絲路。在葡萄牙拒絕這個想法後（那是巴托洛梅奧・迪亞士繞行好望角後 4 年，但過好幾年後，達伽馬才到達印度），這趟航程由西班牙資助。

　　哥倫布的船隊由「聖瑪利亞號」（Santa María；是他的主船）、「拉妮娜號」（The Niña）和「平塔號」（The Pinta）組成。往返的旅程比達伽馬、以及後續到亞洲遠征的短許多——只花了 7 個月，不像之前去東方的航程，都要兩、三年。哥倫布從西班牙出發兩個月多一點後，就到達巴哈馬群島中的聖薩爾瓦多島（San Salvador in the Bahamas），大約兩個禮拜後，就到達古巴的北邊海岸。[7]

　　在探索一些聖薩爾瓦多島西邊的島嶼後，他們在當地人的建議下，往西南邊的古巴前進，哥倫布很有信心，認為那裡充滿了黃金和香料（他誤把古巴想成西潘戈島〔The island of Cipango〕，或日本。）不管怎樣，當哥倫布抵達時，他對古巴的自然景色之美留下非常深刻的印象。他們拿肉桂和胡椒的樣本，還有黃金與珍珠給當地的原住民看，原住民看了後向來訪者保證，附近有許多這樣的東西。他們也看到古巴人抽「半燃的野草」——即「煙草」。他們也計畫要找黃金，但哥倫布一直找不到他要的亞洲香料。事實上，在他的餘生，他都相信他發現的新島嶼，是亞洲的一部分。

　　他們持續往東南前進，抵達一座大島，他們將之稱為「伊斯帕尼奧拉島」（Ila Española ／ Hispaniola）。聖瑪利亞號因在沙灘上擱淺，在 1492 年的聖誕節這天，他們留下這艘船，接著繼續搭拉妮娜號往東沿著海岸前進。就在要出發回西班牙前沒多久，航海日誌寫道：「這邊也有好多辣椒（Ají，即chili），是他們的椒類，比胡椒更值錢，所有人都只吃這個，辣椒的營養成分非常高。也許可以每年派 50 艘卡拉維爾輕快帆船來伊斯帕尼奧拉島載貨。」

　　1511 年，西班牙王室的一位編年史家安哥拉利亞（Peter Martyr d'Anghiera）

在根據第一次的航程而寫了一封信，他形容：「外皮粗糙、有不同顏色的莓果，嚐起來比高加索胡椒（Caucasian pepper）更嗆辣。」[8] 哥倫布形容原住民：「裸體、手無寸鐵，但膽小得無可救藥，一絲不苟且誠實。」可悲的是，這個觀察像是有先見之明，後來西班牙人對美洲人的殖民極其殘忍。

現在我們能看到哥倫布《日誌》的長篇摘要，都要感謝在 1502 年到達伊斯帕尼奧拉島的當代作家，同時也是神職人員的巴托洛梅・德拉斯卡薩斯（Bartolomé de las Casas）。哥倫布最終在 1493 年 3 月回到西班牙，接受到英雄式的歡迎。

哥倫布於 1493 年進行第二次航行，這次的船隊規模大很多，總共有兩艘卡拉克帆船和 15 艘卡拉維爾輕快帆船，以及大約 1,200 名男人，此行主要目的是傳（基督）教。他們在 9 月 25 日離開西班牙，11 月 3 日在多明尼加南邊的背風群島（Leeward Islands）登陸。他們沿著群島往西北航行，最後到達伊斯帕尼奧拉島。除了其他食物外，他們又再一次看到辣椒。

迪亞哥・阿爾瓦雷斯・錢卡（Dr Diego Álvarez Chanca）是遠征隊的隨團醫生，他在 1494 年的信中因此寫道：「他們的食物包含麵包，原料是一種介於樹與蔬菜之間的蔬菜根部，另外還有薯蕷屬植物（Yam）……他們用一種名為『辣椒』的香料來調味，因為他們知道如何捕捉生物，所以辣椒也會和捉到的魚以及鳥類一起吃。」[9]

哥倫布稱這種新植物為 "Pimiento"（儘管 Chili 這個字的源頭來自阿茲提克語），因為它的嗆辣，而把它與胡椒（Pepper）連在一起，但辣椒與黑胡椒之間並沒有植物學上的關聯。

第二次的航行最後在生理和道德上，都陷入難以擺脫的困境。許多屯墾者死於營養不良；官員虐待並奴役原住民；許多成為奴隸的當地人被運回西班牙。船隊最後在 1496 年回到西班牙。哥倫布後來又領軍了兩次航行，在委內瑞拉發現南美洲大陸，並到達中美洲，期間還遭逢叛亂和監禁，以及其他無理侮辱，但他畢生都未找到抵達香料群島的西進路線。最後在 1506 年去世。

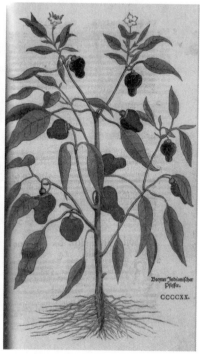

De historia stirpium commentarii insignes（福斯 1543 年翻譯版）中的辣椒圖片；
（左）普通辣椒；（右）可能是燈籠椒

雖然哥倫布把（辣椒）植物帶回了西班牙，但將辣椒輸出到葡屬非洲、印度、麻六甲和印尼的卻是葡萄牙商人。[10] 由哥倫布和葡萄牙人帶到歐洲的食物群內，辣椒是其中之一，還包括玉米、豆、瓜和辣椒。過了這個再發現的初期階段後，辣椒以非常快的速度在歐洲、非洲和亞洲擴散開來。一開始在歐洲的使用可能只是植物園裡的新奇植物，或當成裝飾用植物，後來才演變成烹飪用途。在西班牙國內，塞維亞（Seville）是重要的番椒屬植物培育和擴展起點，而且西班牙人很樂於種植這些植物。[11]

歐洲最早的辣椒（*C. frutescens*）圖片來自奧地利國家圖書館中，約 1540 年的 “*Codex Amphibiorum*”。[12] 這張圖片加上由德國植物學家萊昂哈特・福斯（Leonhart Fuchs）在 1543 年做的番椒屬植物圖片目錄（見左圖），可證明中歐在那個時期已經認識辣椒了。[13] 福斯與後來的約翰・傑勒德（1597）都用圖畫說明圓形、手指狀和球狀的辣椒。傑勒德把辣椒形容為金尼或印度椒（Ginnie or Indian Pepper），暗示其來源為 16 世紀晚期的西非或印度。[14]

葡萄牙人可能從西班牙大陸美洲（Spanish Main）或西班牙的港口取得辣椒（以及相關食物）。從葡萄牙出發的貿易路線會到達葡屬大西洋群島、安哥拉、葡屬東非和印度。他們在非常早期就到果亞了；玉米在 1500 年代初期從古吉拉特出口。在這之後沒多久，這組食物就傳到麻六甲、印尼、孟加拉灣（Bay of Bengal）、緬甸和中國。當時也有可能是透過土耳其和阿拉伯商人，從非洲和印度經由紅海和／或波斯灣傳到地中海和歐洲部分地區。[15]

到了 1539 年，玉米已經被鄂圖曼土耳其人接納，食物群中的其他成員，包括辣椒，也分佈廣泛。安德魯（Andrew）說繼葡萄牙人之後，鄂圖曼土耳其人與美索美洲（Meso-American，或稱「中美洲」）對於掌管食物散佈，可能比其他族群的人更高。鄂圖曼土耳其帝國在 1526 年入侵匈牙利，並包圍維也納；不久之後，中歐便有關於椒類的相關記載。

匈牙利紅椒（Hungarian pepper）是製作紅椒粉（Paprika）的原料，將鮮紅色的匈牙利紅椒（*C. annuum*）乾燥後磨成粉，這個香料現在普遍和匈牙利有關聯。在 16 世紀的捷克，胡椒被稱為「土耳其胡椒」（Turkish

Pepper）或「印度胡椒」（Indian Pepper）；目前已經在布拉格和布爾諾（Brno）找到年代為 16 ～ 18 世紀的植物考古學遺跡。[16] 辣椒在 1548 年前，便已傳到英國，隨即持續走紅！

但尼（M.-C. Daunay）等人在 16 ～ 17 世紀的文獻中，用圖片記載了番椒屬植物的品種與外形變化，證明除了「普通辣椒」以外，還有其他種存在。[17] 燈籠椒和灌木狀辣椒被運出口的時間，可能比普通辣椒還早，因為它們是當時最有可能在西印度群島種植的種。[18] 其他作者則認為先到達歐洲的是普通辣椒──它絕對是最成功的種，但爭論這個沒有太大意義，因為此三者的圖片皆出現在 16 世紀中期的歐洲文獻中。辣椒之所以可以征服全球，其中一個原因是很容易繁殖，它可以自花授粉（Self-pollinate）且能夠適應各式各樣的外在條件，但還是在熱帶與亞熱帶的環境中長得最茂盛。

辣椒經由南邊的沿海路線（可能是浙江省），傳入中國。[19] 第一次提到此植物的文字紀錄是 1591 年高濂的《遵生八箋》。辣椒最先是由葡萄牙人傳入葡屬澳門（葡萄牙人自 1557 年起開始統治）的說法，也貌似可信的，之後經過上海到達浙江，接著再往西沿著長江傳到中國內陸。

開始把辣椒加進食物裡當調味料的是貴州省人，今日貴州仍是主要的辣椒產區之一。辣椒也有可能經由印度河從印度傳到中國，然後再走絲路透過陸路傳播。圖 25（見 P.334）說明了番椒屬植物在全球的快速擴散。

奇怪的是，辣椒從墨西哥等地傳入北美洲後，似乎只造成小幅度的擴散，一直要到歐洲人殖民北美洲後，辣椒才在那裡蓬勃生長！1600 年代初期開始使用奴隸，可能也有影響，因為來自非洲的奴隸早已使用辣椒。[20]

辣椒有各式各樣不同的形狀、大小與顏色，即使是同一物種間也是如此。辣椒傳到南亞後，很快就栽種成功，因為當地氣候非常適合辣椒生長。印度現在是全世界最大的辣椒生產國與出口國。[21] 麥塔博士（Dr. Mehta）曾提到一些有趣的故事，內容關於辣椒的民間傳說與不尋常用途：從在東歐被用來趕走吸血鬼和狼人，到在阿薩姆被用來嚇阻野生大象。辣椒常被用來解宿醉，也有放進腮紅中，讓臉頰有自然光暈的用法，另外還能制止小孩吸大

拇指和咬指甲，還有幾乎令人無法相信的用途（特別是對於曾切完辣椒，無意間揉了眼睛的人），居然可當眼藥水來治療頭痛。辣椒主要的傳統用途是增添食物的辛辣度、顏色、風味與質地。紅椒粉能讓食物有美妙的風味和好看的顏色，但不會增添太多辣度；同樣地，甜椒也是一個色彩鮮豔，能增加口感，而非辣度的蔬菜。常見的辣椒食品包含新鮮、乾燥、壓碎、粉狀、煙燻和發酵的辣椒、辣椒紅油（Oleoresin；一種從極細辣椒粉萃取出來的黏稠液體）、種類繁多的辣椒醬與辣椒泥、辣油，也可放進咖哩粉與其他綜合香料粉，以及各種不同的辣調味醬與佐料。

香草

　　香草是世界上最受歡迎的調味香料，也是僅次於番紅花的第二昂貴香料。香莢蘭（*Vanilla planifolia*）屬於蘭科，原產地為中美洲地區，是一種藤本植物，有著淡黃色、綠色或白色的花朵，果實為種莢，通常為 15 ～ 20 公分長。

　　香草莢是眾人夢寐以求的香料。要產生其獨特風味（透過增加香草醛〔Vanillin〕的濃度）的加工處理極為耗時費力，需花上好幾個月，這也是為什麼市面上販售的香草莢如此高價的主要原因。除了加工處理，香草本身的授粉也是件麻煩事。另外兩個種：大花香莢蘭（*V. pompona*）和大溪地香莢蘭（*V. tahitensis*）的種莢香氣沒那麼濃郁，導致商業性也薄弱許多。

　　香草的味道常被形容為甜甜的、濃郁有奶味，還帶有香氣。每一個物種、品種以及地理來源的香草，其風味檔案各不相同，

　　最早使用香草的人類，可能是墨西哥的托托納特人（Totonac）和阿茲提克人。阿茲提克人早在被西班牙人征服之前，就已經嚐過香草。赫南・科泰茲（Hernán Cortés）在 1521 年擊敗阿茲提克人，他們抓了國王蒙特蘇馬（Moctezuma），之後還把他殺了。科泰茲的手下貝納爾・迪亞茲（Bernal Díaz）是一名值得信任的中尉，他曾形容在蒙特蘇馬被抓之前的盛宴。依照

當地習俗，在一頓豐盛的晚餐後，會有「一杯杯（實際上是 2,000 杯）冒泡的可可液」。[22] 巧克力是阿茲提克人的一種冷飲，而且常會加入香草、辣椒和聖耳花（*Cymbopetalum penduliflorum*），以及其他食材來增添風味。[23]

西班牙人一公開香草後，它很快就擄獲人心——先是西班牙，隨後蔓延到整個歐洲。修·摩根（Hugh Morgan）是伊莉莎白一世的藥師，據說他向女王介紹香草時，說它是「甜食」（Sweetmeat）。17 世紀的醫生安東尼奧·科梅雷諾（Antonio Colmenero de Ledesma）寫了一個巧克力飲品的食譜：可可與辣椒、洋茴香籽、舟瓣花屬植物（*Cymbopetalum*）、墨西哥胡椒葉（北美聖草）、香草、肉桂、堅果和糖混合，並用胭脂樹紅（Achiote）染色，便成了一杯又辣又甜，且帶有療效的飲品。[24]

香草的高人氣也延續到情愛浪漫上：18 世紀的德國醫生貝札爾·齊默爾曼（Bezaar Zimmerman）宣稱香草是一種非常有效的催情劑，並說它已經幫助 342 名陽痿的男性成為「驚人的情人」。[25]

香草在 1793 年被傳入另一個適合生長的熱帶環境：留尼旺島（Réunion；印度洋的一個島，以前稱為 Île de Bourbon），之後在 19 世紀末，取代墨西哥成為產量最多的地區；香草後來傳到爪哇（1819）、印度（1835）、大溪地（1848）、塞席爾（Seychelles；1866）；以及馬達加斯加，末者是目前全球最大的香草生產地。

早期想要在墨西哥以外地區種植香草的計畫一直不成功，因為花朵無法被授粉，所以長不出種莢。直到 1830 年代，人們終於發現香草花是靠當地的蘭花蜂（Orchid bee）與蜂鳥授粉的。

1841 年，一名留尼旺的奴隸艾德蒙（Edmond）找到解方（他當時 12 歲，後來被「賞賜」自由，以及阿爾比烏斯〔Albius〕這個姓氏）。他發明一種簡單但有效的方法來幫花朵人工授粉。他用竹條的尖端，把花粉放在隱藏的花朵柱頭上，類似的方法直到現在都還在使用。但讓問題更複雜的是，花只會開一天，而且果實需要 6～9 個月才會成熟。而重要的香草產品有香草莢、香草粉、香草精（最主要的商品）、香草油樹脂（Oleoresin）、香草

糖和香草原精（Vanilla absolute；用於香氛產品）。[26]

香草一直要到 19 世紀初期，才出現在食譜書中，但從那時候開始，就變得很普遍。《維吉尼亞的家庭主婦》（*The Virginia Housewife*，暫譯）是美國第一本出現香草霜（Vanilla Cream，即冰淇淋）食譜的書籍：

> 把香草莢放入 1 夸脫的高乳脂牛奶中煮沸，等到散發出足夠的香味後，取出香草莢。然後將煮過的牛奶與鮮奶、8 顆蛋（蛋白和蛋黃要先打出泡沫）混合均勻；再多煮一下；加糖，讓煮出來的奶蛋液非常甜，因為大部分的糖在冷凍過程中會消失。[27]

香草中主要產生風味的化合物是香草醛，它是一種酚醛（Phenolic aldehyde），但在香草中也能找到許多其他的揮發性化合物。1874 年，兩名德國的科學家發明了合成的香草醛，這是一個很重要的進展，因為天然的香草實在太過昂貴，但對於剛剛舉得成功的香草種植者而言，這個發明在商業上是個嚴重威脅。

因為天然香草的產量無法滿足全球大量的需求，所以合成香草醛的供貨量遠遠超過天然香草醛。但是，合成香草醛就是純香草醛，缺乏天然香草精中其他複雜的化合物。真正的香草愛好者會購買天然的產品，而且做好荷包失血的準備。

近期一些考古學的發現，徹底推翻了之前人類第一次使用香草的歷史。他們在以色列迦南（Canaan）的一處遺址，發現四個青銅時期的壺。經過有機殘留物的測試與分析後，在其中三個壺中發現顯著的香草醛含量，以及其他兩個香草中特有的成分。[28] 這些壺的年代為公元前 1650 ～前 1550 年──當時的人怎麼可能使用香草？來源可能是原生於東非或亞洲，比較顯為人知的香莢蘭種，接著透過某種方式傳到黎凡特地區──到目前為止仍是個神祕又有趣的問題。

多香果（姚金孃目）

多香果（Allspice）是熱帶樹木多香果（*Pimenta dioica*）未成熟的漿果。這種植物原生於加勒比海地區和中美洲。多香果也被稱為牙買加胡椒、姚金孃胡椒和西班牙甘椒（Pimento）。

在哥倫布的第一次航行中，他在古巴把胡椒的樣本拿給當地人看，當地人（用肢體動作）表示：「這附近有很多」，當時他們指的可能就是多香果。[29]哥倫布可能是在 1494 年的第二次航行中，在牙買加發現這種香料，等到了 1503 年第四次航行時，他一定已經很熟悉多香果，因為他被困在那裡一年。

多香果在 16 世紀初傳入歐洲。西班牙人稱它為 "Pimienta"，因為它鬆散顆粒狀的外觀很像舊世界的黑胡椒。但這樣的稱法在某種程度上是令人困惑的，因為西班牙人也因辣椒與黑胡椒有類似的嗆辣，而給番椒屬／辣椒類似的名稱（Pimiento）。

多香果的風味像是丁香、肉桂及肉豆蔻的綜合體，因此是個很萬用的香料，加在鹹甜食裡都合適。普魯士（M. Preusz）等人指出在布拉格兩處找到稀有的古多香果遺跡，一處來自 15 世紀至 1605 年的沉積物，另一個的年代則是 17 或 18 世紀。[30]1686 年的一本植物書籍《植物史》（*Historia Plantarum*）曾描述多香果；然而，多香果並未出現在早期的英文食譜，廚師們還是傾向使用肉豆蔻和丁香等。[31]伊莉莎白・史密斯（Eliza Smith）在她 1727 年的著作中，很常提到「牙買加胡椒」，而漢娜・格拉斯（1747）則把多香果用於一道醃菜的中。[32]到了 1700 年代後期，多香果就越來越常出現在烹飪書籍中了。[33]

今日，多香果樹被種植在許多個熱帶與亞熱帶國家，牙買加是最大的生產者與出口者，佔了全球貿易量的 70%。雖然乾燥和壓碎的漿果主要是製成烹飪用香料，但它也被用來做成漿果精油、利口酒和傳統醫藥，並用於香水產業。

08 Sugar

糖

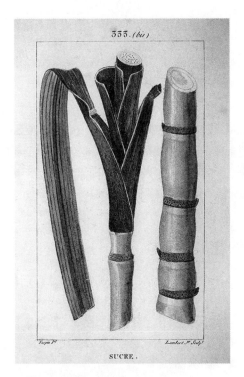

甘蔗,《花卉醫療》(*Flore Medicale*,1835)
資料來源:生物多樣性歷史文獻圖書館

我們常把甘蔗和加勒比海地區聯想在一起（因為那裡的種植地和奴隸制度長期有關），但事實上甘蔗的原產地是亞洲。秀貴甘蔗（*Saccharum officinarum*；又稱「紅甘蔗」）原產於新幾內亞（New Guinea）和（可能）印尼東部，且栽種歷史也許約 10,000 年之久。[1]

秀貴甘蔗可能是從早一點的物種「新幾內亞野生蔗」（*S. robustum*）演化而來。全球生產的糖幾乎 80% 都來自秀貴甘蔗及其雜交種。秀貴甘蔗後來往西擴散，先是穿越東南亞，然後在公元前 1000 年左右到達印度東北。甘蔗迅速在整個亞洲和非洲散布，往東穿過太平洋，而且在中世紀初期從印度傳到西亞和北非。它也是「哥倫布大交換」（Columbian Exchange）時，傳入美洲的物種之一。

甘蔗屬（*Saccharum*）是禾本科（Poaceae family）。禾本科又稱為禾草（Grasses），其中共有 19 個種，但只有 6 個種是甘蔗。[2] 秀貴甘蔗的莖可以長到很長，到達 5 公尺高，且在葉子基部會形成明顯的水平節狀（或節點）。節間區域有纖維構成的蔗髓和甘蔗最有名的甜甜汁液。

公元前 8 世紀的《蘇胥如塔文集》曾提到野生甘蔗（可能是甜根子草〔*Saccharum spontaneum*〕），這本書是阿育吠陀的根基文本之一。甜根子草原產於印度，後來和秀貴甘蔗雜交。這兩個種的自然雜交種可能導致在北印出現的細稈甘蔗（*S. barberi*），與在中國出現的竹蔗（*S. sinense*）。細稈甘蔗和竹蔗都是從史前時代即開始栽種。[3]

甘蔗出現前的甜味

在糖出現之前，有很長一段時間的主要甜味劑是蜂蜜。人類確實從新石器時代（或許更早）即開始從野外採集蜂蜜。西班牙一份公元前 8000 ～前 2000 年的岩石藝術（Rock art）中，曾描繪野生蜂蜜的採集，而且在安納托力亞（Anatolia）的陶器裡找到蜂蠟，年代為公元前 7 千紀，蜂蠟另外也出現在歐洲其他多個新石器時代的遺址。[4]

人類最早使用蜂蠟的證據來自南非邊境洞穴（Border Cave）的一個樣本，當時的用途可能是一種黏著劑，時間大約為 40,000 年前。[5] 古埃及人也許是第一個養蜂者，目前已發現的歷史證據可追溯至公元前 2400 年左右。[6] 蜂蜜被當成食物、入藥和用於儀式。希羅多德說巴比倫人「把屍體埋在蜂蜜裡」，可能指的是防腐處理。[7] 希臘和羅馬人廣泛使用蜂蜜，既當成藥物，也當成食物。

亞里斯多德在公元前 4 世紀曾寫過有關蜜蜂的內容，而普林尼則是詳細觀察（有些是杜撰的神話）蜜蜂的自然史和蜂蜜的種類。可明顯看出他很喜歡蜂蜜，他說：「它提供給我們的風味，是一種最精緻的享受。」[8] 他也讚賞蜂蜜能夠預防腐敗、治療喉嚨和扁桃腺不適、口腔微恙、扁桃體周圍膿腫和發燒的特性；蜂蜜酒被用來治療麻痺，而蜂蜜加玫瑰精油則是「耳朵的注射液」；它另外也有根絕頭部蝨卵和臭蟲的效果。[9]

古人將蜂蜜和水混合成「（未發酵的）蜂蜜水」（Hydromel），或和醋混合成「蜂蜜醋」（Oxymel）。它們被當成料理食材也入藥。另外也有蜂蜜與葡萄酒、玫瑰、蘋果汁和酸葡萄調和而成的混合物。公元 1 世紀的羅馬農學家科盧梅拉（Columella）寫了許多有關養蜂和蜂蜜採集的文章。[10] 古典文學中也大量提及蜂蜜。佩托尼奧（Petronius）用帶點哲學色彩的看法寫道：「然後是蜜蜂：在我看來，牠們因為會吐出蜂蜜，所以是很神聖的昆蟲，但也有人宣稱他們是從朱比特（Jupiter）身邊把蜜蜂帶過來的，所以牠們會螫人，在找甜蜜地方的同時，也會找到痛苦。」[11]

其他的甜味劑是椰棗和蜂蜜酒（Mead）。椰棗是棕櫚科椰棗樹（*Phoenix dactylifera*）的果實，中東和印度河河谷栽種這種樹的歷史，已有數千年之久。它們天生的高含糖量（超過 60%），造就一小顆椰棗就能提供亮的甜味（和能量）。目前種植椰棗的最早歷史證據，來自梅赫爾格爾（Mehrgahr；屬今巴基斯坦境內）的印度河河谷新石器時代遺跡，年代為公元前 7000～前 5500 年。[12] 種植在底格里斯河河谷與幼發拉底河河谷的年代，可能是公元前 4 千紀。[13] 野生椰棗的年代是更早之前——它們可能是中東尼安德塔人

（Neanderthal）膳食的一部分。蜂蜜酒則是發酵後的蜂蜜水，也是大概幾千年以前的古老產物。

甘蔗

　　如下面的一些敘述所證明，西方社會（可能）從公元前早期幾世紀就能取得蔗糖了，但很顯然地當時在那裡並未種植甘蔗，蔗糖被視為另一種來自東方的香料。

　　迪奧斯科里德斯曾提到蔗糖，形容它是一種在印度與阿拉伯地區的蘆葦稈中找到的硬化蜂蜜，普林尼也曾做出類似的敘述，並補充牙齒咬到會碎掉，只能用在藥物中。[14] 史特拉波也是很早就提到了印度的蔗糖：「他（奈阿爾霍斯〔Nearchus〕）說雖然沒有蜜蜂，但蘆葦稈（甘蔗）會流出蜂蜜。」[15]這意味著即使西方世界在當時並未種植甘蔗，但他們依舊知道它的存在。

　　厄拉托希尼（Eratosthenes；公元前 276～前 194 年）也曾敘述相同的甜蘆葦稈。所以說，在公元前幾世紀的希臘羅馬社會，人們好像已經知道糖，但並未大量使用（或許很昂貴），即便使用，似乎也主要當成藥物。從戴克里先的《價格詔書》和查士丁尼的《學說匯纂》都未列出糖這點看來，似乎可證實糖在當時的用途有限。

　　根據華特（G. Watt）的說法，中國要到公元前 2 世紀才認識甘蔗（儘管甘蔗早在那個時期之前，就已經在中國出現），而且有個人在公元 7 世紀初被派到（印度東北的）比哈爾邦（Bihar）學習印度率先研發出來的精製糖技術。[16] 華特提到白糖的古梵語名稱為 "Sarkara"，而 "Khanda" 這個字的意思是「壓碎」，暗示糖來自甘蔗，而 "Khanda" 後來也轉變成現代英文字 "Candy"。馬可波羅曾記載中國在 13 世紀生產與出口糖。[17]

　　甘蔗需要經過壓或磨，才能榨出甘蔗汁，然後再熬到將蔗糖濃縮成固態的原糖結晶顆粒。

原糖的顏色為淺棕色，之後的精製過程會移除雜質和黑糖蜜，隨後就會變成白色的結晶產品。更進一步的精製會產生更純的糖——市場要的是純粹又雪白的糖。經過把甘蔗壓碎或磨碎的機械化過程以及煮沸，來完成進一步的製糖加工。

蔗糖在公元 6 世紀前（或更早之前），就已經傳到波斯。在 627 年，拜占庭皇帝希拉克略（Heraklios）的軍隊攻克波斯的戰利品中，發現糖以及其他奇特的東方香料。穆斯林佔領美索不達米亞，以及之後在 642 年戰勝波斯，加速糖經由被哈里發國（Caliphate）攻取的土地——包括北非、西班牙和西西里等地，傳入西方社會。埃及人在公元 8 世紀前，就已經開始種甘蔗。此外，到了公元 10 世紀，甘蔗已經傳到桑吉巴。[18] 在紅海上古塞爾·卡迪姆的中世紀沉澱物中，也發現甘蔗。[19] 阿拉伯人愛吃糖以及對糖的狂熱是很驚人的。在 1040 年，開羅的蘇丹用了 73 英噸的糖來慶祝齋月結束，另外還有許多用糖做成的雕像、樹木和花朵。[20]

糖從 13 世紀開始，就很常在歐洲食譜中出現。糖來自西西里、塞普勒斯、克里特島、亞歷山卓，以及其他地方，價格非常昂貴，時常高於胡椒。[21] 其中一份最古老食譜來自 13 世紀後期的「錫安手抄本」（Sion Manuscript），其中在一種常見的粥「牛奶麥粥」（Frumenty）中，加了糖。[22]《烹飪的形式》（1390）中的許多道料理也能看到糖，而且在那之前，糖就已經開始取代蜂蜜了，但兩者還是常常一起使用，或互為替換。[23] 糖經由大馬士革、阿勒坡（Aleppo）、熱那亞和威尼斯等地從東方傳過來。食譜有時會特別指明糖的來源；在一道甜布丁 "Cawdel Ferry" 中，就特別提到要用「塞普勒斯的糖」——賽普勒斯從 10 世紀就開始種糖（甘蔗）：

將 Payndemayn（一種白麵包）的麵包粉和品質好的葡萄酒倒在一起。加入許多塞普勒斯的糖或澄清蜂蜜，再加番紅花。開始煮麵糊。煮滾時，放入蛋黃增稠。加鹽巴，就完成了。最後撒上糖和薑粉。

糖與新世界

葡萄牙人在 1420 年代初期殖民馬德拉群島（Madeira）後沒多久，就引入甘蔗，很快地甘蔗便成為島上經濟的支柱。到了 1500 年，馬德拉群島成為全球最大的糖出口地。糖的精製作業是高度勞力密集的過程，這讓葡萄牙人除了雇用給薪的工人外，也使用奴隸。非洲幾內亞附近的聖多美也成為重要的生產者，當地同樣使用非洲奴隸。甘蔗在 16 世紀初期傳入葡萄牙的新殖民地「巴西」，在 1518 年成立第一座種植園。

西班牙人在 15 世紀征服加納利群島後，該地也開始種植甘蔗。同時，哥倫布在 1493 年第二次航行到美洲時，也隨身帶著從加納利群島取得的甘蔗樣本。當他停留在伊莎貝拉（La Isabella，在今多明尼加共和國境內）時，他向西班牙的國王與王后回報，隨著旅程一起帶去的作物，在新土地上生長得非常好，而這些作物就包括甘蔗。甘蔗在當地生根茁壯：「甘蔗的種法與一些已經種植且開始生長的，沒什麼不同。」[24]

從此之後，甘蔗產業就開始迅速發展。它傳遍全部的加勒比海群島——但被西班牙人奴役的當地工人，並不適合這種工作，紛紛生病，有非常高比例的人因此死亡。西班牙人和葡萄牙人需要新的勞力，所以他們便擴張他們已經開始實行的做法，把大量的非洲奴隸帶過來。在 400 年的期間，大約有 1,200 萬的非洲人被綁架到美洲為奴。

伊斯帕尼奧拉島是第一個「糖群島」（Sugar islands），接著是 1520 年代的古巴、牙買加和波多黎各。

不久之後，其他主要殖民勢力也加入競爭。荷蘭在 17 世紀殖民蘇利南，法國則是在隔壁的卡宴／法屬圭亞那建立殖民地。荷蘭想要奪取巴西，但最後在 1654 年被葡萄牙人擊退。荷蘭也殖民了加勒比海的幾個島。法國在 1635 年殖民了馬丁尼克島（Martinique）和瓜地洛普島（Guadeloupe），之後是格瑞納達（Grenada）和多米尼克（Dominica）。

同時間，英國人則是在幾個島安家落戶，他們一開始的目的是為了劫掠

西班牙的船，後來就成為永久殖民地——聖啟茨島（St Kitts；1623）、巴貝多（1627）、尼維斯島（Nevis；1628）、安地卡（Antigua；1632）、安吉拉（Anguilla；1650），接著在 1655 年取得最珍貴的地方——牙買加。接著是巴布達島（Barbuda；1666）和之後的蒙哲臘（Montserrat）、向風群島（Windward Islands）、土克斯（Turks）及開科斯（Caicos）等。

　　實際上，歐洲的殖民時期非常複雜，有許多島嶼因為小規模戰鬥、戰爭和政治陰謀而多次易主。然而，最常見的原因就是「糖」，它在 17 世紀成為主要作物，而且面對的是歐洲不斷增加且似乎永遠無法滿足的需求。從 18 世紀中期開始，糖變成英國最珍貴的進口物，並在整個歐洲都有極高的價值，因為糖已經從奢侈品變成民生必需品。

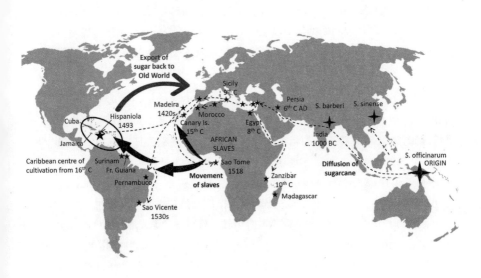

甘蔗在舊世界與新世界擴散

1807 年，英國正式廢除奴隸交易（但並未廢除奴隸制度）；然而，真正在英屬西印度群島落實，卻要等到 1834 年，法屬殖民地則等到 1848 年，巴西則是到 1888 年。奴隸交易逐漸結束適逢工業革命時期，當時鼓勵更好的耕作方法、改良的碾磨機，以及機械化等，這些帶來了許多影響。

首先，糖的價格從 1800 年代初期的 1 磅 10 便士，下降到 19 世紀末的 1 磅 2 便士。此外，糖的更好取得性和較低的價格，代表有更多的人，無論其社會階級為何，都能夠使用糖。糖常與新進口的茶和咖啡搭配在一起，茶和咖啡同樣也風靡整個歐洲。

另一個人氣大幅上升的相關產品是蘭姆酒。雖然目前已發現一些古代使用蘭姆酒的證據，但我們今日所認識的蘭姆酒來自 17 世紀的加勒比海地區，當時人們發現精製糖的副產品「糖蜜」可以透過發酵與蒸餾，產出一種酒精性飲品。蘭姆酒很快就擄獲北美洲人，以及英國人的心——特別是（英國）皇家海軍，他們的水手每天被配給定量的蘭姆酒（或稱為 "Tot"），這項傳統一直維持到 1970 年才取消。

正當甘蔗種植在加勒比海地區迅速發展的同時，印度這個種了好幾百年甘蔗的地方，卻在早期的殖民主義者文獻中少有著墨。不過，當時歐洲對糖的需求可透過更多的當地來源解決。在 16 世紀後期，林斯豪頓因此討論了這件事：「印度各地也都有甘蔗，而且數量龐大，但卻不太受人重視：馬拉巴沿岸有許多很粗的稈子，尤其是科羅曼德海岸（Coast of Choramandel）。」[25] 他接著說，波斯和阿拉伯比較常被使用和重視甘蔗。另外還提到一個奇特的療法：「印度人會用甘蔗來治療私處或隱疾的疼痛。」林斯豪頓（與可能早一點的作者）也許把甘蔗和竹子中的某個物種搞混了，特定物種的竹子會長出嫩筍，且裡面的筍肉帶有甜味，甘蔗與竹子在植物學上屬於同科。

傑勒德是當代的林斯豪頓。他觀察到「甘蔗本身……並不像其他竹竿或蘆葦稈一樣是空心的；它反而是實心，由一種味道特別甜的海綿狀物質填滿。」[26] 到了這個時期，歐洲許多地方已經種植甘蔗——西班牙、葡萄牙、

薩丁尼亞和普羅旺斯,以及北非、加那利群島、馬德拉群島、東印度與西印度群島等。傑勒德想要在他倫敦的園圃裡種甘蔗,但以失敗告終(「這裡寒冷的天氣殺死了我的甘蔗」)。糖被製成「數都數不清的糕點糖果、碎果肉果醬、糖漿等,也可以用來糖漬與保存各式各樣的水果、香草與花朵。」

傑勒德說的「數都數不清的糕點糖果」,絕對不是保守估計。中世紀的阿拉伯人已經能製出完美的糖雕塑(Sugar sculptures),這些成為歐洲貴族宴會的主角。它們出現在宮廷儀式和婚宴,例如費拉拉公爵(Duke of Ferrara)埃爾科萊一世・德埃斯特(Ercole I d'Este)在 1473 年舉辦的婚宴中,用 100 個排成一列的大盤盛裝城堡、海克力斯支柱(Columns of Hercules)、鳥類和動物等糖雕塑。[27] 這些雕塑的物體稱為 "Trionfi"(為複數),是「凱旋遊行」之意,之後 15 世紀後期到 16 世紀在義大利出現的糖雕塑,則是更加精美。

糖雕塑在其他歐洲國家,包括英國,也很受歡迎。伊莉莎白一世非常喜歡糖,據說她愛到用糖來清潔牙齒(結果不出所料,她的牙齒全都爛掉變黑)。她在 1591 年下鄉到漢普郡的埃爾夫特姆(Elvetham)巡視時,對第一代赫特福德伯爵(1st Earl of Hertford)愛德華・西摩(Edward Seymour)安排的表演相當印象深刻:連續四天的豪奢娛樂節目,以及一場有著各種甜食的宴會。

糖用甜菜(Sugar beet)是 18 世紀發展出來的普通甜菜(*Beta vulgaris*)栽培品種。第一家工廠於 1801 年設在波蘭,新的甜菜之後就散布到其他歐洲國家,包括法國。拿破崙非常支持種植糖用甜菜,因為它能產生蔗糖的替代品,當時蔗糖正因英國的強行封鎖而越來越難取得。[28] 美國在 19 世紀後期前便開始種植糖用甜菜,最後甜菜終於像在全世界許多溫帶地區一樣蓬勃生長。納粹也極力鼓吹這種作物,因為能幫助他們達到國內自給自足。今日,糖用甜菜產出的糖比例約佔全球糖總產量的 20%——其他的還是來自甘蔗。全球的糖消耗量很驚人——大約 1 億 7 千 6 百萬英噸,平均每人每年消耗 24 公斤(但某些已開發國家的消耗量比這個數字高許多)。[29]

糖結晶。（翁貝托・薩爾瓦寧〔Umberto Salvagnin〕）

09 Diverse Spices

各式各樣的香料

開羅哈利利（Khan El-Khallili）香料市場（作者攝）

昂貴的香料

天門冬目（the order Asparagales）是比較大也最多樣化的開花植物群之一，包含好幾種調味香料，如洋蔥、大蒜、韭蔥、番紅花和香草。後兩者是世界上最昂貴的兩種香料。

香料「番紅花」（Saffron ）取自植物番紅花（*Crocus sativus*；屬於鳶尾科〔Iridaceae family〕）的柱頭和花柱。說它是最貴的香料一點也不足為奇，因為需要非常大量的（新鮮）番紅花才能摘出一公斤的（香料）番紅花，一公斤的香料番紅花價值約 5,000 美元或以上。新鮮的花朵有著非常美麗，介於丁香紫到藕紫色之間的顏色，柱頭和花柱（絲狀物）是鮮豔的緋紅色。（香料）番紅花的味道淡淡的，稍微有點苦，有著像泥土，或甚至像茶一樣的香氣。它也是一種效果很好的染色劑，通常會加進米飯料理、湯、起司與蛋料理，和許多甜點及烘焙品中。

在伊拉克境內，有個 50,000 年前的舊石器時代晚期（Upper Paleolithic）洞穴藝術，在此曾發現以野生番紅花為基底的顏料。人類種植番紅花的歷史已經超過 3,500 年——其前身可能是原生於克里特島或中亞的野生番紅花（*Crocus cartwrightianus*）。[1] 伊朗、希臘和美索不達米亞都可能是人類開始栽種番紅花的源頭。美索不達米亞的馬里市（Mari）和努斯市都曾使用番紅花，時間可能是公元前 2 千紀，而且植物番紅花也記載於公元前 7 世紀亞述的植物學參考文獻中。[2]

前古典時期（Pre-classical）的希臘人也熟知番紅花；克里特島上克諾索斯宮（Knossus）中的第一批開闊式灰泥壁畫（Expansive plaster mural），年代為米諾斯中期（Middle Minoan II age；始於公元前 1850 年），現仍保有畫作〈番紅花採集者〉（Saffron Gatherer）的一部分，內容為年輕女子與猴子採集番紅花。[3]

公元前 1550 年的《埃伯斯紙草文稿》中，番紅花被做為療法中的藥材，古埃及人把它當成治療胃部不適的萬靈藥，而腓尼基人也曾廣泛交易番紅花；克莉奧帕特拉／埃及豔后（Cleopatra）每次洗溫水澡時，都會放入四分

之一杯的番紅花，取其染色和美容的功效；她在與男人交歡之前，也都會使用番紅花，以加強性愛體驗。[4] 番紅花具有催情的效果也因此傳遍整個羅馬時期。

希臘人和羅馬人把番紅花當成染料與、藥物，並在羅馬劇場被當作散發香氣的香氛（會將其磨成粉），甚至烹飪時也會使用番紅花。阿彼修斯使用番紅花來製作香料鹽、做成醬汁以佐搭精選／珍奇肉類、烤野豬和炙烤鱘鰻；他把番紅花當成一種食材，放進香料葡萄酒（當時很普遍）、羅馬香艾酒或苦艾酒中。[5]

隨著羅馬帝國的衰亡，番紅花在歐洲的重要性也跟著式微，一直到中世紀時期，也許是跟著歸來的十字軍一起到達英國（和歐洲）後，才再度成為熱門材料。在盎格魯－諾曼（Anglo-Norman）*料理「英式精緻肉湯」（Soutil brouet d'Angleterre），就在食譜中，把栗子、全熟水煮蛋的蛋黃和豬肝一起搗成泥，再與香料以及番紅花一起燉煮。[6]

中世紀時期後期的英格蘭，番紅花是最常使用的香料，因為它的風味絕佳，而且能讓食物染上金黃色。例如 14 世紀的 "Cretoyne" 就是用雞肉、牛奶、麵包粉、蛋黃和其他食材製成，並用番紅花加入鮮豔黃色的燉湯。[7] 其他用番紅花來染色的中世紀代表料理還有「牛奶麥粥」（Frumentie）和「甜酒堅果燉禽肉」（Mawmenny）。

番紅花也能讓派皮更漂亮，例如把蛋、薑與番紅花混合後塗抹在派皮上，再烤到金黃色。[8]15 世紀的食譜大量出現番紅花，例如這則「哈利 5401 手抄本」（Harley 5401 manuscript）中的食譜：「腦（Cenellis）。將牛腦或豬腦放在煎鍋或湯鍋中；接著放入生蛋、胡椒、番紅花和醋，充分攪拌成濃稠狀，即可端上桌。」[9]

中世紀的番紅花一直都很昂貴，而且隨著時間不斷地大幅上升。在英格蘭、1300 年代初期，每磅的價格約 40 便士左右，不過到了 1535 年甚至出現

---

* 編註：「盎格魯－諾曼」並非特定的地點，而是一個政治文化的泛稱，他們是諾曼征服英格蘭後，在英格蘭當地形成的統治階級。是諾曼人、布列塔尼人、弗萊明人、法國人、土著盎格魯撒克遜人和凱爾特人英國人的混合體。

384 便士的價格，這個價格雖是特例，但在 1500 年代後期，價格普遍都超過 200 便士。[10] 在 15 ～ 17 世紀，英格蘭的沙夫倫沃登（Saffron Walden）鎮曾是種植番紅花的中心，在此採摘的番紅花會做為調味料、染劑和藥物使用。

番紅花長期被當成一種藥物，古希臘醫者，被稱為西方「醫學之父」的希波克拉底即為使用者之一。在公元 1 世紀，古羅馬醫學家凱爾蘇斯使用番紅花入藥治療許多疾病。[11]17 世紀的德國醫生赫多特（Hedodt）甚至宣稱從牙痛到瘟疫，沒有任何疾病是番紅花無法根除的。[12] 其他歐洲國家也認為番紅花可治療麻疹、痢疾和黃疸（以黃治黃），如從 1615 年的暢銷書籍《英國家庭主婦》中擷取出來的療法：

> 取價值 2 便士、全英最棒的番紅花，乾燥後磨成非常細的粉末，然後與
> 一顆烤蘋果的果泥混合均勻。讓病人像吞藥丸一樣，把泥狀物吞下肚；
> 連續幾個早上都這麼做，經過多次證明，這絕對是目前最棒的療法。[13]

14 世紀中國宮廷的飲食保健專家忽思慧說，番紅花具有趕走悲傷，讓心情欣喜的效用。[14] 植物學家尼可拉斯·寇佩珀（Nicholas Culpeper）也稱讚番紅花可以治療多種疾病（包括心臟和肺部疾病、流行病、黃疸和「歇斯底里」）的優點，但他警告大家不能過量使用：「必須適度及合理地使用番紅花；當使用過量時，它會讓人頭昏想睡；有些案例是曾無法克制地笑到前仰後合，最後導致死亡。」[15] 即使遠如公元 1 世紀，番紅花也被摻雜一些便宜的替代品。普林尼抱怨：「番紅花裡摻假的情況實在太多了。」[16] 它常常被「淫賣」，用水來增加重量。

紅花（Safflower；*Carthamus tinctorius*）是今日常見的替代品和摻雜物。亞塞拜然人使用番紅花來幫他們的「抓飯」（Plov）染色，西班牙人的「鐵鍋飯」（Paella）也用番紅花來染色（雖然也可以用薑黃），另外有一些印度香飯（Biryanis）和義大利燉飯也會使用番紅花。它是普羅旺斯法式魚湯中的重要食材。伊朗和西班牙是現今最大的番紅花生產國，其種植歷史已經有好幾個世紀。

各種舊世界香料

葫蘆巴（Fenugreek；豆科〔Fabaceae〕）

葫蘆巴是一種獨特的一年生植物，有著同樣特別的學名：*Trigonella foenum-graecum*（意思是「希臘的乾草」）。這種植物屬於豆科，可長到約0.6公尺（2英尺）高，特徵為三出橢圓形小葉。它原生於地中海東部地區，但被廣泛種植，以取其種籽和葉子當成香料、香草和傳統藥物使用。葫蘆巴的種籽很小（大約2～3公釐長），顏色是淺棕色，近似矩形，長在瘦長的種莢裡，有溝槽會把種籽區隔開來。味道則是帶點苦，有濃烈的香氣。

目前已知最古老的葫蘆巴出現在距今約6,000年的伊拉克「哈拉夫遺址」（Tell Halaf），以及距今大約5,450～5,650年的埃及「馬迪遺址」（Ma'di）。[17] 許多青銅時期與鐵器時期的例證也在南亞、歐洲部分地區、埃及和黎凡特被發現。[18] 在德國、埃及和保加利亞也找到羅馬時期的證據，葫蘆巴（印地語稱為 Methi）在亞洲次大陸有著悠久的歷史，目前在當地仍被大量使用。它出現在喀什米爾和旁遮普邦的野外地區，另外也出現在恆河平原上半部。

曾提及葫蘆巴的古典時期作家包括泰奧弗拉斯托斯、柯魯邁拉、普林尼、迪奧斯科里德斯、凱爾蘇斯和蓋倫。普林尼強調它能治療各種婦科疾病，以及其他不適的用途。他列出 31 種療法，包括「一種葫蘆巴種籽⋯⋯的湯藥，可矯正腋下的臭味。」[19] 羅馬皇帝戴克里先的《價格詔書》提到葫蘆巴，另外它也出現在阿彼修斯的《論烹飪》中，但葫蘆巴在食譜中被視為一種單獨的食材，而不是當成香草或調味料使用。

中世紀的歐洲人很少使用葫蘆巴，但在中世紀的開羅，有臭味的肉會先用搗過的葫蘆巴抓醃，再放入水裡煮，這麼做可以「讓肉變清新」。[20] 另一道更有益健康的料理是 "Tabikh al-hulba"，是把葫蘆巴種籽放入鍋中，擺在餘焰未盡的火上一晚，隔天早上與其他香料、蜂蜜、奶油、葡萄乾和無花果混合，然後切成 2 或 3 份。

阿拉伯學萊維卡（Paulina B. Lewicka）指出在中世紀的阿拉伯－伊斯蘭

烹飪中，很少使用葫蘆巴，不過學者莉莉雅‧札瓦利（Lilia Zaouali）曾提到名為「賈希許」（Jashish）的食譜——一道安達魯西亞人用麥子和葫蘆巴製成的糊狀物。[21]

葫蘆巴的其他醫學用途有：退燒、舒緩腸道發炎；種籽搗成泥能當成敷戰傷的膏藥；治療燙傷與其他皮膚病；幫助生產與刺激泌乳；也能治療禿頭。在土耳其，它被當成除臭劑和口氣清新劑使用，在阿爾巴尼亞則會和檸檬與洋蔥汁混合，用來治療（鼻塞很嚴重的）傷風感冒和鼻竇炎，另外在巴伐利亞，則會用葫蘆巴來化痰。[22]

波斯的醫生和哲學家阿維森納（Avicenna）曾開出用葫蘆巴治療糖尿病和降低血壓的處方。[23]文藝復興時期的英國醫生約翰‧傑勒德（John Gerard，1597）列出許多葫蘆巴的醫學用途。[24]例如，「煮過的葫蘆巴水和蜂蜜一起服用，可藉由排便清除各式各樣留在腸道裡的腐敗體液。」尼可拉斯‧寇佩珀提到種籽只當成藥物使用。[25]

根據作家潘蜜拉‧韋斯特蘭（Pamela Westland）所言，中東伊斯蘭教徒的妻妾會吃葫蘆巴種籽，因為那是讓她們「圓潤飽滿」的祕方。在衣索比亞和印度，哺乳中的母親會吃葫蘆巴來發奶。[26]但現在卻很少有證據來證明這些葫蘆巴傳統用途的功效！

現代烹飪會使用葫蘆巴的葉子、嫩芽或種籽，做為放進咖哩、燉菜、沙拉和瑪薩拉（南亞）的食材，種籽會加進湯和麵包裡（埃及），而在土耳其以及中東，則是一種調味料。葫蘆巴也被放進印度酸辣醬（Chutney）、醃菜、糕餅糖果、蛋糕與糖漿裡。它是北非柏柏爾綜合香料，也是印法綜合香料（French Vadouvan；因為法國曾殖民過印度）裡的一個成分。印度是全球最大的葫蘆巴生產國、消費國與出口國。[27]

甘草（豆科）

甘草（*Glycyrrhiza glabra*）是另一個豆科中的草本植物，以取自甘草根的甜味而聞名（甘草的屬名 *Glycyrrhiza*，是「甜根部」的意思）。原生於南

歐和東歐，以及中東部分地區及亞洲。

甘草獨特的風味是因為含有茴香腦（Anethole；是一種苯丙烷 Phenylpropanoid），洋茴香、八角和甜茴香也含有這種成分），而甜味則來自甘草甜素（Glycoside glycyrrhizin），它的甜度是糖的 50 倍。

中國的《神農本草經》中曾提及甘草的藥用價值，《神農本草經》是一本醫藥著作，年代約為公元前 3 世紀，但中國人可能早在這之前就已經使用甘草。泰奧弗拉斯托斯將甘草稱為「斯泰基的根」（Scythian Root），並說：

> 它能有效治療氣喘或乾咳，基本上胸部不適皆可；此外，調在蜂蜜裡，可治療傷口；若把甘草含在嘴裡，也有解渴的功效；因此，他們說斯泰基人靠著甘草和馬奶起司，可以 11、12 天不喝水。[28]

古羅馬學者普林尼、古羅馬醫學家凱爾蘇斯和該年代的其他人也都知道甘草。[29] 在英國，據說它是比得遺贈給其教友弟兄的諸多香料之一，但在當時，甘草一定非常稀少。甘草可能在諾曼征服（Norman conquest）時，才比較大量傳入英格蘭，但依舊非常少見於中世紀的食譜，即便在歐洲也是如此。一般來說，甘草並不貴——1264 年時，每磅 3 便士、1326 年為 1.5 便士，而 1360 年則是每磅 4 便士。

大約從 16 世紀開始，約克郡的龐特佛雷特（Pontefract）成為甘草有限種植的中心（只有當地修道士才能栽種）。龐特佛雷特甘草糕餅（Pontefract cake），是一種小圓盤狀的甘草「糕」，首度出現於 17 世紀初，一開始是一種藥物。當地的藥劑師喬治·登喜路（George Dunhill）在裡面加了糖，因此創造出這個至今仍很受歡迎的同名糖果。

1623 年有個薑餅食譜的食材中，包含「一點點甘草和洋茴香籽」，但在當時，出現甘草的食譜依舊很少。[30]1727 年，作家伊莉莎白·史密斯則是把甘草做成複方藥（例如，做成喉糖、萬靈丹，放入治療「疹子」和其他所有惡性發燒的藥物中、加進治療結石的藥方等），而非加進料理中。[31]

複方甘草粉（一種通便劑）出現在 17 和 18 世紀倫敦與普魯士的藥典中。[32]

今日，甘草基本上是加進糕餅糖果中，尤其是在最愛甘草的歐洲，但在中國、土耳其和中東也有相同的做法。

羅望子（豆科）

羅望子（*Tamarindus indicus*）是豆科中的一種常青樹木，其果實是種莢，裡面有種籽，種籽外層是可以吃的微酸美味果肉。羅望子樹可長到 18 公尺高，其具有特色的葉子小小的，呈卵形，會排成羽狀。儘管種名為此，但羅望子可能原生於非洲（或馬達加斯加），且已經散布到全世界許多熱帶和亞熱帶環境。它的種莢可長到 15 公分長，具有堅硬、肉桂色的外殼，通常是弓形，而新鮮的果肉則是深棕色且多纖維的。

早期使用羅望子的證據在印度古吉拉特邦的瓦德納加爾（Vadnagar）遺址被發現，在沉澱物中找到的種籽很明顯是野生的狀態，年代約為公元前 100 年～公元 400 年。[33] 不過，羅望子可能早在這個時間以前就已經傳入印度。

普林尼曾形容印度的某些樹，他在下面這個片段講的，可能就是羅望子：「這裡有另一種樹……會長出更甜的果實，但非常容易造成腸道激躁。亞歷山大下令嚴禁任何遠征隊的成員碰這種果實。」[34]

阿拉伯人認為羅望子是一種重要的藥。有許多醫學作者曾提到它的效用，特別是把它當成瀉藥使用，例如，9 ～ 10 世紀的波斯醫生雷塞斯（Rhases）說：「它能使黃色膽汁消失、打開腸道、解渴和止吐，並能健胃。它的功效據說與梅乾的類似。」[35]

文藝復興時期，荷蘭人航海探險家林斯豪頓注意到羅望子樹生長在印度大部分地區，但以古吉拉特邦和果亞北部地區為最多。[36] 他觀察到：

> 它嚐起來酸又嗆，是整個印度最棒的醬汁，就像我們的酸葡萄汁一樣，且印度人不會用它取代飯，而是會把羅望子加進他們稱為「咖哩」的料理中……但看過他們怎麼做的人，都會沒什麼想吃的胃口了。他

們會用手指壓碎羅望子，看起來像腐爛的歐楂果（Medler），但羅望子能讓飯和肉有細緻的酸味。

林斯豪頓也提到羅望子絕佳的通便功效。它用鹽醃過後，出口到葡萄牙、阿拉伯、波斯和其他地方，林斯豪頓還提到羅望子在土耳其和埃及被廣泛使用。也有用羅望子做的蜜餞，「非常好吃」。出口到阿拉伯半島的時間可能至少從公元 9 世紀開始，之後就一直延續下來。[37]

把羅望子當成藥物使用也歷史悠久。它出現在 1618 年倫敦第一本藥典，「止痛藥糖」（Lenitive Electuary）的配方裡，配方中還有梅乾、番瀉葉（Senna）、紅棗、紫羅蘭、甘草，和其他藥材；結果當然有效。

大家普遍認為在 16 與 17 世紀，把羅望子帶到加勒比海地區、中美洲以及南美洲的是西班牙人和葡萄牙人。羅望子在那些地方大受歡迎，直到今天都還是大量使用。自然學家佛朗西斯科・赫南德茲・德・托雷多（Francisco Hernández de Toledo）曾在 1570 年代，於墨西哥觀察羅望子樹。[38]

印度是主要的羅望子生產國，但在許多其他熱帶國家也為了商業目的而栽種羅望子。它是咖哩、印度酸辣醬和醃菜裡的常見食材，也是許多料理在需要酸味時，會選用的材料；另外在醬料（包含伍斯特醬）、抹醬、果醬和糖漿中也會看到它。在泰國，羅望子是很受歡迎的零嘴，通常是做成蜜餞販售。在埃及和中東等地，也會用羅望子做成清爽軟性飲料。

芥末（十字花科〔Brassicaceae〕）

芥菜（*Mustard plant*）和高麗菜同屬十字花科，且包括蕓薹屬（*Brassica*）和歐白芥屬（*Sinapis*）的種。最常見的變種是黑芥末（（*Brassica nigra*）、白芥末（*Sinapis alba*）和棕（或東方）芥末（*Brassica juncea*）。芥菜可能的原產地為地中海—中東—西亞一帶。

特徵為黃色花朵、可以食用的葉子，種籽被當成香料使用，以及做成常見的芥末醬。芥末籽的直徑最多長 2 公釐，顏色從黃、棕，到黑色皆有。

"Mustard" 這個字是拉丁文 "Mustum ardens" 的縮寫，意思是「燃燒的酒」（Burning wine）。除了當成香料使用，芥菜也廣泛被當成綠色蔬菜使用，可加進沙拉，或被視為油籽作物，和當成飼料。芥菜的種籽和芥菜籽油都是印度料理中的重要食材。

芥菜（*Brassica/Sinapis sp.*）和球果薺（*Neslia paniculata*；別名「球果芥」）都出現在伊朗西部（謝赫・阿巴德〔Sheikh-e Abad〕）一處新石器時代的遺址，人們佔據該地的時間跨越農業轉換時期（Agricultural transition；公元前 9800～前 7600 年）。[39] 當時可能被當成調味品使用，和／或用來榨油，但並無證據可證明，而且也有可能只是農作物雜草而已。另外有個不同的研究檢測在德國與丹麥境內，丹尼斯海峽（Danish Straits）周圍三處遺址的新石器時代炊具內部，結果發現植矽體（Phytolith），年代約為 6,000 年前。[40]

植矽體與現代的蔥芥（Garlic mustard；*Alliaria petiolata*）有關，而蔥芥和芥菜同科，在炊具中發現植矽體，且鍋中還有海洋生物殘留物，就可證明它是當成一種烹飪香料使用。

芥菜是新石器時代農業革命最先在近東種植的作物之一。[41] 最早的基督教和伊斯蘭教文本中，都曾提到芥菜，主要是當成一種宗教象徵，例如，芥末籽的寓言故事就是一個大家很熟悉的聖經故事。

芥菜在公元前幾千紀就生長在印度河流域文明附近，在哈拉帕文明和羅德吉文明（Rodji）的遺址中，都曾找到芥末籽。[42] 在美索不達米亞找到的遺跡：烏瑪（Umma；公元前 3 千紀）、拉格什（3 千紀晚期），以及烏爾、努斯和馬里（2 千紀），也暫時被認定為芥末。[43] 如果這些遺跡確實為芥末，那麼它也在新巴比倫時期（Neo-Babylonian；公元前 626～前 539 年）被加進椰棗啤酒裡增添風味（椰棗啤酒加芥末……應該是個有趣的飲料）。

公元前 1550 年古埃及的《埃伯斯紙草文稿》曾提到希臘羅馬時期有種植芥菜。

在保加利亞古羅馬城鎮塞爾迪卡（Serdica）的一個砌層裡（可能是一間種籽店）發現的黑芥末籽，年代可追溯到公元 2 世紀。[44] 黑芥末籽從它的原

生地小亞細亞和中東擴散開來，後來成功適應歐洲的生長環境。[45]它在中世紀的擴散範圍更廣（也許因為它是昂貴進口香料的較便宜替代品）。芥末籽大量出現於阿彼修斯的《論烹飪》中——製成佐搭野豬、香料野兔，及多種禽類和魚的醬汁。

羅馬人把黑芥末和白芥末帶到英格蘭。《治療》也提到芥末籽，在盎格魯－薩克遜時期把它當成食物、調味品和藥物。[46]預先處理好的芥末似乎一直是麵包或其他食物的調味品，可能與現代的芥末醬一樣有著糊狀質地。

法國東部城市第戎（Dijon）在 13 世紀成為現成芥末醬的重鎮，知名芥末醬品牌 "Grey Poupon" 成立於 1877 年，它在配方中使用白酒來取代前人慣用的醋或酸葡萄汁。其原料純粹只有芥末籽、葡萄酒和水。

芥末在中世紀的英格蘭很受歡迎。《烹飪的形式》就收錄了一道「倫巴底芥末」（Lumbard Mustard）食譜：

將芥末籽洗淨後，放入烤箱烘乾，接著磨成粉。用篩子過篩。蜂蜜、葡萄酒和醋一起煮出澄清蜂蜜，再加入芥末粉攪拌均勻，使其成為適當的濃稠狀。當你需要使用時，可用葡萄酒稀釋。[47]

在同一本書中，還用了「倫巴底芥末」、葡萄酒、蜂蜜、醋和多種香料製作一道名為 "Compost" 的醃菜。

芥末出現在 14 世紀食譜書《泰爾馮食譜全集》（*The Viandier of Taillevent*）裡的幾道料理，如芥末湯以及加了芥末、紅酒、糖和肉桂粉的一種醬汁。其他的則使用芥末來調味。[48]

英國著名廚師克拉麗莎·迪克森·萊特（Clarissa Dickson Wright）曾提到一場用了 2 夸脫芥末的 40 人婚宴，以及另一個 15 世紀的家庭一年吃了84 磅的芥末籽（可能是個非常大的家族）。[49]在公元 1419 年，英國地主愛麗絲·德·布勞內（Alice de Bryene）用每蒲式耳（Bushel）[†]1 先令的價格

---

† 編註：英制重量單位，主要用於量度農產品的重量。

買了芥末籽。這似乎是愛麗絲夫人最愛的香料——他們一家幾乎吃什麼都要加芥末，還會把籽磨碎後加蜂蜜和醋。

1638 年，《泰勒的盛宴》（*Taylors Feast*，暫譯）一書中有則關於三個（蘇格蘭）高地人造訪倫敦的故事，他們待在旅館時，晚餐有碎牛肉（鹽醃牛肉或罐頭牛肉）和芥末，他們從未看過芥末，於是：

> 其中一個人問：「這是什麼鬼？」主人回答：「這是一種很棒的醬料，可以配肉吃」；另一個人說：「這是醬料？它看起來好奇怪，我先看你吃一些試試。」然後主人就取了一點點牛肉，蘸了芥末，真的放進嘴巴裡了：有個高地人現在叉了肉，在芥末裡滾了滾，然後放進嘴裡開始嚼，但芥末太嗆了，所以放進嘴裡沒多久，他就開始使勁吸鼻子和打噴嚏。他告訴他的朋友（鄧肯和唐納），他要被小盤子裝的暗色糊狀物殺死了；他吩咐他們把劍拿過來，然後刺向這個不真誠的低地人（旅館主人）向他們求饒，說著他很愛他的妻子，希望他們仔細看看那團暗色糊狀物，那裡面沒有魔鬼。等芥末的效力退後，男人就不打噴嚏了，全部重回一片祥和，旅館主人被原諒了，芥末真是一個搭配碎牛肉的好醬料。[50]

在 1720 年，英格蘭東北的杜倫（Durham）有一位克萊門特太太（Mrs. Clements）發明了一道程序，可以在磨碎芥末籽時除掉外殼，磨出細緻滑順的泥狀，這在英格蘭是創舉（目前在市面上還能看到該品牌）。另一個更有名的英式芥末醬來自 19 世紀初的諾福克濕地（Norfolk fens），當時磨坊主耶利米·高文（Jeremiah Colman）磨了棕芥末籽加白芥末籽，做出味道非常強烈又獨特，顏色鮮黃的 Colman's 芥末醬。東盎格利亞區域（East Anglia）現在依然是英國主要的芥菜種植區。可惜高文位於諾里奇（Norwich）的工廠已經在 2020 年關閉了，品牌持有人「聯合利華」把生產線移到特倫特河畔伯頓（Burton-on-Trent）和德國。

把芥末當成藥物使用的歷史很悠久：畢達哥拉斯（Pythagoras）盛讚它

可治療蠍子螫傷；芥末軟膏可促進血液循環、治療關節炎和風濕；它可以增進食慾，且長期被當成一種通便劑（可以說，同時幫助兩端）；它也被用來治療氣喘、催吐和治療咳嗽。[51] 它在阿育吠陀和尤納尼醫學（Yunani medicine）中也很常見。醫師約翰·傑勒德在他 1597 年的著作《草藥》中，建議把芥末籽與醋一起搗碎，可做出搭配魚或肉一起吃的美味醬料，而且芥末還能治療許多小病微恙的良方。[52]

同樣地，植物學家尼可拉斯·寇佩珀滔滔不絕地說黑芥末對人體多個系統皆有幫助的優點——血液、胃、心、腦、脾、腸、口腔、喉嚨、關節、肩膀、頭髮、皮膚和其中各種疾病！[53] 維多利亞時代的家庭常會泡芥末浴來減輕和預防感冒症狀，他們依據的理論是，芥末的辣度可以讓堵塞區域的血液暢通。[54] 今日，芥菜種植於許多國家，包括加拿大和美國、俄羅斯、多個歐洲國家、緬甸、印度和尼泊爾。

辣根和山葵（十字花科）

辣根和山葵同樣也是十字花科的成員，前者吸引西方人，後者則對東方人的口味，尤其是日本。辣根（*Armoracia rusticana*）種植的目的是取其具有尖銳嗆鼻味的巨大根部，新鮮吃嗆辣度最高。它的葉子也可食用，但不是那麼常被使用。辣根的原生地可能是東歐，也有可能是俄羅斯。辣根醬是歐洲常見的調味料，在英國，通常是搭配烤牛肉、和其他料理一起食用。

它也是從古代便開始使用的植物，被當成藥物和烹飪食材。普林尼和迪奧斯科里德斯都曾稱辣根為「野蘿蔔」（Wild radish）或 "Armoracia"，也發現它具有利尿和讓身體變暖的功效。[55]

布拉格人在 14 世紀中期就已經知道使用當地產的辣根。[56] 在 1597 年，醫師約翰·傑勒德觀察到：「它的根又長又粗，呈白色，且味道尖銳，和胡椒一樣會讓舌頭感覺到非常刺激。」[57] 它主要種植在菜園（在英格蘭），但也曾在野外被發現。傑勒德形容德國人常常使用，「放入佐搭魚類的醬汁，或配著肉一起吃，就像我們使用芥末一樣；但這種醬會讓肚子的熱感更明顯，

而且比芥末更促進消化。」

辣根在 15 與 16 世紀的東歐和德國相當普遍，從 17 世紀起開始出現在英國的食譜裡，如一些魚料理。它出現在燉鯿魚（Bream）和牡蠣煮狗魚（Pike）的食譜中。[58] 從食譜可看出它的用途很廣，可加進燉小牛頭、煮鹿腰腿肉、煮狗魚、燉鯿魚、醃公羊頭、烤羊肉、法式白汁燉雞、鴿子和兔肉、炒蕈菇和炒豆子等料理。[59]

有個簡易的辣根醬食譜出現在 1669 年，做法是先把辣根浸在水中，細細磨成泥，再和一點點醋和糖混合。[60] 製作芥末時也會使用辣根——把芥末和磨碎的辣根混合在一起的做法可能始於中世紀，被稱為「蒂克斯伯里芥末」（Tewkesbury mustard）。烤牛肉與辣根醬的組合看起來像是 18 世紀發展出來的結果。漢娜·格拉斯曾提到烤牛肉：「拿起你的肉，盤子上除了辣根醬外，什麼都不要加。」[61]

山葵（*Eutrema japonicum*）屬於同一科，但屬卻完全不同，有著「日本辣根」的非正式名稱。它被廣泛使用，且幾乎專屬於日本料理，是最重要的調味品之一。日本人使用山葵的歷史至少從中世紀便開始。它的根狀莖會被磨成泥或粉。與水混合之後，味道會變強，尖銳又有灼熱感，類似辣根但有甜味與果香。辣根常被當成山葵的替代品，特別是在無法常常取得新鮮山葵的西方。山葵的主要用途是當成生魚片、壽司、豆腐和天婦羅等食物，以及其他料理的佐料，但現在在日本和其他地方也到處可見山葵口味的零食。

罌粟籽（罌粟科〔Papaveraceae〕）

罌粟（*Paper somniferum*）是一種一年生香草，以三件事聞名：美麗的花、可以吃的種籽，以及它是製取鴉片的原料——從蒴果（Capsule）中取出乳白色膠狀物（Latex），接著加工製成海洛英或其他藥用生物鹼（Medicinal alkaloids）。種籽本身並無催眠效果。罌粟原生於地中海西部地區，但現在已經傳到世界各個角落。

人類使用罌粟的歷史真的非常悠久，至少可追溯到青銅時期甚至新石器

時代。公元前 3 千紀的蘇美人泥板上，就已經提到罌粟；他們很有可能把知識傳給巴比倫人，最後再傳給埃及人與波斯人。罌粟籽和罌粟植株都列在公元前 1550 年的《埃伯斯紙草文稿》中，上頭也記載了用它們來讓小孩止住啼哭（「一次見效」！）[62]

罌粟是古希臘神話的一部分，會用這種植物來妝點阿波羅、狄蜜特（Demeter）、普路托（Pluto）和阿芙羅黛蒂（Aphrodite）等眾神的雕像。[63]在克里特島上曾發現一個邁諾安文明的赤陶「罌粟女神」，年代大約為公元前 1400～前 1100 年——從諸多方面可看出它象徵當時已經使用罌粟，尤其是她看起來處於欣快的狀態。

古希臘人使用罌粟蒴果、莖和葉來提煉一種安眠藥。希波克拉底使用白罌粟調和其他藥材來是治療胸膜炎，他還用新鮮罌粟治療結核病，以及用罌粟治療斑疹傷寒（Typhus）。[64]在某些地區，罌粟（或毒堇）似乎也被體弱者與年長者當成自殺的一種手段（也可能是安樂死）。

普林尼提到古人調和白罌粟籽與蜂蜜的用法，以及之後把罌粟籽撒在麵包上，與蛋黃融合在一起的做法。[65]搗碎的白罌粟與葡萄酒一起服用，可當成安眠藥。[66]黑罌粟乳狀的汁液是靠著在花冠正下方劃一刀，然後搓揉成錠劑而得來的：「特定的安眠效果並不是我們使用這種汁液的唯一原因，但如果過量服用，會直接睡到死：它被稱為『鴉片』。」

凱爾蘇斯觀察到「罌粟、生菜……桑椹和韭蔥，都會讓人想睡。」[67]他提到加了罌粟（可能是指罌粟籽）的麵包，有助於退燒。[68]白罌粟有助於利尿；罌粟汁液（例如鴉片／阿片）是治療大腸不適時的其中一部分藥方，也是一種潤膚劑和解毒劑。[69]罌粟汁液被用來治療頭痛，而且在另一個藥方中，先將一把野生罌粟放入水裡煮，再與一種葡萄乾烈酒（Passum）混合一起煮——「因為這兩者都能助眠」。罌粟汁液出現在咳嗽藥和眼疾用藥，能治療潰瘍與疤痕、耳朵發炎和牙痛。[70]

罌粟籽在 15 世紀作家維尼達留斯（Vinidarius）所寫的《阿彼修斯的摘錄》（*Excerpts of Apicius*，暫譯）中，被視為一種調味料。在赫庫蘭尼姆古

城 Cardo V 大街的下水道沉澱物中也常發現這些種籽。[71] 不過，公元 2 ～ 3 世紀的作家雅典那烏斯（Athenaeus）並不認為罌粟是很美味的食物：

> 埃庇卡摩斯（Epicharmus）把這個直接拿給我們……「罌粟、甜茴香和粗粗的仙人掌；現在如果把這些蔬菜搓揉過，並淋上濃郁的醬汁，就可以裹著醬汁吃，但蔬菜本身並不怎麼值得一試。」[72]

阿拉伯人是把鴉片的藥用特性散布到西方以外地方的推手，尤其是在中世紀就傳到印度和中國。[73] 罌粟可能早就已經存在於那些地方，而且中國早在 7 世紀之前就種植罌粟。不管怎樣，到了 16 世紀初，印度已經可以把鴉片出口到中國。19 世紀的鴉片戰爭是這場貿易擴張的結果，當時英國東印度公司擴張它們的（非法）交易到中國需要反擊的程度。

1596 年，探險家林斯豪頓對於印度使用鴉片的習慣，做了非常早期的解說：「印度人吃很多鴉片……習慣吃的人，每天一定要吃，不然就會死。」[74]

> 植物學家尼可拉斯．寇佩珀在 1653 年也提到，罌粟籽磨碎後和大麥水混合，能有效緩解痛性尿淋（strangury；即排尿疼痛），但不會有任何鴉片的特質，他說：「鴉片有一種會讓人頭暈的臭味，而且帶苦辛辣又咬舌；適量攝取，會讓人想睡和短暫止痛，但使用時必須特別小心，因為它的效力很強，所以對於外行人而言，是一種非常危險的藥物。它能夠放鬆神經、減輕痛性痙攣和間歇性不適；但它也會增加無力麻痺的症狀，進而弱化神經系統……過量使用會引起無節制的笑或癡呆、臉部漲紅、雙唇腫脹、關節無力、眩暈、沉睡，加上讓人不安的惡夢並開始抽搐、冒冷汗，經常導致死亡。」[75]

相對於這些恐怖的描述，英國作家漢娜．格拉斯寫於 1747 年的罌粟甜酒食譜，看起來就很無害：

> 取 2 加侖品質非常好的白蘭地和一點點罌粟，一起放進寬口玻璃罐中，

靜置 48 小時，然後濾出罌粟。拿 1 磅日曬葡萄乾，去核，與各 1 盎司的芫荽籽、甜味甜茴香籽與甘草片一起搗碎後，倒進白蘭地中。再加 1 磅高品質的糖粉，靜置 4 ～ 8 週，每天拿起來搖一搖；過濾後即可裝瓶，密封備用。[76]

土耳其是目前全球最大的罌粟籽生產地（而阿富汗則是全球最大的鴉片製造地）。罌粟籽被廣泛用於烘焙、糕餅糖果，以及當成香料使用，例如放進印度的多種咖哩中，也能讓食物的質地更豐富。

胡麻（脂麻科〔Pedaliaceae〕）

胡麻（*Sesamum indicum*）是一種一年生開花植物，與薄荷同目，原生於北印。它可以長到大約 1 公尺高，有著白色、紫色或藍色的管狀花朵。其種籽尺寸很小（通常約為 3×2 公釐，或更小），呈扁平卵形，生長在最長 8 公分，有溝槽的蒴果中。

《天方夜譚》中的口號「芝麻開門！」是「阿里巴巴與四十大盜」故事中用來打開洞穴的魔法口令——它的依據是胡麻蒴果，一個蒴果可包含約 70 顆種籽，成熟時很容易爆開。胡麻籽（芝麻）有許多顏色，但最常見的是乳白色。有許多相關物種，大多為野生種。

芝麻有著濃郁的堅果味和奶油香，常生食或烘過再使用。烘過後，芝麻會變成金黃色，而且有淡淡的杏仁風味。芝麻油是深棕色，充滿香氣與堅果氣息，可當成烹飪油使用，也可用來增加料理的風味。DNA 的分析已證實胡麻被人工培植於印度次大陸，且資料證明它與祖先野生種（*S. orientale var. malabaricum*）的關係密切。[77]

印度河谷的哈拉帕文明曾發現「一堆集中且燒焦的」芝麻——年代大約為公元前 2500 ～前 2000 年。[78] 在俾路支省美里卡拉特（Miri Qalat in Baluchistan）找到的遺跡，年代也可追溯到相同時期。另外，在印度多處也找到其他來自公元前 2 千紀與前 1 千紀的胡麻考古學紀錄。

胡麻有可能在美索不達米亞與印度河谷哈拉帕文明交易時，即到達該區，時間可能是公元前 3 千紀結束之前。[79] 在伊拉克的阿布・薩巴比克（Abu Salabikh）曾發現來自公元前 3 千紀，上面有焦痕的芝麻。[80] 約翰・派瑞（John W. Parry）記述根據大英博物館中（泥）板的翻譯，亞述的神會喝胡麻酒，這大概是最早提及此香草的紀錄。[81] 另外，在公元前 6 世紀的（泥）板也有多處提及芝麻，而且芝麻在整個巴比倫歷史中都非常重要——使用於蛋糕、小點、葡萄酒、藥物和油。

胡麻到達埃及的時間可能是公元前 2 千紀以前，但缺乏相關證據。然而，有記錄指出在埃及的奈加代（Naqada）發現胡麻（花粉），年代為埃及前王朝時期（Predynastic Period）。[82] 可確定的是，胡麻種植於希臘羅馬時期。

泰奧弗拉斯托斯曾提到胡麻與其特別的種籽蒴果。他指出白色的種籽比深色的種籽甜。普林尼提到阿拉伯的遊牧部落會提煉胡麻油，「和印度人一樣」。[83] 他正確地認出胡麻來自印度；有一些實用的醫學特性，但「當成食物吃會傷胃，而且會讓呼吸有難聞的氣味。」蓋倫似乎也不認可胡麻，至少以當成食物的話——因為它油脂豐富的天性，會過於增加胃的負擔，但它具有可潤膚（保濕）的優點，且是暖性的。[84] 迪奧斯科里德斯則建議用胡麻來治療燒傷、因咬傷而引起的發炎等。中世紀阿拉伯的醫生與希臘人有類似的看法。[85]

希羅多德曾提到一個胡麻的稀奇故事：胡麻如何幫助 300 名來自克基拉島（Corcyra／Corfu）的男孩被暴虐的「科林斯的佩里安德」（Periander of Corinth）閹掉。[86] 佩里安德綁架了這些男孩，準備把他們送到阿呂安泰絲（Alyattes）閹掉當宦官，但他們在前往薩摩斯島（Samos）的途中停了下來，不久之後，薩摩斯島人在知道男孩們此行的原因時，讓他們到阿耳忒彌斯神廟（Temple of Artemis）避難。科林斯人無法進入神廟，所以試著要餓死他們，把他們逼出來。但薩摩斯島人捏造了一場慶典，而且：

> 每個天快黑的傍晚，在男孩們持續待在神廟的整段時間裡，會有青年與處女組成的唱詩班，帶著用芝麻和蜂蜜做成的蛋糕到神廟去，以讓

克基拉島的男孩們可以抓一點吃，足以繼續活下去。

因為時間拖了很久，科林斯人沒有耐心繼續等下去了，所以就放棄離開，男孩們因此得救回家。

羅馬人確實曾使用胡麻——芝麻被列於公元 301 年戴克里先的《價格詔書》中，並被維尼達留斯記錄為一種調味料，但它主要的用途，幾乎可以肯定是「榨油」。《周航記》在卡利埃納西邊港口列出胡麻，因此可推斷在公元 1 世紀時，會從印度出口胡麻。

它可能是由羅馬人傳到不列顛的（和罌粟籽一樣），但鮮少有相關的考古學紀錄。

醫師約翰·傑勒德在希臘與羅馬的醫學觀點上，並未加註太多內容，但他觀察到「英格蘭不太熟悉胡麻」。它在中世紀的歐洲，大概除了被摩爾人控制的西班牙外，從未在其他地方普及過。胡麻生長在許多熱帶與亞熱帶環境，但它也有辦法在溫帶氣候中存活；最大的生產者是印度、蘇丹、中國和緬甸。大部分的產量是供烹飪使用，而絕大部分是被榨成芝麻油；其餘的則是用於烘焙和製成糕點糖果，以及一些綜合香料等。

穗甘松（忍冬科〔Caprifoliaceae〕）

穗甘松是忍冬科開花植物「甘松」（*Nardostachys jatamansi*）的油，原生於喜馬拉雅山區域——現在是極危物種。穗甘松的英文 "Spikenard" 常縮寫為 "Nard"，此字來自拉丁文 "Nardus"。這種油是把甘松的根狀莖壓碎而來的，香氣非常濃郁；因此它一直以來都用來製作香水與線香，也當成調味品使用，在古羅馬非常受歡迎。

穗甘松列於《周航記》中，是一種從巴巴里克、巴利加薩、穆齊里斯和恆河（與河流同名的城鎮）出口的商品。從《穆齊里斯莎草紙文書》可看出其重要性，在這份文件中紀錄有 60 個裝滿甘松、價值很高的貨櫃被裝到「赫瑪波倫號」上。

甘松對於當時猶太宗教儀式非常重要；或許也因此造成其價格高昂。[87]
普林尼曾指（穗）甘松「在我們的芳香油膏中，佔了主角的位置」，以及「它
聞起來甜甜的，且其味道更具體來說，會讓嘴巴變乾，留下宜人的風味。」[88]
他說甘松葉的價格為每磅 40～75 第納里烏斯，但開花的莖每磅要 100 第納
里烏斯。它常出現在複方藥中，如凱爾蘇斯在《醫學》一書中所指。甘松精
油至今仍用於芳香療法、香水與線香，具有宜人的濃郁泥土香氣。

八角（五味子科〔Schisandraceae〕）

八角（*Illicium verum*）八芒星的造型看起來就很賞心悅目，或許它也是
最奇異的香料之一。八角是一種果實，來自原生於中國東南部與越南的中
型常青樹。星星的每道光芒（為「心皮」〔Carpel〕，即雌蕊）都包含一個
種籽；果實新鮮時是多肉的，但乾燥後就會變成銹棕色和木質。它的風味很
奇特──有濃郁、非常甜的洋茴香味與香氣，這是因為它含有很大量的茴香
腦，在洋茴香、甜茴香與甘草中，也能找到相同的化合物。

中國大概從公元前 2000 年就開始種植八角，但它要等到 16 世紀才
出現在歐洲，據說文藝復興時期歐洲航海家湯瑪斯·卡文迪許（Thomas
Cavendish）在他第一次航行（1587～1588）時，在菲律賓搶奪了西班牙的
船，然後就把八角與其他商品一起帶回倫敦。[89] 儘管當時的人會把八角加入
水果糖漿與果醬中，但歐洲食譜還是不常看到它的蹤影，似乎被視為是某種
珍稀。[90]

在中國文化裡，人們偶爾會在飯後嚼八角來幫助消化；八角果實也被
用來治療嬰兒腸絞痛與風濕。[91] 它是中國五香粉的原料之一，很常被用於醃
醬、燉煮料理、烤肉（蔬菜）、湯和醬汁中。越南料理也會使用八角（例如
越南牛肉河粉），另外在印度瑪薩拉、波斯食譜，和特定的馬來西亞與泰國
菜式中，都能看見八角。因為八角的風味很濃郁，所以用量通常很少。

黑萊姆與泰國青檸（芸香科）

黑萊姆（Black lime）又稱為 "Loomi" 或乾燥萊姆（Dried lime），是一種味道非常強烈的香料，據說源自阿曼，且在中東極度受到歡迎。這個黑色物體的外表很不討喜，像是爛掉或燒焦的外殼。它的重量非常輕，因為在乾燥過程中，新鮮水果實中的水分都被排出了。它的風味非常濃縮且酸香刺鼻，是萊姆酸味加上嗆鼻的煙燻香氣。

黑萊姆的製作，通常是先把萊姆（*Citrus aurantifolia*）泡鹽水醃漬，接著日照曬乾。完成後，可以整顆或切片／敲碎使用，但通常是磨成粉後，在食物需要酸味時加入……，量不用多，一點點就效果很好。

萊姆原生於東南亞和南亞，透過貿易傳到世界各地。傳播的時機點不明；香櫞（*Citrus medica*）在古羅馬學者普林尼和古希臘哲學家泰奧弗拉斯托斯的文字中曾被提及，古羅馬大廚阿彼修斯也曾使用香櫞，但萊姆可能是到中世紀世紀，透過來自東方的主要貿易路線，才被帶到地中海的。例如萊姆曾出現在古塞爾‧卡迪姆（Quseir al-Qadim，是紅海上米奧斯荷爾莫斯的古羅馬港口）的中古世紀沉澱物中；更早之前的羅馬遺跡，則未曾發現萊姆。[92]

乾燥萊姆也是波斯料理的最愛（當地人稱為 "Limoo Amani"），萊姆在該處種植的歷史已經有數百年之久。乾燥萊姆有兩種：幾乎全黑的與乳白色的，通常在需要比較細緻的風味時，會使用後者。[93]

外皮呈疙瘩狀、長相很獨特的泰國青檸（Kaffir lime）及其葉子（*Citrus hystrix*）也被廣泛用於東南亞料理，例如放入咖哩醬、泰國酸辣湯、泰式椰汁雞湯（Tom kha），以及其他湯品和醬汁中；還會用於香水、化妝品與藥物中。

花椒與山椒（芸香科）

花椒和山椒是芸香科花椒屬（Genus *Zanthoxylum*）中關係很緊密的兩個種，芸香科另外還包括了萊姆與其他柑橘類水果。花椒屬中大概有 250 個種，

但其中最重要、會產出香料的是 "*Z. bungeanum*"（花椒）和 "*Z. armatum*"（竹葉花椒）與 "*Z. piperitum*"（日本山椒）。雖然名字中有「椒」，但它們與「胡椒」或「辣椒」無關。

花椒原生於亞洲，尤其是中國和喜馬拉雅山區。果實是小型紅棕色漿果。具有尖銳、類似胡椒的風味，以及濃郁的柑橘酸香和別具特色的辛辣刺激感，會很神奇地讓嘴巴有刺刺麻麻的感覺；花椒所有的風味都來自外層的漿果殼，而非裡面所含的種籽。

中國自古代即使用花椒，它是中國五香粉中的一項關鍵食材，但在西方從未盛行。在 14 世紀的中國，畫家倪瓚曾說花椒是最常用的調味料之一，另外它也出現在皇室飲膳太醫忽思慧的料理中，但忽思慧似乎喜愛黑胡椒勝於花椒。[94]

花椒被當成香料使用時，通常會先烘過，以釋出濃郁的風味，接著會整顆、壓碎或磨成粉用於各種燒烤和熱炒料理，尤其是川菜中。磨碎時也可當成調味乾粉使用，有時會和鹽混合成花椒鹽。

山椒又名「日本籬欄花椒」（Japanese Prickly Ash），原生於日本和韓國，被當成佐料和調味料（是日本七味粉中的一項食材），其葉子和嫩芽在日本也會用於烹調和用來裝飾湯品等。喜馬拉雅山區的料理會使用山椒，也會使用花椒，尤其放進咖哩和醃菜。

印度芒果粉（漆樹科〔Anacardiaceae〕）和芒果泡菜

"Amchoor" 是印地語中的「乾燥青芒果粉」，它是印度料理會用到的香料，主要是提供酸味，效果類似羅望子果肉。製作過程是把青芒果削皮－切片－日曬乾燥，然後再磨成粉。

在一本由無名氏所寫的印度食譜中，出現了一篇公元 1900 年前教人如何製作印度芒果粉的食譜，裡頭包含把青芒果去皮、切成四等分、撒鹽，接著放到陽光下曬乾。等開始變乾後，就用乾燥磨成粉的薑黃與辣椒、薑粉，

以及更多鹽搓揉，接著繼續曬，直到完全脫水，之後就可以裝瓶備用。

　　普通芒果樹（*Mangifera indica*）原生於印度次大陸東北部（也許還有東南亞），當地人從古代就開始使用——它與梵語和早期印度神話息息相關。[95] 13 ～ 14 世紀的印度－波斯作家阿米爾・庫斯勞（Amir Khusrau）曾盛讚這種水果。在 16 世紀後期，探險家林斯豪頓也同樣讚頌芒果，無論是新鮮的或醃漬過的：「它們有著非常討喜的味道，比蜜桃還好吃……人們會趁水果還未成熟時採收，並醃漬保存。」[96]

鹽膚木（漆樹科）

　　鹽膚木（Sumac）是漆樹科鹽膚木屬（Genus *Rhus*）中的幾個物種之一。在不同的熱帶和溫帶環境，會有各種不同的種，但最常被使用的種是西西里鹽膚木（*R. coriaria*），它原生於歐洲南部和西亞。鹽膚木的乾燥果實被當成香料使用，具有尖銳刺鼻、類似水果但偏酸的味道。它加進鞣料（Tanning）與入藥的歷史也很久遠。

　　人類從很久以前就知道鹽膚木了——古代學者泰奧弗拉斯托斯和普林尼都觀察到這種紅紅的、像葡萄一樣的果實，能當作白色皮革的染劑；另外也有其醫學功用——普林尼說它的葉子和蜂蜜一起搗一搗，再和醋攪拌均勻後，治療瘀傷，腹腔（腸道）疾病和直腸潰瘍的效果很好。[97] 用鹽膚木煎成的湯藥，則能有效治療耳朵化膿。

　　古羅馬時期藥理學家迪奧斯科里德斯稱讚它能治療非常多種不適，另外也知它可當成食物。植物學家寇佩珀則提到鹽膚木「種籽乾燥磨成粉後，少量服用可以停止腹瀉和大失血，嫩芽如果泡成濃濃的茶水飲用，對於健胃整腸的效果非常好。」[98]

　　磨成粉的香料也是沙拉、地中海／中東小碟開胃菜（Meze）、燉菜、肉類、和米飯料理的調味料，能讓烤肉串（Kebab）更有滋味，也是中東綜合香料「札塔」（Za'atar spice blend）中的一種原料，還能用來製作清爽的無酒精飲料。它在中東、西亞、以及北非部分地區最受人喜愛。

奇特、稀有與不常見的香料

目前全球總共有 4,000 個已知的植物種（4,000 是非常大概的數字）。其中稀有和奇特的香料佔了多少，是未知但有意義的數字，因為世界在某處的某個人，很可能會突然想到用某種植物的某個部分來為食物調味，或增加顏色、香氣、刺激性、甜味、酸味或苦味；或把某種植物的某部分製成線香或香水，或當成藥物使用。

銀杏和杜松並不常見——主要是因為它們屬於裸子植物（Gymnosperms），這是種源於石炭紀（Carboniferous period）的無花植物，。

銀杏的存在歷史可追溯到侏羅紀——也就是它曾與恐龍共存。它的生命力強韌，壽命非常久；據稱某些銀杏樹已經超過 2,500 歲。杜松是隸屬於柏科（Cypress family）的針葉樹，柏科中共有超過 50 個種被歸為刺柏屬（Genus *Juniperus*）。其中某些植物的多肉毬果（Seed cones；或稱「漿果」）也被當作香料，尤以普通杜松（*J. communis*）最為人所知。古希臘人也許是第一個使用杜松子的文明族群，先是當成藥物，後來也當成食物。

杜松子也出現在古埃及人的墳墓中，在蘇丹通布斯（Tombos）考古遺址（年代跨越那柏塔時期〔Napatan perio〕的第 18 王朝中期到第 25 王朝，或為公元前 1400 年～前 300 年），一名老婦的棺材旁，有個碗裡就裝了杜松子——為了在死後（靈魂）生活當成薰香或香料使用。[99]

較不為人知的香料家族成員中，也包含了不少珍奇異種。薑科（Zingiberaceae）是芳香香料的主要來源之一，特別是物種多樣的東方薑科，就是很好的探索起點。薑屬（*Zingiber*）包含了一般普通的薑（*Z. Officinale*），和其他大約 200 個種，裡頭有些可當成香料使用。

茗荷（*Zingiber mioga*，或稱「日本薑」）是其中之一，它不像一般的薑使用根狀莖，而是只用花苞和嫩芽，可用來裝飾味噌湯和其他食物。此外，紅球薑（*Z. zerumbet*）被稱為「洗髮精薑」（Shampoo ginger），它驚人的錐形花冠在成熟時會變成紅色，取自花冠的汁液可用來使頭髮柔順。其根狀

莖、葉子和嫩芽都可食用，根狀莖稍微帶點苦味，甚至花冠本身有時也會放入燉菜中烹煮。

種植在東南亞和印度的塔薑（*Z. montanum*），被用來治療胃部不適，其根狀莖則是當成調味料使用。同樣原生於東南亞，有著美麗穗狀花序的蜂巢薑（Beehive ginger；*Z. spectabile*），其根狀莖被當成一種調味品。

月桃屬（*Alpinia*）是薑科中最大的屬，包含超過 240 個種，其中有些非常少人知道。距花山薑（*A. calcarata*）的葉子有著泥土味，用途與月桂葉相似。

藍果山薑（*A. caerulea*）是澳洲熱帶地區和巴布亞紐幾內亞土生土長的植物——根狀莖的嫩芽尖端有著類似薑的風味，其果實也可食用。正豐草果（Round Chinese cardamom；*A. globosa*，原生於南亞）的種籽被可做為調味料使用。[100]

另外還有相當多物種的葉子可以拿來包食物，例如 "*A. eremochlamys*"‡和「小荳蔻葉薑」（Cardamom leaf ginger；*A. nutans*——葉子聞起來像小荳蔻）、黑果山薑（*A. nigra*）和月桃／艷山薑（Shell ginger；*A. zerumbet*)。[101]其他則是純藥用，例如萊佛士山薑（*A. rafflesiana*），但植物通常都有多種用途，黑果山薑是一個好例子，除了葉子可以用來包食物，嫩芽、花朵和根狀莖都可以生吃或煮熟食用、當成調味料使用，同時還有傳統醫學療效。[102]

節鞭山薑（*A. conchigera*）、泰國山薑（*A. siamensis*）和毛瓣山薑（*A. malaccenisis*）也都有多種用途，毛瓣山薑的根狀莖可當成香料和蔬菜使用，其精油則可入藥。[103]

火炬薑屬（*Etlingera*）中有超過 100 個種，其中有幾個有名的，可當成食物、香料或藥物。譬如：火炬薑（*E. elatior*）是一種原生於東南亞的大型植物，高度可達 6 公尺，且具有大型又美麗的穗狀花序，讓大家搶著要拿它來裝飾。其嫩芽可當成羅望子的替代品，以及當成咖哩中的一項調味料。花序上的莖和花朵切碎後會用在馬來西亞的叻沙湯麵；種籽則是生食；果實加

---

‡ 譯註：一種原生於印尼蘇拉威西的植物。

進燉菜等料理；花苞用於峇里島的參峇辣椒醬；種莢可用來製作印尼酸甜蔬菜湯（Sayur asam）。[104] 茴香砂仁（*E. cevuga*）原生於太平洋島嶼，其葉子可用來增加咖哩的風味。[105]

薑黃屬（*Curcuma*）也包含超過 120 個種，其中最有名的是薑黃（*C. longa*）和莪朮（*C. zedoaria*）。其他可食用的物種包含迷人的芒果薑黃（*C. amada*），其現切的根狀莖有著芒果的顏色和香氣，且味道濃郁，在東南亞通常會用於熱炒與沙拉，在印度則是製成醃菜和印度酸辣醬；黑薑黃（*C. caesia*）；鬱金（*C. aromatica*）；爪哇薑黃（*C. zanthorrhiza*）；窄葉薑黃（*C. angustifolia*）；以及其他至少七或八個物種。[106] 白葛根（*C. comosa*）大尺寸的球狀根狀莖是一種草藥，尤其是針對女性婦科疾病，薑黃屬中另外有幾個物種也具有醫學功效。

凹唇薑屬（*Boesenbergia*）幾乎包含 100 個種，但其中只有一個被當成香料，且因為多節的根狀莖而被大家熟識——凹唇薑（*B. rotunda*）。它在東南亞的人氣很旺，泰文稱為「甲猜」（Krachai）。

薑花屬（*Hedychium*）則大約有 80 個種，其中一些可以吃，包括 "*H. gracile*"[ǂ]、野薑花（*H. coronarium*）和草果藥（*H. spicatum*）。黃色野薑花（*H. flavescens*）因其漂亮的黃色花朵，而最受人喜愛，這種植物也有藥效，還能做成化妝品。其他重要的屬包括山奈屬（*Kaempferia*）和舞花薑屬（*Globba*），兩者中都包含一些可食用的種。

豆蔻屬（*Amomum*）、椒蔻屬（*Aframomum*）、小豆蔻屬（*Elettaria*）和艷苞薑屬（*Renealmia*）都只收成其果實和種籽，而不是根狀莖的物種。豆蔻屬中有超過 100 個種，其中包含許多香料，例如圓形的暹羅豆蔻（Siam cardamom；來自泰國）、砂仁（Bastard cardamom）、香豆蔻／尼泊爾豆蔻（Nepal cardamom）和圓形的小荳蔻。其他許多種都有可以吃的果實，用法通常與小荳蔻類似。

椒蔻屬中有大約 50 個種，包含最有名的香料——天堂椒（*A. melegueta*），

ǂ 譯註：一種矮性野薑花，可能是野薑花與紅薑花的混種。

誠如其屬名"*Aframomum*"，這個屬只出現在非洲熱帶地區和某些印度洋上的島嶼。

白紫椒蔻（*A. alboviolaceum*）多果肉的果實可以吃，且有著討喜的酸味，類似來自馬達加斯加的馬達加斯加豆蔻（*A. angustifolium*）。原生於西非的丹尼利椒蔻（*A. danielli*）或鱷魚胡椒（alligator pepper），具有被當成香料的種籽和種莢，味道非常嗆鼻，通常會加進湯和米飯料理中。

非洲豆蔻（*A. mala*）和白花非砂仁（*A. albiflorum*）生長在熱帶東非，其果肉又甜又酸，可當成零食吃，而種籽則是磨成粉，當成香料使用。衣索比亞豆蔻（*A. corrorima*）是一種來自衣索比亞和厄利垂亞的薑科植物，為了收成其微辣的種籽而種植，人們會把種籽磨成粉，當成香料，也當成消腸胃脹氣的藥物使用。

艷苞薑屬是南美植物中的一個大屬，裡頭的幾個種含有被當成食物與藥物使用的果實和／或根狀莖，例如高山艷苞薑（*R. alpinia*）、"*R. aromatica*"和"*R. nicolaioides*"。

胡椒科是另一個具有全球重要性的植物科，共有 3,600 個種，但只分成胡椒屬（*Piper*）和草胡椒屬（*Peperomia*）兩個屬。在前述的「黑胡椒」章節，已經介紹了 7 種較少人知道胡椒香料，但兩個屬中都還有許多其他的種；例如，草胡椒屬中的許多植物都具有可以吃、帶辛香的葉子。

繖形科（Apiaceae）與胡椒科相似，物種數量約為 3700 種。除了我們已經討論過的主要香料外，還有許多鮮為人知的香草和香料。例如，大阿米芹（Bullwort；*Ammi majus*）、黑孜然芹（Great pignut；*Bunium bulbocastanum*）；銳齒茴芹（Lesser burnet；*Pimpinella saxifrage*）；耻骨梳針果芹（Shepherd's needle；*Scandix pecten-venerix*）和高山茴香（Spignel；*Meum athamanticum*）。

寬葉羊角芹菜（Ground elder；*Aegopodium podagraria*）和豬草（Hogweed；*Heracleum sphondylium*）雖然算不上奇特或稀有，但因為它們有趣的歷史，

加上現代鮮少人使用，因此也值得加進清單。寬葉羊角芹菜原生於歐洲與西亞，其葉子自古代就被當成香草使用。

文藝復興時期專門研究草本植物的英國醫生約翰·傑勒德注意到它的葉子很像白芷（Angelica）的葉子，以及蒔蘿的種籽；此外，「根粗又多節且呈結節狀，味道很好，舌頭會感覺到熱熱的或有咬舌感。」它的藥用功效很強──它「不只是可當所有毒性的解毒劑，還能淨化腐敗和邪惡的氣息，和葡萄酒一起服用，也能治療瘟疫造成的感染。」

豬草原生於歐洲和北非部分地區，整株植物皆可食，使用歷史已達數百年。傑勒德稱它為 "Cow parsnip"，能有效治療黃疸、癲癇和「容易發生喘氣的人」，以及其他疾病。不過，它含有一些有毒的危害物。印度香料 "Choru" 是印度白芷（*Angelica glauca*）的一部分，取自它有香氣、當成調味品使用的粗根；從中取得的印度白芷油則是藥物與芳香療法中的珍寶，但也因為太過珍貴，所以現在這種植物正面臨枯竭式開採（Unsustainable harvesting）的危險。[107]

澳洲有不少異國植物，其中有些原先被當地原住民使用的，現在已經被分類為「原住民傳統叢林食物」（Bush tucker）──例如金合歡樹的種籽（Wattleseed），數種金合歡樹的種籽都可以生吃，也可以烘過再磨成粉。此外還有洋茴香香桃木（*Syzygium anisatum*），它是一種雨林樹（Rainforest tree），其有香味的葉子看似洋茴香籽，被當成調味品或（現在更流行）放入藥草茶中。其散發香氣的化學成分是茴香腦（Anethole），這也是八角、茴香等植物中所含的成分。

另一個是澳洲灌木番茄（Australian bush tomato／akudjura；*Solanum centrale*），其有名之處在於強烈的味道──結合了具果香的苦味和駱駝味！[108]要小心這一樣生物，未成熟的果實是有毒的。

南亞的燭果／印度藤黃果（Kokum；*Garcinia indica*），在西方很罕見，但在印度卻很普遍──紅色多肉的外層包覆著用來當酸味介質的果實，果實的用法與羅望子類似。

藤黃屬（*Garcinia*）是一個滿大的屬，包含山竹──印度藤黃果看起來就很像山竹。"Goraka" 是一種類似藤黃果或馬拉巴羅望子的種，在印度和東南亞，果實的外皮可以當成咖哩等食物的調味料。[109]

另一種名為 "Agyajal"（來自菊科澤蘭屬〔*Eupatorium sp.*〕），其嫩葉和嫩枝在孟加拉料理中是種香料。[110] 黑石花／卡爾帕西（Black stone flower/kalpasi；*Parmotrema perlatum*）真的很奇特，它是一種加到食物中，會散發出淡淡木質香氣的地衣，被用於馬哈拉施特拉邦（Maharashtra）的戈達瑪薩拉綜合香料粉（Goda Masala spice mix）中。[111]

木棉花苞與刺山柑類似，是木棉樹／吉貝棉樹（*Ceiba pentandra*）的花苞曬乾而成，印度南部在烹調時，通常會將其烘過再與其他香料一起磨成粉，它的風味像是芥末與黑胡椒的綜合體。

在中國，乾燥的萱草（*Hemerocallis fulva*）花苞有個好聽的名字，叫做「金針」，它有宜人的水果香氣，入菜與入藥的歷史至少 2,000 年。[112]

洛神葵（*Hibiscus sabdariffa*）原生於西非，其乾燥的花朵可泡成飲料和製成醃醬。[113] 把乾燥花朵浸泡在水裡時，會釋出又甜又酸的汁液，類似蔓越莓汁。它在烹飪的用途很廣，例如可撒進湯裡，或混入麵包麵團；在塞內加爾，綠葉被用來增加知名番茄魚肉燉飯 "Thieboudienne" 的風味；在印度會用來製作酸辣醬。

它在 16 世紀被引入到西印度群島，17 世紀傳到亞洲。塞利姆胡椒（Grains of Selim）是一種有香味的常青樹「埃塞木瓣樹」（*Xylopia aethiopica*）的果實，原生於熱帶非洲。果實由包含種籽的直線型種莢構成，被當成香料與藥物。種籽具苦味且辛辣刺激，外皮則是辛香、呈樹脂狀。它們通常會加進湯和燉菜裡，可磨成粉或完整使用。[114]

拉丁美洲可找到許多奇特的植物；然而，只有大陸以外的人才會覺得胭脂樹紅（*Bixa orellana*）很奇特──胭脂樹橘紅色的種籽被用來幫食物染色和調味，它帶有甜甜的胡椒味和堅果風味。

土荊芥（Epazote；*Dysphania ambrosioides*）是帶有香氣的多葉香草，風味嗆鼻，有類似薄荷與洋茴香的香氣，會用於墨西哥料理，或當成佐料、調味料用，也可以泡成花草茶或生吃。[115] 來自祕魯安地斯山脈的玫瑰胡椒木（Rose pepper；*Schinus molle*）的果實是密集叢生的圓球狀小核果（Drupe），成熟時為粉紅色或紅色，味道是淡淡的辣味中帶點甜。[116]

　　所以，在目前所知的 40 萬種開花植物中，有多少種能夠以某種形式被當成香料使用呢？回到第一章，歸根究柢還是要看定義：如果有人採取最廣義的定義，包含香草和香料，烹飪用與藥用、添香和增色的話，那麼粗估可能會超過 10 萬種；想做出更具體的計算，會是一項很吸引人的挑戰！

10

Spice Mixes:
Medicinal Compounds,
Spiritualism and Eroticism

綜合香料：
複方藥、唯靈論與助性

　　綜合或混合香料與香草早在中世紀以前就出現在我們周圍，包括醫藥、烹飪、心靈和情慾上的用途。最古老的香料／香草組合是因應醫學需求而產生，許多在藥劑、湯藥（熬出來的濃縮液體）、酊劑（溶解於乙醇的萃取物）、藥糖劑（Electuary；與蜂蜜調和的物質）、藥粉、藥膏、香膏、搽劑等裡頭的香草和香料，都具有其特定意義。

　　令人驚訝的是，許多由古希臘和羅馬醫生提出的複方藥，幾乎原封不動地出現在 16、17 世紀的第一本歐洲國家藥典中。像這樣的藥方與備藥方法有上百則、上千則，但其中有幾則值得注意，因為它們歷久不衰，有的則是成分太怪誕。在 1618 年的第一本《倫敦藥典》（*London Pharmacopoeia*，暫譯）中，共有 211 個原料超過 10 樣的製劑，其中最複雜的一個，包含 130 種物質！這些製劑的其中一樣是「米特里達解毒劑」（Mithridatium，請參考下頁說明），它包含了 50 種物質！

伍頓（A. C. Wootton）曾說明四種「藥局主力」（Officinal capital）──在藥學文獻中，已經存在數百年或數千年之久的古藥。[1]

「米特里達解毒劑」是一種配方極度複雜的解毒劑，年代可追溯到公元前 1 世紀羅馬安納托利亞的米特里達梯六世（Mithridates VI）時期。這個藥劑在整個中世紀都備受歡迎，而在伍頓援引的藥方中，有 50 種原料。

「威尼斯糖漿」（Venice Treacle；在中世紀威尼斯製作的版本是最有名的）或「萬靈藥」（Theriac）是古希臘的一種藥劑，也是一種解毒劑。研發者為公元 1 世紀的希臘醫生安德羅馬庫斯（Andromachus）。蓋倫在他有關解毒劑的著作中，仔細研究了安德羅馬庫斯萬靈藥（Theriaca Andromachi），以及米特里達解毒劑。[2] 安德羅馬庫斯萬靈藥包含了許多香草和香料，還有很重要的原料──蝰蛇（Viper）肉，藥方的基礎是以毒（或具有毒性的動物）攻毒，效果最好。蝰蛇肉也可以使用乾燥的蠍子代替。和好酒一樣，萬靈藥也是放愈久效果愈好。

在 16、17 世紀，英國的藥師開始自行調製，在 1612 年出現了一本嘲諷進口商品的小冊子，說它們「只用些變質腐爛的東西來製造，而且拒絕說明所有香料和藥品種類，高舉一些不乾不淨的糖蜜，急得想用這個產品來解決問題。」[3]

「菲洛尼烏」（Philonium）是公元 1 世紀，由古希臘醫師兼藥理學家「塔爾蘇斯的菲隆」（Philon of Tarsus）發明，可以治療嬰兒腸絞痛的藥方，蓋倫也曾引用過此藥。藥方中包含番紅花、白胡椒、大戟乳脂（Euphorbium；一種樹脂）、天仙子（Henbane）、除蟲菊素（Pyrethrum）、穗甘松、阿片，再與蜂蜜調和。這道藥方存在的歷史很長，曾出現在 17 世紀第一本《倫敦藥典》中，並一直存在於英語文獻中，直到 1867 年（伍頓）。它之所以受歡迎無疑是因為阿片，後續延伸的版本則有包含薑和葛縷子籽（Caraway seeds）。

「迪亞斯科迪姆」（Diascordium）是由 16 世紀的義大利醫生希羅尼穆斯·佛拉斯卡托里斯（Hieronymus Frascatorius）所發明，他宣稱此藥可以

預防瘟疫。[4]原始的配方包含肉桂、真水石蠶（True scordium）、克里特巖愛草（Cretan dittany）、拳參白松香（Bistort galbanum）、阿拉伯膠、蘇合香脂、阿片、酸模種籽（Sorrel seed）、龍膽（Gentian）、阿美尼亞紅黏土（Armenian bole）、密封的泥土（Sealed earth）、長胡椒、薑、澄清蜂蜜、黃刺玫（Canary）。它後來演變成一種常見的家庭常備藥（因為有阿片），而且在 18 世紀用來舒緩兒童的疼痛。

其他長期存在的藥物還有「長生不老藥」（Elixir Proprietatis），裡頭包含番紅花、蘆薈、沒藥……還有硫酸！末者後來被（明智地）換成醋。番紅花、沒藥和蘆薈有時也會被用來製成硫磺香膏（Balsam of Sulphur），這種香膏可以治療咳嗽和胸部不適。製作時，硫磺需先和橄欖油或核桃油一起煮。

根據伍頓所言，現存最古老的藥物——蘆薈桂皮粉（Hiera Picra），是自公元前 1 世紀即存在的一種瀉藥。

最早的藥方包含蘆薈、洋乳香、番紅花、印度甘松、阿勃參的果實（Carpobalsamum）和細辛屬植物（Asarum）；後來的版本加入或替換成小荳蔻、肉桂／白肉桂（canella）、薑、長胡椒、多種香草和蜂蜜，其中蘆薈則是一直存在的必需品。「愛琴島的保羅」曾列出許多種「聖草」（Hiera）。[5]在 1911 年《英國醫學期刊》（British Medical Journal）的專欄文章中，迪莫克醫生（Dr. Dimmock）曾提到「常見的服用法是配琴酒」。[6]

阿片酊（Laudanum）是一種阿片酊劑，被當成止痛藥使用，發明者為16 世紀的瑞士化學家帕拉塞爾斯（Paracelsus）。[7]酊劑中還有一些奇怪的成分：天仙子汁、木乃伊、珍珠鹽與珊瑚鹽（Salts of pearls and corals）、「雄鹿心臟骨」、糞石（Bezoar stone）、琥珀、麝香和獨角獸。後來的版本則加入了較為常見的番紅花、肉桂、肉豆蔻或丁香。

由磨碎的寶石、金屬和香料組成的奇異混合物，在古代的藥典中特別受歡迎。風信子糖（Confection of Hyacinth）是一種將鋯石（Zircon）*以

---

* 譯註：鋯石又稱為「風信子石」。

磨成粉，做為基底的止血藥，另外還包括許多非比尋常的成分：藍寶石、翡翠、拓帕石（Topaz）、珍珠、絲、金箔和銀箔、麝香、龍涎香、沒藥、樟（腦）、珊瑚和一些蔬菜，最後再和康乃馨糖漿一起調成甜甜的甘露！[8] Alcherme 義大利香料酒是一種源自 8 世紀義大利的烈酒，它的鮮紅色來自胭脂蟲（Cochineal），其他成分是丁香、肉桂、肉豆蔻、香草和糖泡的酒。

庸醫與假藥（Quack Medicines）

假藥的歷史和真藥本身一樣久遠，但真正盛行是從 18 世紀開始。不同於純粹無知或謬誤的科學，庸醫與假藥則是有意識欺騙顧客，讓他們買虛假的或沒有效的藥。「庸醫」（Quackery）這個字源自古荷蘭文的 "Quacksalver"（庸醫、騙子）或 "Salve-seller"（奴隸販子）。美國人則是用「蛇油推銷員」（Snake oil peddlers）來形容這些騙子。

其中一個著名的例子是「芙奧拉萬蒂香脂油」（Baume de Fioraventi（其名來自 17 世紀的義大利醫生李奧納多·芙奧拉萬蒂〔Leonardo Fioravanti〕）。伍頓說這是一種酊劑，裡頭有白肉桂、丁香、肉豆蔻、薑、其他香料、楊梅、沒藥、蘆薈和白松香等，以及六分之一份蒸餾過的松節油（Turpentine）。據說對治療腎臟病和風濕很有效，還能改善視力。芙奧拉萬蒂就是個惡名昭彰的騙子，他會販售他的「賢者之石」（Philosopher's stone）或能治百病的萬靈丹。

膳食補充劑「荷蘭之淚」（Dutch Drops）或「哈倫油」（Haarlem Oil）的年代可追溯到 1672 年，其使用了蒸餾松節油的殘留物，和琥珀精油與丁香精油，被當成一般預防性藥物使用。18 世紀的「戈弗雷氏香酒」（Godfrey's Cordial）也是一種類似的通用預防性藥劑，裡頭含有阿片酊、黃樟（檫木屬植物）、薑、葛縷子、芫荽和洋茴香籽、「威尼斯糖漿」和葡萄酒的精餾酒精（Rectified spirits）。

「瓦堡酊」（Warburg's Tincture）的研發者是 19 世紀中期的奧地利醫

生卡爾‧瓦堡（Dr. Carl Warburg），這項產品有名之處是能夠當成退燒藥。瓦堡酊是由奎寧酊劑、樟和蘆薈，再加上番紅花、莪朮根（Zedoary root）與白芷製成。在印度很有人氣，而且因為含有奎寧，所以在對抗瘧疾性發燒上，或許真的有某種功效。因為此藥，瓦堡賺了一大筆錢（但後來又失去）。

1825 年，蘇格蘭商人詹姆斯‧莫里森（James Morison），宣稱他的蔬菜藥丸——最為人所知的名字是「莫里森藥丸」（Morison's Pills）能夠減緩任何疾病的症狀。這些藥丸是用蘆薈、大黃、塔塔粉、藤黃和沒藥製成，具有通便效果；莫里森靠藥丸賺了一大筆錢，但他被許多同年代的人徹底鄙視。另一個差不多同時期的名藥「驅風劑」（Gripe Water），是 1851 年由英國人發明的藥品，可治療嬰兒出牙疼痛與腸絞痛，直到現在它的改良版都還有人使用。驅風劑的成分包括碳酸氫鈉、蒔蘿籽油、糖、水和酒精——末者「當然」就是這個藥有效的原因（因此父母很愛用）。1992 ／ 1993 年酒精的成分被移除，在某些配方中，則加了薑和甜茴香。

印地安人（即「美洲原住民」）的藥物在 19 世紀後期的美國大受歡迎。當時有種類似馬戲團巡迴展出的「印地安藥物展」，現場推銷能治百病的印度安搽劑（Indian liniments），或稱為 "Sagwa" 的藥。兜售時，通常說它是來自基卡普部落（Kickapoo tribe）的一種半神祕藥水。現場也經常雇用印地安人做為展出的一部分。

當時也是「蛇油」（Snake oils）盛行的年代，來自德州的史丹利‧克拉克（Stanley Clark）自稱「響尾蛇王」（The Rattlesnake King），或許他的醫術就是向美洲原住民藥師學來的。蛇油風靡了滿長一段時間，但在 1917 年的藥物分析中，發現它含有少量礦物油（Light mineral oil）、牛肥油、辣椒、微量樟腦和松節油。史丹利也因為欺詐性的不實標記而被罰款。[2] 其他騙人的蛇油品牌還有 Virex、Rattlesnake Bill's Oil 和 Miller's Oil。

阿育吠陀藥物

「阿育吠陀」（*Ayurvedism*）是印度古老的傳統醫學，歷史超過 2,700 年，現在仍被廣泛實踐。它絕對不是江湖醫術，但今日某些傳統派的行醫者可能會稱它為「偽科學」（Pseudoscientific），因為它與西洋醫學的理念背道而馳。阿育吠陀的十億多名信眾絕對不會用「偽科學」來形容它。阿育吠陀醫學使用複方草藥與礦物複合物，並矯正身體的行動，以解決三個重要「體質能量」（Dosa）的失衡。

公元前 8 世紀的《蘇胥如塔文集》曾列出長長一張清單，上頭大約有 700 種植物。重要的物種和香草包括薑黃、小荳蔻、肉桂、甜茴香籽、黑胡椒、阿魏和薑，但還有其他許多。阿育吠陀並不只是執行草藥療法，它也使用動物產品、礦物、金屬和多種仙丹妙藥。

古代草藥學

植物被當成藥物使用的歷史已經有千年之久。洋蓍草（Yarrow；*Achillea millefolium L.*）可能是人類使用的最古老植物性藥材之一。它和另外其他五種藥用植物，一起出現在距今 65,000 年的山達爾（今伊拉克境內）尼安德塔人墳墓中。[10]

洋蓍草和其他植物一樣，在歷史上的確有非常悠久的藥用紀錄，迪奧斯科里德斯和普林尼都曾提到它。另一個研究指出，在西班牙北部西德龍洞穴（El Sidron cave）發現的骸骨牙結石裡，發現藥用植物的痕跡，這些骸骨的年代為 47,300 ～ 50,600 年前。其中一具骸骨的牙結石中則找到洋蓍草和洋甘菊，這些植物可能一直以來都是用來治病的草藥。[11]

草藥在古埃及滿普遍的，在古代的紙草文獻中，也描述了草藥療法，紙草文獻中最重要的有《艾德溫・史密斯紙草文稿》（Edwin Smith Papyrus）、《埃伯斯紙草文稿》、《卡洪婦科紙草文稿》（Kahun Gynaecological

Papyrus），以及《赫斯特紙草文稿》（Hearst Papyrus）。在這些文獻中也能看到動物和礦物療法。

　　《卡洪紙草文稿》的年代大約為公元前 1825 年，內容提到未具體說明的油和樹脂，以及許多植物，如黃荊／聖潔莓（Vitex；與鼠尾草同科）、白桑椹、洋蔥、豇豆（Cowpea）、無花果、埃及香脂和沒藥等。在《赫斯特紙草文稿》所提到的 200 種原料中，大概有一半是植物；這些包含葫蘆和葫蘆的種籽、阿拉伯膠、芫荽、孜然、洋茴香、肉桂、大蒜、韭蔥、杜松子、罌粟籽、乳香和沒藥。[12] 混合物的例子有治療口腔內出血的無花果、桑椹和洋茴香；驅除癲癇發作的椰棗核、乳香和杜松子；以及可當止痛藥使用的蒔蘿酒。

　　整體來說，古埃及人用很多大蒜、洋蔥、芫荽、孜然，還有許多植物和樹木的葉子，如柳樹、西克莫槭樹（Sycamore）和金合歡樹等。曼德拉草（Mandrake）、雪松精油、指甲花／散沫花（Henna）、蘆薈和乳香都是用於醫學治療的進口植物產品。[13] 到了希波克拉底的年代（公元前 460 ～前 370），草藥療法在地中海東部已經非常完善。

　　現代的草藥醫學習慣使用「活性成分」（Active ingredients），如萃取物或合成複方藥，而非使用完整的植物，但完整植物中包含的物質數量相當驚人，可達數千種。

魔法與唯靈論

　　自遠古起，「香」就是通靈招魂與宗教的重要部分，直到現在，香依舊在許多宗教中佔有重要地位。焚香意指燃燒有香氣的植物性物質（通常是膠、樹脂、木頭和油），這些植物性物質燃燒後會散發宜人的氣味。最古老的香爐出現在印度河流域文明（公元前 3300 ～前 1300 年）。[14] 古埃及人在舉行神祕儀式與葬禮時，也會焚香，目前已發現年代可追溯到公元前 4 千紀的證據。

香的主要來源是產自阿拉伯南部的乳香、產自南亞的沉香蘆薈或沉香木、代沒藥（印度與非洲沒藥樹屬植物的樹脂）、菖蒲、肉桂和中國肉桂、岩玫瑰（地中海灌木「膠薔樹」〔Cistus ladanifer〕和克里特岩玫瑰〔Cistus criticus〕的樹脂）、沒藥、蘇合香脂（楓香屬〔Liquidambar〕樹木的樹脂）、安息香（Benzoin；安息香屬〔Styrax〕樹木的樹脂）、穗甘松根和檀香。

英國外科醫師阿特奇利（E. G. Cuthbert F. Atchley）就曾提到，公元前 730 年左右，在赫利奧波利斯的（太陽神）「拉」神殿（Temple of Ra Heliopolis）：「他在那裡的沙丘上獻出很棒的祭品，在『拉』升起之前，把乳牛、牛奶、有顯著氣味的膠、乳香，以及全部珍貴的芳香樹木全供到祂的面前。」[15]

希羅多德形容在同時期埃及的動物祭品，人們會在動物的體內塞滿麵包、蜂蜜、葡萄乾、無花果、乳香、沒藥和其他芳香物質，之後再把祭品燒掉。[16]蒲魯塔克（Plutarch）說埃及人會在日出、正午和日落時燒香，日落時燒的香裡有 16 種原料，包含有味道的蘆葦（稈）、瀝青和其他有氣味的物質。

香也會用於精心策劃的葬禮，以及防腐處理，兩者都是為了保存，另外更實際的目的是消減腐敗所造成的難聞氣味。

古代的巴比倫人曾使用雪松木、菖蒲、"Rig-gir"（可能是蘇合香脂）和其他物質。他們在獻祭、（宗教）儀式淨化和巫術（魔法）場合，例如驅逐病魔時會焚香。在《一千零一夜》裡的「塞夫馬魯克王子」（Prince Saif el Maluk）故事中，當王子生病時，他們燒了三天的沉香蘆薈和龍涎香。同本書裡的另一個故事與基督教牧師阿夫里敦（Afridun）有關，牧師提到一種「聖香」（Holy incense），由（東正教）牧首的糞便混合麝香與龍涎香組成，據稱深受其他基督教國家國王的喜愛。

阿特奇利提到印度的香含有乳香、兩種松香（Rosin；樹脂經加熱後產生的固體物質）、墨西哥菝葜（Sarsaparilla）、莪朮、一種莎草屬植物（Cyperus textilis）和萊姆樹根。[17]傳統的印度香也會使用安息香（Benzoin）

和代沒藥樹脂（*bdellium resins*）。

猶太人點的「馨香」（Ketoret）據信包含洋乳香、白松香、乳香、沒藥、番紅花、沉香木、中國肉桂、肉桂、木香、穗甘松、腹足綱軟體動物的口蓋（Operculum），以及龍涎香與一種未知的香草。普遍使用的年代自公元前2世紀起，但猶太人早在這個時間前就開始焚香。古猶太貴族的葬禮傳統包括使用芳香物質與各種香料覆蓋遺體。

「催情」也是香與芳香物質的眾多用途之一。在（寫於公元1千紀中期的）「箴言7:17」（Proverbs 7:17）中寫到一位蕩婦：「我已用沒藥、（沉香）蘆薈和肉桂薰了我的榻。」香時常用於宴席與慶祝活動場合的事實，便是強調自很久以前，人們就喜歡芬芳的氣味，並將它和喜悅連在一起。在《一千零一夜》中提到許多女性使用由檀香、麝香、龍涎香、沉香蘆薈、沒藥以及其他芳香物質精心調製而成的香氛。

在希臘的歷史中，公元前8世紀《伊里亞德》（*Iliad*）的後面幾冊曾提到使用香精油（Perfumed oil）。[18] 據說古希臘哲學家畢達哥拉斯曾推廣用香來拜神。古希臘劇作家索福克里斯（Sophocles）指出古代著作《伊底帕斯王》（*Aedipus Tyrranus*）中大量使用乳香，《奧菲斯讚美詩》（*Orphic Hymns*）在讚美特定的神祇時，也使用了不同的香。

敘利亞國王塞琉古二世在公元前243年送了10「他連得」（Talent）乳香、1「他連得」沒藥和各2「邁納」（Minae，古單位）的中國肉桂、肉桂和木香到古希臘城邦米利都（Miletus）的安納托利亞城，可能是為了當成香使用。[19] 在羅馬共和國時期，香被廣泛使用，次數甚至比帝國時期時更頻繁，因為當時能取得異國香料的機會增加了。香被用於「靈魂奉獻」（spiritual offerings），以及對地位崇高之士表示尊敬。

咒語與魔法也是古代社會治癒力量的一部分。《希臘魔法莎草紙》（*Papyri Graecae Magicae*，PGM）是一份希臘羅馬時代之埃及（Graeco-Roman Egypt）的魔法文本，寫於公元前2世紀到公元5世紀之間。[20] 一個要取得「超自然助力」的咒語需要在唸咒時，焚燒乳香和玫瑰精油。其他用

於咒語的植物與植物產品包括沒藥、香桃木、蘇合香脂膠、乳香、芝麻、橄欖油、無花果、椰棗、松果、大麥、小麥、蒔蘿、馬齒莧、白嚏根草、苦艾和牛舌草（Bugloss）等。

與情慾有關的咒語會使用「嗎哪」（Manna）、蘇合香脂、阿片、沒藥、乳香、番紅花和無花果，全部混合後，再和葡萄酒調在一起。一個同時會誘發對方仇恨與疾病的遏制儀式，會使用有苦苦香氣的沒藥、代沒藥、蘇合香脂、蘆薈與百里香（還有河裡的淤泥！）讓寫出的咒語聖化，然後再把咒語丟進河裡。

有個奇特的避孕藥，製作方法是先把苦野豌豆種籽（Bitter vetch seed）浸泡在女性的經血中──數量根據需要受保護幾年而定，然後餵青蛙吃，等青蛙吞掉後，再把青蛙放生。把一顆浸泡在馬奶中的天仙子種籽，以及和牛鼻涕、騾子耳屎一起混合的大麥，用幼鹿的皮包起來，在吉日貼在身上就可以當護身符。

另外，想增強性能力，可以喝一種含有磨碎松果、甜葡萄酒與兩種胡椒粒的飲料；想要勃起，則建議可在陰莖上塗滿胡椒粉和蜂蜜。

《希臘魔法莎草紙》裡最有名的一段文字，可能是在公元 4 世紀編纂的《密特拉神祝禱文》（*Mithras Liturgy*）。第一部分說靈魂需要經過七個階段才能升天，第二部分則是進行禮拜儀式的說明，包含使用香草、植物和香料。其中提及的植物與植物產品包括與蓮花有關的 "Lotometra"、沒藥、"Kentritis"[†]、酪梨樹、玫瑰精油和馬鞭草。

在中世紀的歐洲，有許多香草長期與魔法和神祕主義有關：曼德拉草──外型常長得如人形般，而且能引起幻覺；濱海刺芹／海冬青（Sea holly；*Eryngium*）──一種催情劑；中亞苦蒿（Absinth；*Artemisia absinthium*）──另一種迷幻劑；天仙子（*Hyoscyamus niger*）──一種催眠藥和麻醉劑；迷迭香；芍藥（Common peony）──對抗邪靈，和貓薄荷。[21]

---

† 譯註：目前仍未解開它究竟是什麼植物。

妖術和藥用魔力在《女巫之槌》（*Malleus Maleficarum*）於 1487 年出版後，受到嚴重影響，這本書很有可能把法術逼得只能暗自進行。

被視為催情劑與愛情神水的香料與香草

香料用於風流情愛的歷史，幾乎與當成藥物的歷史一樣久，而且兩者常常互相關聯。泰奧弗拉斯托斯和迪奧斯科里德斯曾提及愛情神水中用的仙客來（Cyclamen／Sowbread）根部，但仙客來也是希波克拉底常開的陰道栓劑藥方。泰奧弗拉斯托斯也注意到這種植物可當成女性的陰道栓劑，但他補充：「它的根部很招人喜歡，可快速分娩，也能當成愛情神水。」[22]

曼德拉草用於性愛的歷史也相當久遠，普林尼所說的 "Eryngium" 很有可能就是曼德拉草，他說：「它的根……非常像男女性的器官；不過如果根部長得像男性的器官（存在但稀有），那就應當適合男性使用，可幫助他取得女性的歡心。」[23]

約翰‧傑勒德（1597）指出曼德拉草的根部「像是男人的腿和附近的身體部位，如私密處。」但他嚴厲斥責廣為流傳的無稽之談，如它只生長在絞刑架底下，「因為有東西從屍體上滴下來，所以才會長成人形……另外還有許多關於性事的謠言，充滿了汙言穢語，用文字都無法說明了。」[24]

傑勒德另外也反覆提到一個他稱為 "Dog's Stones" 的蘭花品種，這種植物之所以會被討論，很顯然是因為它有兩個明顯的近球形根。他說根據迪奧斯科里德斯所言，如果男人吃了這種蘭花胖胖的根部，（他的伴侶）就會生男孩，但如果女人吃了較小的萎縮根部，就會生女孩，但傑勒德也加了警語：「這些都只是某些醫生的看法而已。」

其他的蘭花品種還包括：Fooles Stones、Goates Stones、Satyrion，和 Foxes Stones 等。千里光（Ragwort；*Jacobaea vulgaris*）因其葉子的臭味，又被稱為「臭陽具」（Stinking willy），據說含有能激發性慾的特質，所以也被認為與淫蕩好色有關。

很顯然當時在選擇催情藥時，植物的外型會是考慮的重點，對於許多人來說，是個「不會太隱晦」的幫助。胡蘿蔔就是一個明顯的例子，另外還有長胡椒和辣椒。後兩者會帶來辣度或刺激感，所以也很容易被理解與領會。

　　其他在不同時代背景中，被認為能催情的香草與香料包括：阿魏、樟（腦）、大麻、肉桂、蓽澄茄、乳香、南薑、薑、人參、甘草、沒藥、肉豆蔻、胡椒、罌粟、番紅花、鼠尾草、香薄荷、大戟屬植物（Spurge）羅望子和龍蒿，但絕對不只這些。

　　許多香料，包括芳香物質和香，在古時候都是非常昂貴且稀有奇特的，因為聞起來甜甜的，所以更具有神祕的魅力。沒藥和乳香在當時的香水與芳香中，是最重要的成分。

　　中世紀的阿拉伯醫學開始大量研究催情劑，而且成果豐碩。「非洲的君士坦丁」在 11 世紀寫的 *De Coitu* 有其影響力，但 9 世紀的伊本・賈札爾（Ibn al-Jazzar）可能帶來更深遠的影響。[25] 阿拉伯的研究不單單只是依賴古希臘流傳下來的學問與傳說，他們還探索來自世界各地的觀點和看法，包含印度。

　　《慾經》（*Kama Sutra*，也稱為《愛經》）是印度一本幾乎是家喻戶曉的梵語性愛書籍。它敘述的年代從公元前最後一世紀到公元 3 或 4 世紀左右。內容常提到可以讓當下情緒與感覺升溫的物品：「當情人來到她的住所時，交際花應該給他檳榔葉和檳榔、鮮花花環，和有香氣的油膏。」[26] 另外也詳細記載如何「征服女人」的方法，以下就是其中一個最不怪誕的例子：「如果一個男人把白色曼陀羅花（White thorn apple）、長胡椒、黑胡椒的粉末與蜂蜜混合，塗在他的陽具上，再與女子性交，他就能讓她完全臣服。」[27]

　　想在性事上生龍活虎的方法有百百種，包括喝加了糖、蓽澄茄、甘草與甜茴香根部等物的牛奶；或是，飲用被形容成「瓊漿玉液」一般的液體：等量的印度酥油（Ghee）、蜂蜜、糖和甘草，與甜茴香汁和牛奶混合，也具有同樣的效果。

《愛之舞台》（*Ananga-ranga*）是另一本 15、16 世紀的印度性書。[28] 裡面寫了許多助性的處方，包括如何讓女性快速達到高潮：洋茴香籽磨成粉和蜂蜜混合，在性交前塗在陽具上；把搗碎的羅望子加蜂蜜和印度紅粉（Sindura；含有鉛丹、四氧化三鉛、硃砂或汞中的「紅硫脲」〔Red sulphuret〕！），同樣在性交前塗在陽具上；以及將黑胡椒粒、曼陀羅種籽、長胡椒和珠仔樹（Lodhora；*Symplocos racemosa*）的樹皮，與白蜂蜜一起搗碎。[29]

書中也另外描述許多食譜與處方──怎麼延長男性高潮、增加性活力的催情劑或藥物，以及有關吃什麼能治陽痿、增加生育力、讓女性胸部變大，以及對頭髮和皮膚好的化妝品等等。其他一些較廣為人知的原料包含樟（腦）、木香、大戟屬植物、甘草、蓮花、欖仁屬植物、鳶尾草根和胡麻。而且還有整個篇章在談如何用一些特別奇特的藥水和魅力來制服、迷惑或吸引他人。

麝香和龍涎香同樣也出現在看不到盡頭的催情劑清單上，兩者都落在「取自動物的香料」這個奇怪分類中。麝香是一種具香味的物質，取自原生於西亞和南亞的雄麝香鹿（麝屬〔*Moschus*〕）尾腺（Caudal gland）。雄麝香鹿會把分泌物抹在灌木上以吸引雌鹿。這種膏狀物質之前廣泛用於香水產業，但在中世紀和之後的烹飪中，也被當成一種添味劑（出現麝香的食譜驚人的多）。

麝香乾燥後呈深色顆粒狀，且帶有野生動物的（臭）味。麝香和龍涎香（另一種源自動物、聽了讓人倒胃口的產品，這次是取自抹香鯨的消化系統）在烹飪時，常互為替換。17 世紀的法國人常把麝香和龍涎香搭配在一起，以增加糖錠（Pastille）、「帕林內」果仁糖（Praline）、杏仁糖（Marzipan）、葡萄酒與甜飲料的香氣。龍涎香剛排出時，有一種糞便的味道，但在海中經過一段長時間後，就會變成又甜又複雜的香氣。在埃及和北非，會混入甜茶當春藥用。[30]

巧克力是一種較普遍的興奮劑（可可應被視為一種香料），而且它的名聲自西班牙人征服墨西哥起就建立了。法蘭西斯科・赫南德茲（Francisco

Hernández）是國王的醫生與博物學家，他在 1570 年被派到新世界尋找藥用植物——他提出一種加了香草、胡椒屬植物的葉或花，以及垂花舟瓣花（*Cymbopetalum penduliflorum*）的巧克力食譜，據說有提神效用。[31] 無論這道食譜（或其他任何所謂的催情劑）的真實性如何，巧克力絕對是現代所有「愛情神水」中最受歡迎的一種。

各種催情劑的「神力」自 1800 年代後期起，大部分都被藥物取代，而且變得完全不重要；不過，它們仍然持續讓人著迷。[32]

表 8：烹飪用綜合香料

以下選出一些來自世界各地的知名烹飪用綜合香料。綜合香料粉、膏、醬、醬汁、高湯、印度蘸醬和醃菜的種類數量繁多，而且快速增加中。

地區	名稱	原料	註解
印度	咖哩粉	通常以孜然、薑黃、芫荽和紅辣椒粉當基底，但也會添加不等量的肉桂、丁香、小荳蔻和葫蘆巴等。1886年，收錄英語－印度單字和術語的《霍布森－喬布森字典》（'Hobson-Jobson' dictionary）曾說明咖哩是「用一些搓揉、敲打過的香料與薑黃煮出來的肉、魚、水果或蔬菜。」 辣椒是咖哩粉中的重要原料，但一直要等到16世紀初期，印度才開始取得。丁香也是非原生於印度的原料。	是一種通用的香料，自殖民時代起便在歐洲廣為流傳與使用。「咖哩」一詞演變成所有包含濃辣醬汁的鹹香菜餚。漢娜・格拉斯（18世紀）曾寫過一則「製作正宗印度咖哩」的食譜。印度人開始使用咖哩的起源為數千年前（例如，麥加斯梯尼形容自公元前4世紀起。）
印度北部	小食綜合香料粉（Chaat masala[‡]）	印度芒果粉、孜然、芫荽、印度藏茴香、薑、胡椒、鹽、阿魏和辣椒粉。	撒在鹹的炸物小點（Chaat）、水果沙拉、馬鈴薯或其他食物上當點綴。味道集結甜酸辣於一體。

‡ "Masala" 的意思為「綜合香料」。這些綜合香料為數眾多，要準確指出其中許多的來源並不容易，但其原料已經在多種組合中，使用了長達數百年（或甚至數千年），並記載在11世紀的梵文文獻，如11世紀的《利民論》（*Lokopakara*）、12 世紀的 *"Manasollasa of King Somesvara"*，與其他書籍中。

印度北部	葛拉姆瑪薩拉	孜然、黑與白胡椒、丁香、肉桂、小荳蔻、肉豆蔻乾皮、芫荽、甜茴香、月桂葉、+/-紅辣椒粉和許多變化版。辣椒、丁香和肉豆蔻乾皮都不是原生於印度的植物，所以較早之前的版本味道可能較溫和，沒那麼嗆辣。	因應北部較涼氣候而產生的刺激性綜合香料。通常是粉狀，且香料在磨粉之前，會先烘過。印度可能自公元初期幾世紀就開始使用肉豆蔻、肉豆蔻乾皮和丁香。
印度北部	雞肉綜合香料（Murgh masala）	有許多不同的版本，由孜然、芫荽、薑黃、薑、小荳蔻、肉桂、咖哩葉、胡椒、甜茴香、肉豆蔻乾皮、丁香、胡椒、八角和芥末籽變化組成。可用葛拉姆瑪薩拉取代裡頭所需的部分香料。	這個綜合香料通常會用來烹煮醃過的雞肉。印度河流域居民把薑黃和薑當成食物調味料的歷史可追溯回公元前3千紀。
旁遮普地區（印度北部與巴基斯坦）	坦都里瑪薩拉香料粉（Tandoori masala）	葛拉姆瑪薩拉、薑、卡宴辣椒、大蒜和洋蔥、+/-肉豆蔻乾皮、薑黃、芫荽籽和紅色食用色素。	把肉放進泥窯烤爐（Tandoor）之前，通常會先抹上香料粉和優格。醃醬會讓烤出來的肉（通常是雞肉）帶有獨特的粉紅色。現在的坦都里綜合香料與烤肉技術是在1920年代由昆丹·拉爾·古吉拉爾（Kundan Lal Gujral）於白沙瓦（Peshawar）所創，然後再傳入印度。
喀什米爾（印度北部和巴基斯坦）	喀什米爾綜合香料（Kashmiri ver [or veri] masala）	乾烘過的整顆孜然、芫荽、甜茴香籽、黑胡椒、薑粉、肉豆蔻、肉桂、丁香、小荳蔻、月桂葉、蒜粉和乾辣椒，最後全部磨成細粉。	有些版本會加一點植物油後，把綜合香料整形成餅狀，中間再挖個洞，然後靜置到乾燥。之後再視需要的份量，取小塊使用。
孟加拉地區（印度和孟加拉）	印度孟加拉五香	等量的整顆孜然、葫蘆巴、黑種草、黑芥末和甜茴香籽。	通常整顆使用，香料在使用前，常會先乾烘或炸過。
馬哈拉施特拉邦（印度中部）	卡拉瑪薩拉（Kaala masala）	孜然和芫荽籽、肉桂、丁香、小荳蔻、辣椒、芝麻、卡爾帕西（黑石花）和椰子。	深色且味道濃烈刺激。
卡納塔卡邦（印度南部）	紅咖哩混合香料粉（Saaru podi/Rasam powder）	乾紅辣椒、葫蘆巴籽、黑胡椒、芫荽籽、孜然籽、黑芥末籽、咖哩葉和阿魏。	原料會先個別烘香，然後再磨成粉。Saaru咖哩通常會再加上羅望子果肉。

卡納塔卡邦 （印度南部）	綜合香料粉 （Vaangi bhath）	乾紅辣椒、去皮鷹嘴豆（Chana dal）、去皮印度小黑豆仁（Urad dal）、葫蘆巴、芫荽和罌粟籽、肉桂、小荳蔻、丁香、椰子乾，香料先烘過再磨成細粉。	傳統上是用來煮茄子飯。
卡納塔卡邦 （印度南部）	扁豆飯香料粉 （Bisi bele bhath powder）	同上，再加吉貝木棉芽（Kapok bud）。	
喀拉拉邦 （印度南部）	喀拉拉瑪薩拉 （Kerala masala）	米和椰子粗籤（Coconut flakes）先用植物油稍微煸過後再磨碎；接著乾烘胡椒、芫荽和葫蘆巴種籽，磨成粉後，與剛剛磨碎的米和椰子混合。之後再混合喀哩粉、薑黃粉、紅椒粉、卡宴辣椒和肉桂。	一般用來烹煮海鮮。林斯豪頓（1596）提到印度的海鮮：「他們大部分的魚都會配飯吃，會放入高湯煮⋯⋯且有點酸⋯⋯但味道很好，稱為"Carriil"。」
海德拉巴 （Hyderabad；印度南部）	「小棉布包」瑪薩拉 （Potli ka masala）	檀香粉、岩蘭草（Vetiver／khus）根、乾玫瑰花瓣、中國肉桂花苞、肉桂、芫荽籽、南薑、月桂葉、黑荳蔻、高山薑花（Kapoor kachli／spiked ginger lily）、八角和地衣。	通常用來煮不辣的印度香飯（Biryani）。
海德拉巴 （印度南部）	用油煸過的綜合香料 （Tadka）	孜然或芥末籽用油或印度酥油煸香，接著加入生辣椒、咖哩葉、芫荽、大蒜、薑黃粉、番茄和洋蔥。	通常會加在扁豆湯（Dal）上或做為咖哩的最後點綴。
印度	印度醃菜 （Achar）	印度醃菜的種類琳瑯滿目，如芒果、芒果加薑、紅辣椒、青辣椒、馬德拉斯洋蔥（Madras onion）、薑加羅望子，以及萊姆。通常都會放入辣椒，且許多都非常辣。	林斯豪頓觀察到，在辣椒廣泛普及之前，印度人通常是用胡椒來增加醃菜的辣度，以及芒果會用糖、醋、油或鹽來醃，另外也可以塞進生薑、大蒜或芥末。
印尼	奔布（Bumbu）	常見的組合為黑胡椒、辣椒粉、薑黃、南薑、薑、肉豆蔻、芫荽、大蒜，以及其他香料。	「奔布」在印尼文中，泛指所有的乾綜合香料與香料醬。
印尼	參巴（Sambal）	辣椒、羅望子、紅蔥、紅糖、萊姆汁、印尼蝦醬（Terasi）	參巴分許多種，其中有煮熟的，也有生的。在辣椒普遍使用之前，早期的辣醬可能都是用爪哇長胡椒做的。

馬來西亞	參巴峇拉煎蝦椒醬（Sambal belacan）	類似印尼蝦醬做的參巴辣椒醬。	
菲律賓	巴拉多（Balado）	辣椒、大蒜、紅蔥和番茄一起炒出來的醬。	
泰國	泰式辣醬（Nam prik）	裡頭有許多種香料，但通常會包含辣椒、大蒜、紅蔥、鹽或泰國魚露（Nam pla）；蝦醬也是常添加的食材。	有許多不同的變化，通常是拿來當蘸醬。
泰國	泰式咖哩醬（Prik kaeng）	辣椒、蝦醬與多種香料。	這是一種用於烹飪的咖哩醬，有各式各樣的變化。
中國	五香粉	磨碎的花椒、丁香、肉桂／中國肉桂、八角和甜茴香籽。	當成調味料、乾抹料，也可放進醃醬中。最初始的用途可能是當成藥物。
中國	海鮮醬	五香粉、黃豆、小麥、糖和醋。	有獨特的酸甜味。
日本	七味粉（Schichimi [Seven spice]）	山椒（花椒的親戚）、辣椒、磨碎的陳皮、乾紫菜／海苔碎、黑白芝麻和白罌粟籽。	歷史悠久的綜合香料粉，可用來當成麵條與湯品的調味料。
日本	味噌（Miso）	黃豆、穀物、麴菌和鹽。	一種起源相當久遠的發酵黃豆醬。
韓國	大醬（Toenjang）	黃豆和鹽水。	
韓國	韓式辣醬／苦椒醬（Gochujang）	辣椒粉、糯米、發酵黃豆（Meju）、麥芽、鹽+/-其他原料，全部都磨碎後，再混合成一種紅色的醬。	辣味發酵黃豆醬。
中東	薩塔（Za'atar）	芝麻、鹽膚木、白里香、墨角蘭、奧勒岡、鹽、+/-孜然、芫荽、葛縷子、甜茴香。	一種古老的綜合香料，大部分是食物煮好再加，但也可以在烹飪途中或備料時加入。
中東	黎巴嫩調味料「巴哈特」（Baharat）	黑胡椒、小荳蔻、肉桂／中國肉桂、芫荽、孜然、肉豆蔻、丁香、薑黃和紅椒粉。在地特色版本會使用其他的香料。	

中東	中東芝麻醬 （Tahini）	一種用烘香去殼芝麻、油和鹽做成的腴滑醬料。	是製作中東鷹嘴豆泥（Hummus）的重要食材，本身也可以做為一種蘸醬。與中東芝麻醬質地類似的醬，可能從很早以前就存在了；有個相關食譜曾出現在13世紀的阿拉伯食譜書中。
伊朗	波斯阿德魏綜合香料 （Advieh）	孜然、丁香、玫瑰花瓣、肉桂、小荳蔻、薑黃。	意義類似印度的「葛拉姆瑪薩拉」。
葉門	葉門綜合香料 （Hawaij）	孜然、胡椒、薑黃和小荳蔻。	用於湯和燉菜。
葉門	希勒拜蘸醬 （Hilbeh）	磨碎的葫蘆巴籽與大蒜、青辣椒、番茄、橄欖油和檸檬汁一起混合成一種淺綠色醬料。	是一種蘸醬佐料。葫蘆巴的種植歷史已有數千年之久。
北非	柏柏爾綜合香料 （Berbere）	芫荽、孜然、印度藏茴香、羅勒、薑、黑胡椒、小荳蔻、假小荳蔻（Koraima）、丁香、肉桂、葫蘆巴、辣椒或紅椒粉，以及多香果。	一種調味料。可能自古即有，但辣椒和多香果都要等到16世紀才傳到非洲。
摩洛哥	摩洛哥綜合香料 （Ras el hanout）	薑黃、番紅花、薑、胡椒、小荳蔻、肉豆蔻、肉豆蔻乾皮、多香果和鹽+/-其他異國香料。	一種調味料。
馬格里布 （Maghreb）	哈里薩辣醬 （Harrisa）	搗碎的紅辣椒、磨成粉的芫荽、葛縷子和孜然籽、大蒜和橄欖油，有時會再加入薄荷、橄欖和檸檬汁。	一種菜餚佐料和烹煮時的調味料。突尼西亞那布爾（Nabeul）的沿海城市，自16世紀起，便以當地製作的哈里薩辣醬聞名（當時西班牙人在其短暫佔領期間，傳入辣椒）。
埃及	杜卡（Dukkah）	壓碎的堅果、胡椒、鹽、孜然、芫荽、芝麻和香草。	種籽類會先烘過再壓碎；通常是加在完成的菜餚上，當成調味佐料。
法國	法式調味香草 （Fines herbes）	巴西利、香葉芹、蝦夷蔥和龍蒿。	
法國	普羅旺斯香草 （Herbes de Provence）	百里香、迷迭香、墨角蘭、羅勒、奧勒岡，以及（偶爾會有）薰衣草。	

法國	巴西利蒜香醬（Persillade）	切碎的巴西利和大蒜，有時還會加橄欖油和醋。	在烹飪尾聲添加。
法國	西洋香草束（Bouquet garni）	典型的香草組合有：巴西利、百里香、迷迭香、羅勒、香葉芹、龍蒿、香薄荷（Savory）和芹菜等。	香草用（烹飪用）棉線綁好後，塞進燉菜、湯品和砂鍋煲裡一起煮。
法國	法式四香粉（Quatre épices）	胡椒、丁香、肉豆蔻和薑。	古老的綜合調味料，與中世紀法國的「強粉」（Poudre fort）類似。
法國	印法綜合香料（Vadouvan）	孜然、芥末和葫蘆巴籽、切碎的大蒜、洋蔥或紅蔥、薑黃、咖哩葉和鹽；加油塑形成球狀。	源自法國殖民印度的時期（自17世紀起建立飛地）。
法國	法式橄欖醬（Tapenade）	與橄欖油混合的酸豆橄欖醬；常會另外加大蒜、鯷魚和其他香草。	可當蘸醬或麵包抹醬。源自古時候：柯魯邁拉（公元1世紀）曾寫過一種「橄欖芹菜醬」（Olivarum conditurae）：搗碎的成熟橄欖，並混合香料和鹽。
地中海	調味鹽	芹鹽、蒜鹽、洋蔥鹽和"Beau Monde"萬用調味料（Beau Monde seasoning）。	
義大利	青醬	壓碎的大蒜、羅勒、松子、鹽、帕瑪森起司和橄欖油。	類似古羅馬的「莫雷頓」（Moretum）。
義大利	義式香草醬（Gremolata）	切碎的巴西利、大蒜和檸檬皮屑。	
西班牙（加泰隆尼亞）	烤紅椒堅果醬（Romesco）	乾燥紅羅曼斯可辣椒（Romesco chili）、烤過的番茄、大蒜、洋蔥、烘過的杏仁或榛果、橄欖油和鹽，+/-醋、香草。	醬汁：番茄、洋蔥、大蒜與用水煮過的辣椒，一起淋上橄欖油後放入烤箱烤，再全部打成泥。
西班牙	阿多波（Adobo）	紅椒粉、奧勒岡、大蒜、鹽、醋。	用來當醃醬或調味料的醬料。
北美洲	克里奧調味料（Creole seasoning）	一種混合紅椒粉、卡宴辣椒、鹽、蒜粉、奧勒岡和百里香的綜合調味乾粉。	源自紐奧良。
北美洲	老灣調味料（Old Bay Seasoning）	紅椒粉、芹鹽、壓碎的紅辣椒、黑胡椒、芥末、小荳蔻、薑、丁香和月桂葉。	源自巴爾的摩。主要用於海鮮的調味。

牙買加	牙買加煙燻香料 （Jerk seasoning）	蘇格蘭圓帽辣椒、多香果、丁香、肉豆蔻、青蔥、蒜粉、百里香、紅糖和鹽。	一種綜合香料乾粉，但也可以調成泥狀。由17世紀逃亡到牙買加灌木叢的非洲奴隸所發明，但肉豆蔻和丁香可能是在後來的版本才加入。
中美洲	雷卡多 （Recado）	辣椒、黑胡椒、多香果、胭脂樹紅、孜然、大蒜、洋蔥，以及芫荽和奧勒岡之類的香草。	胭脂樹紅泥（醬）的存在歷史也許可追溯到前哥倫布時期（Pre-Columbian times）。
阿根廷	阿根廷青醬 （Chimichurri）	紅椒粉、紅甜椒、巴西利、大蒜、鹽、胡椒、孜然、鹽膚木、奧勒岡、番茄乾、檸檬皮屑、醋和橄欖油。	用來醃和調味肉類。
玻利維亞	玻利維亞辣醬 （Llajua sauce）	Locoto辣椒（*Capsicum pubescens*）、番茄、洋蔥與玻利維亞香菜（Bolivian coriander）。	
智利	智利莎莎醬 （Pebre sauce）	會辣的祕魯辣椒（Ají chili）、芫荽、洋蔥、大蒜、番茄一起切碎後，拌橄欖油。	一種可以蘸的佐料。
哥倫比亞	哥倫比亞克里奧番茄洋蔥醬「歐高」 （Hogao）	混合番茄、洋蔥、大蒜和芫荽。	一種佐料與調味料。
墨西哥	綠莎莎醬 （Salsa verde）	青辣椒、黏果酸漿／墨西哥綠番茄（Tomatillo）、大蒜	
祕魯	秘魯辣醬 （Salsa de ají）	切碎的檸檬辣椒（Ají limo chili）、甜黃辣椒（Sweet yellow chili）、洋蔥、番茄、芫荽、檸檬汁和醋。	一種辣醬。

後記

The Influence of Spice on
Global Cuisine

香料對世界料理
的影響

　　香料在全球歷史與商業上發揮了巨大的作用，所以若總結說它們在形塑
區域與國家料理上，扮演重要的角色，似乎相當合理。區域性料理會受到
許多不同的因素影響——食材取得性、貿易可及性、宗教、傳統、天氣、地
理、歷史、來自國外的影響／殖民／征服，以及一百個其他因素。然而，當
我們細想什麼東西能定義印度菜、中東菜或泰國菜時，香料肯定是一個要
角。但我們需要更具體一點，再深入多探討一些細節。

　　香料在料理定義上扮演重要的角色，但它並不是唯一的決定因素。能增
添風味的東西有一長串，包括香草、水果、蔬菜、乳製品、花、肉和魚等。
此外有些料理只用很少，甚至不用香料，例如斯堪地那維亞和北歐的料理，
這些食物對某些人來說可能會有點清淡，但並不等於「缺乏風味」，因為
風味可來自料理中的其他食材。新興學科「計算美食學」（Computational
gastronomy）著眼於各種不同料理食譜中的大量資料。[1]

曾經有人想嘗試用質性研究來說明各式各樣的國家代表性料理中，普遍能看到為數眾多的香料與香草，但這個假設似乎從一開始就充滿各種問題與不一致性——國家代表性料理本身就只是幾道膾炙人口的特色菜；區域性料理則比較具代表性，通常比較不受政治疆域影響。

　　在 21 世紀因全球化的緣故，界線已經模糊到外國食物也常和在地美食一樣受人喜愛的程度；香料進口的資料可能具誤導性，因為產品常常會「重新出口」（Re-exported）。「異國」原料現在幾乎到處都買的到；香料產品，如乾燥香料、香料粉、油樹脂或精油，除了用於烹飪，也常常用於醫學、化妝品、染色和食品加工業；資料來源有可能不可靠。另外取得的資料也有可能只是簡要情況——100 年前的情況和現在不同，500 年前的更是截然不同，而 50 年後情況又會有所改變。

　　然而，雖然有這些和其他前提與限制，但確實能看出一些模式。亞洲料理在全球料理中，使用的香料與香草種類最廣。歐洲主要還是使用「草本」風味，特別是與芫荽和薄荷同科的香草與香料。中東和北非使用的香草和香料也很多種，體現在這 2000 多年來，與印度次大陸和此範圍以外地區互動的結果。他們對香料與香草的使用，介於歐洲與亞洲之間，包含大量「地中海香草」與各式各樣的亞洲香料。

　　若提到單一香料，黑胡椒和大蒜幾乎無所不在：每個人、每個地方都會使用。辣椒也是，幾乎是以各種形式出現在所有地方，但使用頻率與辣度就差異甚巨了：辣的食物還是與印度、遠東和拉丁美洲連在一起。肉桂和肉豆蔻也被廣泛使用，除了放入一些熱門綜合香料粉，如印度瑪撒拉、黎巴嫩調味料、柏柏爾綜合香料、中式五香粉和印尼「奔布」（Bumbus），則主要用於甜食。香草是世界上最受歡迎的風味，也是主要（但不限於）用於甜食。巴西利、百里香和奧勒岡是常用香草，但在亞洲就相對不常見。

　　許多過去和特定地理位置有關，繞著原產地周圍生長的香料，現在也種植在世界各地氣候相似的區域，例如肉豆蔻／肉豆蔻乾皮、丁香、薑、薑黃、胡椒和辣椒。黑胡椒原本只產於印度西南部，現在也生長在南亞和東南亞、中美洲和巴西。小荳蔻也是原生於印度，現在生長在瓜地馬拉、坦尚尼

亞、薩爾瓦多、東南亞與巴布亞紐幾內亞。薑和薑黃是其他原生於印度，現在被種植在許多熱帶區域的植物。

丁香原生於印尼東部的班達群島，今日則是整個印尼、桑吉巴、馬達加斯加、印度次大陸、馬來西亞、中國、巴西，加勒比海，甚至是土耳其皆有產出，但最大的使用者依舊是印尼，他們用來增添丁香煙（Kretek）的風味。和許多有香氣的香料一樣，精油和油樹脂也被廣泛用於製作醬汁和醃菜等。

原產於地中海和中東的芫荽，現在種植於世界各地，廣受全球人士使用，其中以印度為最大生產者。印度也是全球生產孜然最多的國家，孜然是一種與芫荽起源相似的香料，現在生長與使用的情況遍佈全球，但以印度與中東為最。巴西利原產於地中海東部，現在全世界所有人都被它吸引，但並不常見於亞洲料理。然而，大地中海地區目前依舊是烹飪用香草的主要種植區域之一。全球化透過多種形式呈現——奧勒岡在第二次世界大戰後成為全球熱門香料，恰逢比薩食用量增加的時期！[2]

食物與香料的使用模式，受到人類在整個歷史上的大遷徙（無論是平和時期或戰時）而改變。範例包含青銅時期的印歐遷徙（Indo-European movement），以及中世紀從戰地回來的十字軍，後者把新口味帶回家鄉，引發整個歐洲對香料的新需求。

美國和加拿大有許多移入人口（2002 年時，約有 4,000 萬人），其中在近期最主要的族群是亞洲人和拉丁美洲人（特別是墨西哥人）；他們已持續對美國的烹飪風潮造成影響，尤其是對香料的需求，因為他們常使用形形色色的各式香料與香草。以前被認為很奇特的異國香料，在今日在許多料理中，反而逐漸成為主流——這不僅是美國經驗（案例）而已。

來自中國與印度次大陸的僑民，已經透過餐廳與亞洲超市的方式，讓亞洲料理在全世界開枝散葉。1960 年代，高效率的商用空中運輸出現，讓國際間的旅行變得容易且盛行，大大推進人們接觸到外國文化與料理的機會。空中運輸、冷藏和先進的物流系統，使得異國香草與香料得以大量傳輸，達到前所未有的規模。

所以這一切將引領我們走向何方？香料的取得從未像現在這麼方便，使用率也達到新高。但我們依然可以看到古代料理的歷史在今日料理中產生回響：亞洲料理不可或缺的要素，是原生於亞洲的香料，尤其是原本生長在該區域的薑、胡椒、月桂和香桃木。來自美洲的晚進香料「辣椒」，把辛辣傳到美洲以外的遙遠之處。歐洲食物一直以來都受當地能取得的香草，以及味道較溫和的香料主導，直到中世紀接觸了來自東方的異國香料後，才開始使用一些味道濃烈的香料。

　　中東、西亞和北非的料理全都反映他們與印度和東南亞的千年貿易，但其核心香料依舊是自新月沃土文明時期，便能取得的種類。新世界國家明顯反映近數百年定居在該處之僑民的偏好。雖然全球化造成了影響，但區域性料理大多還是保持不變。泰國菜依舊是泰國菜，印度菜、中菜和拉美菜中的多樣性依舊相當明顯；義大利菜和法國菜深受全球喜愛，原因是它們卓越又獨特。

　　現在為這些料理增添風味的香草和香料，主要還是古時候他們在當地就能取得的那些食材。本章中不斷提及的全球化，並不只發生在 20 世紀晚期，而是來自數千年來不斷進行的貿易，與接續發生的征服與殖民。古羅馬人能取得的香料和香草（如阿彼修斯的書中所述），即使用今日的標準來看，依舊非常驚人，其中包括許多來自東方的奇特香料，儘管當時使用的人根本不知道大部分香料的來源。貿易路線在 2000 年前就已經發展得非常成熟，而東方香料在那之前 1000 年就已經到達地中海。

註 釋

Introduction

1 M. Van Der Veen in K. B. Metheny & M. C. Beaudry (eds), 2015, *Archaeology of Food: An Encyclopedia*, Rowman & Littlefield.
2 K. Lewis in *Archaeology of Food*.
3 G. Milton, 1999, *Nathaniel's Nutmeg*, Hodder & Stoughton.
4 J.-P. Reduron, 2021, 'Taxonomy, origin and importance of the Apiaceae family' in E. Geoffriau & P. W. Simon (eds), 2021, *Carrots and Related Apiaceae Crops*, CABI Publishing.
5 W. J. Kress & C. D. Specht, 2006, 'The evolutionary and biogeographic origin and diversification of the tropical monocot Order Zingiberales', *Aliso*, vol. 22 pp. 621–32.
6 D. J. Harris et al., 2000, 'Rapid radiation in *Aframomum* (*Zingiberaceae*): evidence from nuclear ribosomal DNA internal transcribed spacer (ITS) sequences', *Edinburgh Journal of Botany*, vol. 57, issue 3 pp. 377–95.
7 J. F. Smith et al., 2008, 'Placing the origin of two species-rich genera in the Late Cretaceous with later species divergence in the Tertiary: a phylogenetic, biogeographic and molecular dating analysis of Piper and *Peperomia* (Piperaceae)', *Plant Systematics and Evolution*, vol. 275.

Chapter 1

1 C. P. Bryan, 1930, *The Papyrus Ebers*, G. Bles, London.
2 Kaviraj Kunja Lal Bishagratna (ed.), 1907, An English translation of the '*Sushruta Samhita*' based on original Sanskrit text, Calcutta.
3 K. M. Balapure, J. K. Maheshwari & R. K. Tandon, 1987, 'Plants of Ramayana', *Ancient Science of Life*, vol. 7, 2; M. Amirthalingham, 2013, 'Plant diversity in the Valmiki Ramayana', *IJEK*, 2, 1.

4   W. H. S. Jones (translator), 1957, *Hippocrates*, Loeb Classical Library vol. 1, Introduction, William Heinemann Ltd, London.

5   Hippocrates, *Epidemics* VI, 5, 1.

6   Hippocrates, *Regimen in Acute Diseases*, XXIII.

7   Hippocrates, *Epidemics* II, 5, 22.

8   Ibid. 6, 7.

9   Ibid. 6, 29.

10 Hippocrates, *Epidemics* VII, 2.

11 Ibid. 6.

12 Ibid. 64.

13 Ibid. 118.

14 L. M. V. Totelin, 2006, 'Hippocratic recipes: oral and written transmission of pharmacological knowledge in fifth- and fourth-century Greece', Doctoral thesis, University of London.

15 Hippocrates, *Epidemics* I, 11.

16 A. Hort, 1916, Theophrastus, *Enquiry into Plants*, English Translation, vol. I, Introduction, William Heinemann Ltd, London.

17 Ibid. vol II, Book IX, 5.

18 Ibid.

19 J. W. McCrindle, 1877, *Ancient India as Described by Megasthenes and Arrian*, Trubner.

20 Strabo, c. 18 CE, *Geographica*, XV, 1.57.

21 Athenaeus, *The Deipnosophists, or Banquet of the Learned of Athenæus* IV, 39, C. D. Yonge (translator), 1854, H. G. Bohn, London.

22 Strabo, c. 18 CE, *Geographica*, XV, 1, 58–60; W. Falconer (translator), 1857, *The Geography of Strabo*, vol. 3, H. G. Bohn, London.

23 Pliny, *Natural History*, VI, 21.

24 H. L. Jones (translator), 1917, *The Geography of Strabo*, vol. 1, Introduction, William Heinemann Ltd, London.

25 Strabo, c. 18 CE, *Geographica*, I, 2.1; H. C. Hamilton (translator), *The Geography of Strabo*, vol. 1, H. G. Bohn, London.

26 Strabo, c. 18 CE, *Geographica*, II, 5.12.

27 Celsus, *De Medicina*, II, 27, J. Greive (translator), 1814, Edinburgh; Ibid. II, 31.

28 E. H. Bunbury, 1883, *A history of ancient geography among the Greeks and Romans, from the earliest ages till the fall of the Roman Empire*, John Murray, London.

29 Pliny, *Natural History*, XXV, 5.

30 H. B. Ash (translator), 1960, *Lucius Junius Moderatus Columella on Agriculture*, vol. 1, Introduction, William Heinemann, London.

31 J. Bostock & H. T. Riley (translators), 1855, *The Natural History of Pliny*, vol. 1, Introduction, H. G. Bohn, London.
32 J. M. Riddle, 1980, *Dioscorides, Catalogus Translationum et Commentariorum*, IV, 1–143 Catholic University of America Press.
33 T. A. Osbaldeston & R. P. A. Wood, 2000, Dioscorides, *De Materia Medica*, a new indexed version in modern English, Ibidis.
34 *The Greek Herbal of Dioscorides ... Englished by John Goodyer A. D. 1655*, edited and first printed by R. T. Gunter (1933), Hafner, London and New York.
35 Ibid.
36 J. W. McCrindle, 1885, *Ancient India as Described by Ptolemy*, Trubner.
37 I. Tupikova, 2013, in *Proceedings of the 26th International Cartographic Conference*, Dresden.
38 E. Capps, T. E. Page & W. H. D. House (eds), 1916, Galen, *On the Natural Faculties*, Introduction, W. Heinemann.
39 P. Holmes, 2002, 'Galen of Pergamon: A Sketch of an Original Eclectic and Integrative Practitioner, and His System of Medicine', *Journal of the American Herbalists Guild*.
40 J. W. McCrindle, 1897, *The Christian Topography of Cosmas, an Egyptian Monk*, Hakluyt Society.
41 F. Adams (translator), 1844, *The Seven Books of Paulus Aegineta*, The Sydenham Society, London.
42 C. A. Y. Breslin, 1986, 'Abu Hanifah Al-Dinawari's Book of Plants, an annotated English translation of the extant alphabetical portion', thesis, University of Arizona.
43 P. D. Buell & E. N. Anderson, 2010, *A Soup for the Qan: Chinese dietary medicine of the Mongol eras seen in Hu Sihui's Yinshan Zhengyao*, Brill.
44 F. Sabban, 1985, 'Court cuisine in fourteenth-century imperial China: Some culinary aspects of Hu Sihui's Yinshan Zhengyao', *Food and Foodways: Explorations in the History and Culture of Human Nourishment*, 1:1–2, 161–196, DOI: 10.1080/07409710.1985.9961883.
45 Rembert Dodoens, 1552, *De frugum historia*, Joannis Loëi; Rembert Dodoens, 1554, *Cruydeboeck*, Jan van der Loë.
46 H. Lyte (translator), 1578, *A niewe Herball or Historie of Plantes*, Gerard Dewes, London.
47 J. Gerard, 1597, *The Herball, or Generall Historie of Plantes*, John Norton, London.
48 N. Culpeper, 1653, Angelica, *Complete Herbal*.
49 C. Linnaeus, 1735, *System Naturae sive regna tria naturæ systematice proposita per classes, ordines, genera, & species*, Lugduni Batavorum, Theodorum Haak.

Chapter 2

1   N. Boivin et al., 2015, 'Old World globalization and food exchanges', in *Archaeology of Food*, K. B. Metheny & M. C. Beaudry (eds).

2   C. Brombacher, 1997, 'Archaeobotanical investigations of Late Neolithic lakeshore settlements (Lake Biel, Switzerland)', *Vegetation History and Archaeobotany*, 6.

3   N. Boivin & D. Fuller, 2009, 'Shell Middens, Ships and Seeds: Exploring Coastal Subsistence, Maritime Trade and the Dispersal of Domesticates in and Around the Ancient Arabian Peninsula', *Journal of World Prehistory*, 22.

4   D. Bedigian & J. R. Harlan, 1986, 'Evidence for cultivation of sesame in the ancient world', *Economic Botany*, 40.

5   D. Q. Fuller, 2003, 'Further evidence on the prehistory of sesame', *Asian Agri-History*, vol. 7, 2.

6   V. Zech-Matterne et al., 2015, '*Sesamum indicum* L. (sesame) in 2nd century BC Pompeii, southwest Italy, and a review of early sesame finds in Asia and Europe', *Vegetation History and Archaeobotany*, 24.

7   E. Tsafou & J. J. Garcia-Granero, 2021, 'Beyond staple crops: exploring the use of "invisible" plant ingredients in Minoan cuisine through starch grain analysis on ceramic vessels', *Archaeological and Anthropological Sciences*, 13, 8.

8   E. S. Marcus, 2007, 'Amenemhet II and the sea: maritime aspects of the Mit Rahina (Memphis) inscription', *Egypt and the Levant*, vol. XVII.

9   F. Rosengarten Jr, 1969, *The Book of Spices*, pp.23–96, Jove Publ., Inc., New York.

10 G. Buccellati & M. Kelly-Buccellati, 1978, 'The Terqa Archaeological Project: First Preliminary Report', *Les Annales Archeologiques Arabes Syriennes*, pp. 27–8.

11 M. L. Smith, 2019, 'The Terqa Cloves and the Archaeology of Aroma' in S. Alentini & G. Guarducci (eds), *Between Syria and the Highlands. Studies in Honor of Giorgio Buccellati and Marilyn Kelly-Buccellati, Studies on the Ancient Near East and the Mediterranean* (SANEM 3),Arbor Sapientiae Editore, Roma.

12 A. B. Edwards, 1891, *Pharaohs Fellahs and Explorers*, Harper & Bros,New York.

13 F. D. P. Wicker, 1998, 'The Road to Punt', *The Geographical Journal*, vol. 164, 2.

14 J. Turner, 2004, Spice: *The History of a Temptation*, HarperCollins.

15 E. Naville & H. R. Hall, 1913, 'The XIth Dynasty Temple at Deir El-Bahari Part III', 32nd Memoir of the Egypt Exploration Fund, London.

16 J. Innes Miller, 1969, *The spice trade of the Roman Empire 29 BC to AD 641*, Oxford University Press.

17 A. Scott et al., 2020, 'Exotic foods reveal contact between South Asia and the Near East during the second millennium BCE', www.pnas.org/cgi/doi/10.1073/pnas.2014956117.

18 C. L. Glenister, 2008, 'Profiling Punt: using trade relations to locate "God's Land"', M.Phil. thesis, University of Stellenbosch.

19 C. Pulak, 2008, 'The Uluburun shipwreck and Late Bronze Age trade' in *Beyond Babylon: Art, Trade, and Diplomacy in the Second Millennium BC*, Metropolitan Museum of Art.

20 A. Plu, 1985, 'Bois et graines' in L. Balout & C. Roubet (eds), *La momie de Ramsès II: Contribution scientifique à l'égyptologie*, pp. 166–74, Éditions Recherches sur les Civilisations, Paris.

21 H. Hjelmqvist, 1979, 'Some economics plants and weeds from the Bronze Age of Cyprus' in U. Öbrink (ed.), *Hala Sultan Tekke 5: Studies in Mediterranean Archaeology*, XLV:5, Paul Åströms Förlag, Göteborg.

22 D. Namdar et al., 2013, 'Cinnamaldehyde in early Iron Age Phoenician flasks raises the possibility of Levantine trade with Southeast Asia', *Mediterranean Archaeology and Archaeometry*, 13, 2.

23 T. Popova, 2016, 'New archaeobotanical evidence for *Trigonella foenum-graecum* L. from the 4th century Serdica', *Quaternary International*.

24 D. Bedigian & J. R. Harlan, 1986, op. cit.

25 V. Zech-Matterne et al., 2015, op. cit.

26 D. Bedigian, 2010, 'History of the Cultivation and Use of Sesame' in D. Bedigian (ed.), *Sesame: The genus Sesamum*, CRC Press.

27 E. Naville & H. R. Hall, 1913, op. cit.

28 D. Namdar et al., 2013, op. cit.

29 A. Scott et al., 2020, op. cit.

30 N. Boivin & D. Fuller, 2009, op. cit.

31 D. Kučan, 1995, 'Zur Ernährung und dem Gebrauch von Pflanzen im Heraion von Samos im 7, Jahrhundert v.Chr.' *Jahrbuch des Deutschen Archäologischen Instituts*, 110.

32 www.allpoetry.com/poem/15809044.

33 A. Gilboa & D. Namdar, 2015, 'On the beginnings of South Asian spice trade with the Mediterranean region: a review', *Radiocarbon*, vol. 57, 2.

34 Herodotus, c. 430 BCE, *Histories*, I.183; I.198.

35 Ibid. II.86.

36 Ibid. IV.71.

37 B. P. Foley et al., 2011, 'Aspects of ancient Greek trade re-evaluated with amphora DNA evidence', Journal of *Archaeological Science*.

38 Hippocrates, fifth–fourth century BCE, *The Hippocratic Corpus*.

39 Theophrastus, fourth–third century BCE, *Enquiry into Plants*.

40 W. Dymock et al., 1891, *Pharmacographia Indica: A history of the principal drugs of vegetable origin met with in British India*, vol. 2, Kegan Paul, Trench, Trubner & Co., London.

41 R. S. Singh & A. N. Singh, 1983, 'Impact of historical studies on the nomenclature of medicinal and economic plants with particular reference to clove (Lavanga)', *Ancient Science of Life*, 2, 4.

42 C. C. Costillo et al., 2016, 'Rice, beans and trade crops on the early maritime Silk Route in Southeast Asia', *Antiquity*.

43 T. Popova, 2016, op. cit.

44 N. Boivin & D. Fuller, 2009, op. cit.
45 Strabo, c. 18 CE, *Geographica*, XVI, 4.19.
46 Pliny, *Natural History*, XII, 30.
47 J. Innes Miller, 1969, op. cit.
48 R. McLaughlin, 2014, *The Roman Empire and the Indian Ocean: The Ancient World Economy and the Kingdoms of Africa, Arabia and India*, Pen & Sword Military.
49 D. O. Pollmer, 2000, 'The spice trade and its importance for European expansion', *Migration & Diffusion*, vol. 1, 4.
50 P. E. McGovern et al., 2009, 'Ancient Egyptian herbal wines', *Proceedings of the National Academy of Sciences*, vol. 106, 18, www.pnas.org.cgi.doi.10.1073.pnas.0811578106.
51 P. G. van Alfen, 2002, 'Pant'Agatha commodities in Levantine–Aegean Trade during the Persian Period, 6–4th c. BC', PhD thesis, University of Texas.
52 G. Algaze, 1993, *The Uruk World System*, University of Chicago Press.
53 R. Mookerji, 1912, *Indian shipping: A history of the sea-borne trade and maritime activity of the Indians from the earliest times*, Longmans, Green and Co.
54 E. J. Chinnock (translator), 1884, *The Anabasis of Alexander or, The History of the Wars and Conquests of Alexander the Great*, Hodder and Stoughton.
55 J. H. Breasted, 1906, *Ancient Records of Egypt*, vol. 2, p. 265, University of Chicago Press.
56 F. D. P. Wicker, 1998, op. cit.
57 J. Innes Miller, 1969, op. cit.
58 Pliny, *Natural History*, XII, 42.
59 P. Frankopan, 2015, *The Silk Roads: A New History of the World*, Bloomsbury.
60 F. Rosengarten Jr, 1969, op. cit.
61 R. Chakravarti, 2012, 'Merchants, Merchandise and Merchantmen in the Western Seaboard of India: A Maritime Profile (c. 500 BCE–1500 CE)' in Om Prakash (ed.), *Trading World of the Indian Ocean, 1500–1800*, New Delhi.
62 E. H. Seland, 2014, 'Archaeology of Trade in the Western Indian Ocean, 300 BC–AD 700', *Journal of Archaeological Research*, 22.
63 R. Gurrukal, 2013, 'Classical Indo-Roman Trade: A Misnomer in Political Economy', *Economic and Political Weekly*, 48 (26).
64 Sing C. Chew, 2016, 'From the *Nanhai* to the Indian Ocean and Beyond: Southeast Asia in the Maritime "Silk" Roads of the Eurasian World Economy 200 BC–AD 500' in Andrey Korotyev, Barry Gills & Chis Chase-Dunn (eds), *Systemic Boundaries: Time Mapping Globalization since the Bronze Age*, Springer, Heidelberg.
65 Kwa Chong Guan, 2016, *The Maritime Silk Road: History of an Idea*, NSC Working Paper No. 23.

Chapter 3

1   J. Diamond, 1997, *Guns, Germs and Steel*, Chatto & Windus.

2   G. Barjamovic et al., 2019, 'Food in Ancient Mesopotamia: Cooking the Yale Babylonian Culinary Recipes' in A. Lassen et al. (eds), 2019, *Ancient Mesopotamia Speaks*, Yale Peabody: New Haven, CT.

3   E. R. Ellison, 1978, 'A study of diet in Mesopotamia (c. 3000–600 BC) and associated agricultural techniques and methods of food preparation', PhD thesis, University of London.

4   S. Raghavan, 2007, *Handbook of Spices, Seasonings, and Flavorings*, CRC Press.

5   Theophrastus, fourth–third century BCE, op. cit.

6   Pliny, *Natural History*, XIX, 48.

7   Ibid. XX, 46.

8   Dioscorides, *De Materia Medica*, 3.

9   J. Gerard, 1597, op. cit.

10 Thomas Dawson, 1596, *The Good Huswifes Jewell*.

11 John Murrell, 1615, *A New Book of Cookerie*; John Murrels, 1638, *Two Books of Cookerie and Carving*.

12 Gervase Markeham, 1615, *The English Huswife*.

13 Elizabeth Grey, 1653, *A Choice Manual of Rare and Select Secrets in Physick and Chyrurgery*.

14 Robert May, 1660, *The Accomplisht Cook, or the Art and Mystery of Cooking*.

15 T. P., J. P., R. C., N. B., 1674, *The English and French Cook*.

16 William Rabisha, 1661, *The Whole Body of Cookery Dissected*.

17 Hannah Wooley, 1677, *Compleat Servant-Maid*.

18 Kenelme Digby, 1669, *The Closet of the Eminently Learned Sir Kenelme Digby Kt opened*.

19 John Shirley, 1690, *The Accomplished Ladies Rich Closet of Rarities*.

20 Herodotus, c. 430 BCE, *Histories*, IV.71.

21 Theophrastus, fourth–third century BCE, op. cit.

22 Pliny, *Natural History*, XX, 72–3.

23 Dioscorides, *De Materia Medica*, 3.

24 P . Westland, 1987, *The Encyclopedia of Herbs & Spices*, Marshall Cavendish; www.ourherbgarden.com.

25 Apicius, *De Re Coquinaria*.

26 K. Colquhoun, 2007, *Taste: The Story of Britain through its Cooking*, Bloomsbury; M. Van der Veen, A. Livarda & A. Hill, 2008, 'New Plant Foods in Roman Britain: Dispersal and Social Access', *Environmental Archaeology*, vol. 13, 1.

27 Oribasius, *Medical Collections*.

28 A. Dalby, 2003, *Flavours of Byzantium*, Prospect Books.

29 www.ourherbgarden.com.

30 The Master Cooks of Richard II, 1390, *The Forme of Cury*.

31 S. Ims, 2012, 'Spices in Late Medieval England: Uses and Representations', thesis, Monash University.

32 MS 136. 1071, from a fifteenth-century collection called 'A Leechbook', referred to in M. Black, 1992, *The Medieval Cookbook*.

33 Syr Thomas Elyot, 1539, *The Castel of Helth*.

34 Andrew Boorde, 1542, *A Dietary of Health*.

35 J. Gerard, 1597, op. cit.

36 Numerous examples: Thomas Dawson, 1596, op. cit.; Giovanne de Rosselli, 1598, *Epulario or The Italian Banquet*; Sir Hugh Plat, 1603, *Delightes for Ladies, to adorne their Persons, Tables, Closets, and Distillatories*; Gervase Markeham, 1615, op. cit.; John Murrel, 1617, *A Daily Exercise for Ladies and Gentlewomen*; Sir Theodore Mayerne, 1658, *Excellent & Approved Receipts and Experiments in Cookery*; Robert May, 1660, op. cit.; Hannah Woolley, 1675, *The Accomplish'd Lady's Delight*.

37 K. Colquhoun, 2007, op. cit.

38 Eliza Smith, 1727, *The Compleat Housewife*, J. Pemberton, London; Hannah Glasse, 1747, *The Art of Cookery Made Plain and Easy*.

39 C. K. George, 'Asafetida' in K. V. Peter (ed.), 2012, *Handbook of herbs and spices*, vol. 3.

40 Strabo, c. 18 CE, *Geographica*, XV, 2.

41 Dioscorides, *De Materia Medica*, 3.

42 Ibn Sayyah al-Warraq, tenth century CE, *Kitab al-Tabikh*.

43 C. Taylor Sen, 2015, *Feasts and Fasts: A History of Food in India*, Reaktion Books.

44 Garcia de Orta, 1563, *Colloquies on the Simples and Drugs of India*.

45 M. Jaffrey, 1985, *A Taste of India*, Pavilion.

46 J. Sahni, 1987, *Classic Indian Vegetarian Cooking*, Dorling Kindersley.

47 S. Raghavan, 2007, op. cit.

48 H. Reculeau, 2017, 'Farming in ancient Mesopotamia', Oriental Institute, *News and Notes*.

49 T. Solmaz and E. Oybak Donmez, 2013, 'Archaeobotanical studies at the Urartian site of Ayanis in Van Province, eastern Turkey', *Turkish Journal of Botany*, 37.

50 Dioscorides, *De Materia Medica*, 3.

51 Pliny, *Natural History*, XIX, 49.

52 www.thecolchesterarchaeologist.co.uk.

53 P. Vandorpe, 2010, 'Plant macro remains from the 1st and 2nd Cent. A.D. in Roman Oedenburg/Biesheim-Kunheim (F). Methodological aspects and insights into local nutrition, agricultural practices, import and the natural environment', PhD thesis.

54 In Kelli C. Rudolph (ed.), 2017, *Taste and the Ancient Senses*.

55 Apicius, *De Re Coquinaria*.

56 www.daviddfriedman.com/Medieval.
57 D. P. O'Meara, 2016, 'An assessment of the cesspit deposits of Northern England: An archaeobotanical perspective', MSc thesis, Durham University.
58 S. Ims, 2012, op. cit.
59 The Master Cooks of Richard II, 1390, op. cit.
60 John Russell, 1460–70, *Boke of Nurture*.
61 William Shakespeare, 1600, Henry IV Part 2, Act V Scene 3.
62 John Parkinson, 1629, *Paradisi in Sole Paradisus Terrestris*.
63 Hannah Glasse, 1747, op. cit.
64 P. Westland, 1987, op. cit.
65 S. K. Malhotra, 2012, 'Chapter 15 – Caraway' in *Handbook of herbs and spices*.
66 S. Raghavan, 2007, op. cit.
67 Theophrastus, fourth–third century BCE, op. cit.
68 Dioscorides, *De Materia Medica*, 3.
69 A. Livarda & M. Van der Veen, 2008, 'Social access and dispersal of condiments in North-West Europe from the Roman to the medieval period', *Vegetation History and Archaeobotany*.
70 M. Van der Veen, A. Livarda & A. Hill, 2008, op. cit.
71 A. Hagen, 2006, *Anglo-Saxon Food & Drink*, Anglo-Saxon Books.
72 A. Davidson, 1999, *The Oxford Companion to Food*.
73 Giles Rose, 1682, *A perfect School of Instructions for the Officers of the Mouth: shewing the whole art*.
74 Antonio Targioni Tozzetti, 1850, in 'Historical notes on the introduction of various plants into the agriculture and horticulture of Tuscany', in 1855, *Journal of the Royal Horticultural Society*, London, 9.
75 John Partridge, 1588, *The Widowes Treasure*.
76 J. Gerard, 1597, op. cit.
77 Gervase Markeham, 1615, op. cit.
78 E. L. Sturtevant, 1886, *History of Celery*.
79 Olivier de Serres, 1623, *Théâtre d'agriculture*.
80 Hannah Woolley, 1675, op. cit.
81 Kenelme Digby, 1669, op. cit.
82 John Shirley, 1690, op. cit.
83 Bernard M'Mahon, 1806, *The American Gardener's Calendar*.
84 Agnes B. Marshall, 1888, *Mrs A. B. Marshall's Cookery Book*.
85 S. K. Maholtra, 'Celery' in K. V. Peter (ed.), 2012, *Handbook of herbs and spices*, vol. 3.
86 Ibid.
87 M. M. Sharma & R. K. Sharma, 'Coriander' in K. V. Peter (ed.), 2012, *Handbook of herbs and spices*, vol. 1.

88   E. Callaway, 2012, 'Soapy taste of coriander linked to genetic variants', *Nature*, News.

89   D. Zohary & M. Hopf, 1993, *Domestication of Plants in the Old World* (2nd ed.), p. 188, Clarendon Press, Oxford.

90   A. Diederichsen, 1996, 'Coriander (*Coriandrum sativum* L.): Promoting the conservation and use of underutilized and neglected crops', 3, Institute of Plant Genetics and Crop Plant Research, Gatersleben/ International Plant Genetic Resources Institute, Rome.

91   E. N. Sinskaja, 1969, reported in Diederichsen, 1996.

92   R. Germer, 1989, *Die Pflanzenmaterialien aus dem Grab des Tutanchamon*, Gerstenberg Verlag.

93   E. R. Ellison, 1978, op. cit.

94   J. Chadwick, 1972, 'Life in Mycenaean Greece' in *Hunters, Farmers and Civilizations: Old World Archaeology*, Scientific American, W. H. Freeman & Co.

95   J. M. Sasson, 2004, 'The King's Table: Food and Feast in Old Babylonian Mari' in C. Grottanelli and L. Milano (eds), *Food and Identity in the Ancient World*, S.A.R.G.O.N.

96   N. F. Miller in *Archaeology of Food*, K. B. Metheny & M. C. Beaudry (eds), 2015.

97   N. Boivin et al. in *Archaeology of Food*, Ibid.

98   M. M. Sharma and R. K. Sharma, 2012, op. cit.

99   Aristophanes, 424 BCE, *The Knights*; Hippocrates, fifth–fourth century BCE, op. cit.; Columella, *De Re Rustica*, X.

100 L. Moffett in *Archaeology of Food*, K. B. Metheny & M. C. Beaudry (eds), 2015.

101 M. Robinson & E. Rowan, 2015, 'Chapter 10: Roman Food Remains in Archaeology and the Contents of a Roman Sewer at Herculaneum' in J. Wilkins & R. Nadeau (eds), *Companion to Food in the Ancient World*, John Wiley & Sons.

102 L. Lodwick, 2014, 'Agricultural innovations at a Late Iron Age oppidum: Archaeobotanical evidence for flax, food and fodder from Calleva Atrebatum, UK', *Quaternary International*.

103 M. Van der Veen, A. Livarda & A. Hill, 2008, op. cit.

104 A. Livarda & M. Van der Veen, 2008, op. cit.

105 Li, H., 1969, 'The vegetables of ancient China', *Economic Botany*, referred to in Diederichsen, 1996.

106 A. Hagen, 2006, op. cit.

107 F. J. Green, 1979, 'Medieval plant remains: methods and results of archaeobotanical analysis from excavations in southern England with especial reference to Winchester and urban settlements of the 10th–15th centuries', MPhil thesis, University of Southampton.

108 Hannah Glasse, 1747, op. cit.

109 *Daily Mail*, 2 October 2014.

110 www.npr.org/sections/thesalt/2015/03/11/392317352/is-cumin-themost-globalized-spice-in-the-world.

111 M. E. Kislev, A. Hartmann & E. Galili, 2004, 'Archaeobotanical and archaeoentomological evidence from a well at Atlit-Yam indicates colder, more humid climate on the Israeli coast during the PPNC period', *Journal of Archaeological Science*, 31, 1301–10.

112 E. R. Ellison, 1978, op. cit.

113 S. Frumin et al., 2015, 'Studying Ancient Anthropogenic Impacts on Current Floral Biodiversity in the Southern Levant as reflected by the Philistine Migration', *Nature*.

114 F. Rosengarten Jr, 1969, op. cit.

115 www.wessexarch.co.uk/news/expert-guide-archaeobotanical-evidencediet-saxon-period.

116 Oswald Cockayne, 1864–66, *Leechdoms, wortcunning, and starcraft of early England. Being a collection of documents, for the most part never before printed, illustrating the history of science in this country before the Norman conquest*; Carolingian Royalty, early eighth century CE, *Capitulare de villis*.

117 Gh. Amin, 'Cumin' in K. V. Peter (ed.), 2012, *Handbook of herbs and spices*, vol. 1.

118 C. Spencer, 2002, *British Food: An extraordinary thousand years of history*, Grub Street.

119 L. M. V. Totelin, 2006, op. cit.

120 Pliny, *Natural History*, XX, 57.

121 Dioscorides, *De Materia Medica*, 3.

122 J. Turner, 2004, op. cit.

123 *One Thousand and One Nights* (or *The Arabian Nights*), various ages, probably from eighth century CE.

124 S. Raghavan, 2007, op. cit.

125 C. Brombacher, 1997, op. cit.; B. Pickersgill, 'Spices' in Sir G. Prance & M. Nesbitt (eds), 2005, *The Cultural History of Plants*, Routledge.

126 *The Herb Society of America's Essential Guide to Dill.*

127 Theophrastus, fourth–third century BCE, op. cit.

128 Dioscorides, *De Materia Medica*, 1.

129 Ibid., 3.

130 Pliny, *Natural History*, XX, 74.

131 *The Herb Society of America's Essential Guide to Dill.*

132 M. Van der Veen & H. Tabinor, 'Food, fodder and fuel at Mons Porphyrites: the botanical evidence' in D. Peacock and V. Maxfield (eds), 2007, *The Roman Imperial Quarries Survey and Excavation at Mons Porphyrites, 1994–1998*, vol. 2.

133 M. Van der Veen, A. Livarda & A. Hill, 2008, op. cit.

134 A. Hagen, 2006, op. cit.

135 A. Hall, 2000, 'A brief history of plant foods in the city of York' in E. White (ed.), *Feeding a city: York: The provision of food from Roman times to the beginning of the twentieth century*, Prospect Books.

136 D. P. O'Meara, 2016, op. cit.

137 C. Spencer, 2002, op. cit.

138 John Partridge, 1588, *The Widowes Treasure*.

139 J. Gerard, 1597, op. cit.

140 Gervase Markeham, 1615, op. cit.

141 www.nyfoodmuseum.org/_ptime.htm.

142 Sir Hugh Plat, 1603, op. cit.; John Murrell, 1615, op. cit.; Robert May, 1660, op. cit; Hannah Woolley, 1664, *Cook's Guide, or Rare Receipts for Cookery*.

143 1664, *Court & Kitchin of Elizabeth, Commonly called Joan Cromwel*.

144 Hannah Woolley, 1670, *The Queen-like Closet, Or Rich Cabinet*.

145 T. P., J. P., R. C., N. B., 1674, op. cit.

146 Hannah Wooley, 1677, op. cit.; Hannah Woolley, 1675, op. cit.

147 Eliza Smith, 1727, op. cit.

148 John Collins, 1682, *Salt and Fishery: a discourse thereof*.

149 Elizabeth Grey, 1653, op. cit.

150 Eliza Smith, 1727, op. cit.

151 Hannah Woolley, 1675, op. cit.

152 John Shirley, 1690, op. cit.

153 J. Sahni, 1987, op. cit.

154 A. Davidson, 1999, op. cit.

155 E. R. Ellison, 1978, op. cit.

156 Dioscorides, *De Materia Medica*, 3.

157 Pliny, *Natural History*, XX, 95.

158 Ibid., 96.

159 M. Van der Veen & H. Tabinor, 2007, op. cit.

160 W. D. Storl, 2016, *A Curious History of Vegetables: Aphrodisiacal and Healing Properties, Folk Tales, Garden Tips, and Recipes*.

161 D. P. O'Meara, 2016, op. cit.

162 The Master Cooks of Richard II, 1390, op. cit.

163 Ariane Helou, trans., c. 1400, *An Anonymous Tuscan Cookery Book*.

164 John Murrell, 1615, op. cit.

165 John Murrell, 1617, op. cit.

166 Elizabeth Grey, 1653, op. cit.

167 Giles Rose, 1682, *A perfect school of Instructions for the Officers of the Mouth: shewing the whole art*.

168 John Shirley, 1690, op. cit.

169 Unknown, 1696, *The whole duty of a woman: or a guide to the female sex*.

170 Hannah Glasse, 1747, op. cit.
171 Theophrastus, fourth–third century BCE, op. cit.
172 Pliny, *Natural History*, XX, 44.
173 M. Van der Veen, A. Livarda & A. Hill, 2008, op. cit.
174 A. Livarda & M. Van der Veen, 2008, op. cit.
175 William Langland, 1380–90?, *The Vision of Piers Plowman*.
176 Ariane Helou, trans., c. 1400, *An Anonymous Tuscan Cookery Book*.
177 Carl Linnaeus, 1753, *Species Plantarum*.
178 Thomas Dawson, 1596, op. cit.
179 A. Davidson, 1999, op. cit.
180 Herodotus, c. 430 BCE, *Histories*, IV, 169
181 'The mystery of the lost Roman herb', BBC Future, www.bbc.com/future/article/20170907-the-mystery-of-the-lost-roman-herb.

Chapter 4

1 Hippocrates, *Diseases* III, 12, 16 (Potter, LCL).
2 Hippocrates, *Regimen in Acute Diseases*, 34.
3 Hippocrates, *Diseases of Women* I.
4 L. M. V. Totelin, 2006, op. cit.
5 Theophrastus, fourth–third century BCE, op. cit., IX, 20.
6 D. R. Bertoni, 2014, 'The Cultivation and Conceptualization of Exotic Plants in the Greek and Roman Worlds', Doctoral dissertation, Harvard University.
7 E. McDuff, 2019, 'The Potentiality of Phytoliths in the Study of Roman Spices: An Investigation into the Nature of Phytoliths in Piper nigrum and Piper longum', MA thesis, Brandeis University.
8 M. Ciaraldi, 2007, 'People and Plants in Ancient Pompeii', *Accordia Specialist Studies*, vol. 12, London.
9 Horace, *Satires* II, 4; II, 8; Horace, 2, *Satire* IV; 2, Epistle 1 to Augustus.
10 Ovid, *Ars Amatoria, or The Art of Love*, 2, H. T. Riley (translator), 1885.
11 Apicius, *De Re Coquinaria*.
12 M. Cobb, 2018, 'Black Pepper Consumption in the Roman Empire', *Journal of the Economic and Social History of the Orient*, 61 (4).
13 Pliny, *Natural History*, XII, 14.
14 Martial, *Epigrams*, 7, 27, 1865, Bohn's Classical Library, Bell & Daldy, London.
15 Martial, *Epigrams*, 13, 13.
16 Celsus, *De Medicina*.
17 Dioscorides, *De Materia Medica*, 2.
18 M. Robinson & E. Rowan, 2015, op. cit.; K. Reed & T. Leleković, 2019, 'First evidence of rice (*Oryza cf. sativa* L.) and black pepper (*Piper nigrum*) in Roman Mursa, Croatia', *Archaeological and Anthropological Sciences*, 11.

19   vindolanda.csad.ox.ac.uk/Search/tablet-xml-files/184.xml [Tablet 184].
20   Philostratus, *Life of Apollonius of Tyana*, III, 4.
21   F. De Romanis, 2015, 'Comparative Perspectives on the Pepper Trade' in F. De Romanis & M. Maiuro (eds), 2015, *Across the Ocean: Nine essays on Indo-Mediterranean trade*, Brill.
22   Zosimus, *Historia Nova*, 5.
23   C. Spencer, 2002, op. cit.
24   A. Hagen, 2006, op. cit.
25   P. W. Hammond, 1998, *Food and Feast in Medieval England*, Wrens Park.
26   *The household book of Dame Alice de Bryene, of Acton Hall, Suffolk, Sept 1412–Sept 1413*, Suffolk Institute of Archaeology and Natural History.
27   P. W. Hammond, 1998, op. cit.
28   J. Innes Miller, 1969, op. cit.; E. H. Warmington, 1928, *The commerce between the Roman Empire and India*.
29   Dioscorides, *De Materia Medica*, 1.
30   Pliny, *Natural History*, XII, 48.
31   J. Innes Miller, 1969, op. cit.
32   Pliny, *Natural History*, XII, 44; Dioscorides, *De Materia Medica*, 1.
33   Cosmas Indicopleustes, *The Christian Topography*, Book 11.
34   W. H. Schoff, 1912, *The Periplus of the Erythraean Sea: Travel and Trade in the Indian Ocean by a Merchant of the First Century*, Longmans, Green & Co., New York.
35   C. Ptolemy, *Geography*, VII, 2, 16.
36   Digest of Justinian, Book 39, 7.
37   Pliny, *Natural History*, XII, 42.
38   Pliny, *Natural History*, XII, 43.
39   Theophrastus, fourth–third century BCE, op. cit., IX, 1, 2.
40   Pliny, *Natural History*, XII, 19.
41   Dioscorides, *De Materia Medica*, 1.
42   A. Gismondi, A. D'Agostino, G. Di Marco, C. Martinez-Labarga, V. Leonini, O. Rickards & A. Canini, 2020, 'Back to the roots: dental calculus analysis of the first documented case of coeliac disease', *Archaeological and Anthropological Sciences*, 12, 6.
43   Arrian, *Anabasis Alexandri*, VI, 22.
44   A. Reddy, 2013, 'Looking from Arabia to India: Analysis of the Early Roman "India trade" in the Indian Ocean during the late Pre-Islamic Period (3rd century BC–6th century AD)', PhD thesis, Deccan College Postgraduate and Research Institute.
45   P. J. Cherian, 2011, *Pattanam archaeological site: The wharf context andthe maritime exchanges.*
46   Pliny, *Natural History*, XII, 63.

47 Pliny, *Natural History*, XII, 26.

48 Dioscorides, *De Materia Medica*, 1.

49 Theophrastus, fourth–third century BCE, op. cit., IX, 20; Pliny, *Natural History*, XII, 14; Dioscorides, *De Materia Medica*, 2; Horace, 2, *Satire* IV; 2, Epistle 1 to Augustus; Cosmas Indicopleustes, op. cit.

50 Theophrastus, fourth–third century BCE, op. cit., IX, 20.

51 Pliny, *Natural History*, XII, 14.

52 Theophrastus, fourth–third century BCE, op. cit., Odours, 32.

53 Dioscorides, *De Materia Medica*, 1.

54 Pliny, *Natural History*, XII, 15.

55 Cosmas Indicopleustes, op. cit.

56 Dioscorides, *De Materia Medica*, 2.

57 Pliny, *Natural History*, XII, 14.

58 C. Ptolemy, *Geography*, VII, 4, 1.

59 P. Frankopan, 2015, op. cit.

60 G. K. Young, 1988, 'The long-distance "international" trade in the Roman east and its political effects 318 BC–AD 305', PhD thesis, University of Tasmania.

61 Strabo, *c.* 18 CE, *Geographica*, II, 5, 12.

62 F. De Romanis, 2015, op. cit.

63 Philostratus, *Life of Apollonius of Tyana*, Book III, ch. 4.

64 M. Cobb, 2018, op. cit.; G. K. Young, 1988, op. cit.

65 P. T. Parthasarathi, 2015, 'Roman Control and Influence on the Spice Trade Scenario of Indian Ocean World: A Re-Assessment of Evidences', *Heritage: Journal of Multidisciplinary Studies in Archaeology*, 3.

66 M. Cobb, 2015, 'The Chronology of Roman Trade in the Indian Ocean from Augustus to Early Third Century AD', *Journal of the Economic and Social History of the Orient*, 58.

67 G. K. Young, 1988, op. cit.

68 Strabo, c. 18 CE, *Geographica*, II, 3.

69 J. W. McCrindle, 1879, *The Commerce and Navigation of the Erythraean Sea: being a translation of the Periplus Maris Erythraei and Arrian's Account of the Voyage of Nearkhos*, Bombay, Calcutta, London.

70 J. Whitewright, 2018, 'The ships and shipping of Indo-Roman trade', *Journal on Hellenistic and Roman Material Culture*, vol. 6, issue 2.

71 Pliny, *Natural History*, VI, 34.

72 Ibid. VI, 26.

73 R. McLaughlin, 2014, op. cit.

74 S. Ghosh, 2014, 'Barbarikon in the Maritime Trade Network of Early India' in R. Mukherjee (ed.), *Vanguards of Globalization: Port-Cities from the Classical to the Modern*, pp. 59–74, Primus Publications, New Delhi.

75 D. Catsambis, 2012, *The Oxford Handbook of Maritime Archaeology*, pp. 518–19, quoted in R. McLaughlin, 2014, *The Roman Empire and the Indian Ocean*, Pen & Sword.

76 R. McLaughlin, 2014, op. cit.

77 Cosmas Indicopleustes, op. cit.

78 R. McLaughlin, 2014, op. cit.

79 D. Dayalan, 2018, 'Ancient seaports on the western coast of India – the hub of maritime silk route network', *Acta Via Serica*, vol. 3, 2; R. Nanji & V. D. Gogte, 2005, *A search for the Early Historic ports on the west coast of India*.

80 K. F. Dalal, E. Emanuel Mayer, R. G. Raghavan, R. Mitra-Dalat, S. Kale & A. Shinde, 2018, 'The Hippocampus of Kuda: A Mediterranean motif which validates the identification of the Indo-Roman port of Mandagora', *Journal of Indian Ocean Archaeology*, Nos 13–14.

81 D. Dayalan, 2018, op. cit.

82 Ibid.

83 Ibid.

84 A. C. Burnell, *Ind. Ant.*, vol. VII, p.40.

85 D. Dayalan, 2019, 'Ancient seaports on the eastern coast of India – the hub of the maritime silk route network', *Acta Via Serica*, vol. 4, 1.

86 Sundaresh & P. Gudigar, 1992, 'Kaveripattinam: an ancient port' in Baiderbettu Upendra Nayak et al. (eds), *New Trends in Indian Art and Archaeology*.

87 C. Ptolemy, *Geography*, VII, 1, 13.

88 R. Chakravarti, 2012, op. cit.

89 L. Casson, 1989, *The Periplus Maris Erythraei*, Princeton University Press.

90 L. Faucheux, 1945, *Une vieille cisé indienne pres de Pondichéry*, Virampatnam, Pondicherry; R. E. M. Wheeler et al., 1946, 'Arikamedu: an Indo-Roman trading station on the east coast of India', *Ancient India*, 2.

91 V. Begley, 1983, 'New investigations at the port of Arikamedu', *Journal of Roman Archaeology*, 6.

92 Pliny, *Natural History*, VI, 26.

93 *The Akananuru*, 149.

94 R. McLaughlin, 2014, op. cit.

95 D. Rathbone, 2021, 'Too much pepper? F. De Romanis, *The Indo-Roman Pepper Trade and the Muziris Papyrus*, Oxford (2020)', *Topoi*, vol. 24, 439–65.

96 F. De Romanis, 2015, op. cit.

97 W. H. Schoff, 1912, *The Periplus of the Erythraean Sea*, Longmans, Green, and Co.; A. Kumar, 2008, 'A probe to locate Kerala's early historic trade emporium of Nelcynda', *Journal of Indian Ocean Archaeology*, 5.

98 O. Bopearachichi, 2014, *Maritime Trade and Cultural Exchanges in the Indian Ocean: India and Sri Lanka*, IGNC.

99 E. H. Warmington, 1928, op. cit.
100 D. S. A. Munasinghe & D. C. V. Fernando, *Trading Relationships between Ancient Sri Lanka and Ancient Greece and Rome*, Oracle.
101 D. P. M. Weerakoddy, 1995, 'Roman coins of Sri Lanka: some observations', *The Sri Lanka Journal of the Humanities*, vol. 21, 1&2.
102 J. M. Sudharmawathei, 2017, 'Foreign trade relations in Sri Lanka in the ancient period: with special reference to the period from 6th century BC to 16th century AD', *Humanities and Social Sciences Review*, 7, 2.
103 C. Ptolemy, *Geography*, VII, 4, 1.
104 E. Kingwell-Banham et al., 2018, 'Spice and rice: pepper, cloves and everyday cereal foods at the ancient port of Mantai, Sri Lanka', *Antiquity*, 92, 366.
105 R. Chakravarti, 2012, op. cit.
106 Cai-Zhen Hong, 2016, 'A Study of Spice Trade from the Quanzhou Maritime Silk Road in Song and Yuan Dynasties', 2nd Annual International Conference on Social Science and Contemporary Humanity Development, Atlantis.
107 Capt. Drury, 1851, 'Remarks on some lately-discovered Roman Gold Coins', *Journal of the Asiatic Society of Bengal*, XX, V.
108 R. McLaughlin, 2014, op. cit.
109 Ibid.
110 F. De Romanis, 2012, 'Playing Sudoku on the Verso of the "Muziris Papyrus": Pepper, Malabathron and Tortoise Shell in the Cargo of the *Hermapollon*', *Journal of Ancient Indian History*, 27.
111 F. De Romanis, 2015, op. cit.
112 B. Fauconnier, 2012, 'Graeco-Roman merchants in the Indian Ocean: Revealing a multicultural trade', *Topoi Orient-Occident*, Suppl. 11.
113 R. McLaughlin, 2014, op. cit.
114 Pliny, *Natural History*, XII, 41.
115 Pliny, *Natural History*, VI, 26.
116 A. Wilson & A. Bowman (eds), 2017, *Trade, Commerce, and the State in the Roman World*, Oxford University Press.
117 A. M. Kotarba-Morley, 2019, 'Ancient Ports of Trade on the Red Sea Coasts – The "Parameters of Attractiveness" of Site Locations and Human Adaptations to Fluctuating Land- and Sea-Scapes. Case Study *Berenike Troglodytica*, Southeastern Egypt' in Najeeb M. A. Rasul & I. C. F. Stewart (eds), *Geological Setting, Palaeoenvironment and Archaeology of the Red Sea*, Springer.
118 T. Power, 2013, *The Red Sea from Byzantium to the Caliphate AD 500–1000*, American University in Cairo Press.
119 M. Cobb, 2015, op. cit.
120 pcma.uw.edu.pl/en/2019/04/17/berenike-2/.
121 A. Reddy, 2013, op. cit.

122 W. Z. Wendrich et al., 2003, 'Berenike Crossroads: The integration of information', *Journal of the Economic and Social History of the Orient*, 46, 1.

123 M. Cobb, 2015, op. cit.

124 J. Whitewright, 2007, 'Roman Rigging Material from the Red Sea Port of Myos Hormos', *The International Journal of Nautical Archaeology*, 36.2.

125 C. Haas, 1997, *Alexandria in Late Antiquity: Topography and Social Conflict*, John Hopkins University Press.

126 Strabo, c.18 CE, *Geographica*, XVII, 1.13

127 C. Taylor Sen, 2015, op. cit.; P. N. Ravindran, 2009, spicesbuds. blogspot. com/2009/05/spices-in-ancient-india.html.

128 E. McDuff, 2019, op. cit.

129 L. M. V. Totelin, 2006, op. cit.

130 Theophrastus, fourth–third century BCE, op. cit., IX, 20.

131 Pliny, *Natural History*, XII, 14.

132 M. Cobb, 2018, op. cit.

133 F. Sabban, 1985, op. cit.

134 S. Ims, 2012, op. cit.

135 The Master Cooks of Richard II, 1390, op. cit.

136 John Russell, 1460–70, op. cit.

137 Walter Bailey, 1588, *A short discourse on the three kinds of pepper in common use and certaine special medicines made of the same, tending to the preseruation of health.*

138 J. Gerard, 1597, op. cit.

139 M. Gill, 2016, 'Spices', *Indian Horizons*, vol. 63, 3.

140 J. Sahni, 1987, op. cit.

141 Dr Q. Z. Ahmad, A. U. Rahman & Tajuddin, 2017, 'Ethnobotany and therapeutic potential of kabab chini (*Piper cubeba*)', *World Journal of Pharmacy and Pharmaceutical Sciences*.

142 S. Ims, 2012, op. cit.

143 P. N. Ravindran, 2017, *The Encyclopedia of Herbs and Spices*.

144 John Crawfurd, 1820, *History of the Indian Archipelago*, vol. 1, Archibald Constable & Co., Edinburgh.

表 6

145 J. F. Smith et al., 2008, op. cit.

146 I. Y. Attah, 2012, 'Characterisation and HPLC quantification of piperine in various parts of Piper Guineense', MPhil thesis, Kwame Nkrumah University, Ghana.

147 E. Besong et al., 2016, 'A Review of Piper guineense (African Black Pepper)', *Human Journals*, vol. 6, 1.

148 U. C. Srivastava & K. V. Sají, 'Under-exploited species of Piperaceae and their uses' in K. S. Krishnamurthy et al., 2008, *Piperaceae Crops – Technologies and Future Perspectives, National Seminar on Plperaceae – Harnessing Agro-technologies for Accelerated Production of Economically Important Piper Species*, Indian Institute of Spices Research, Calicut.

149 Tran Dang Xuan et al., 2008, 'Efficacy of extracting solvents to chemical components of kava (Piper methysticum) roots', *Journal of Natural Medicines*, 62.

150 V. Lebot & J. Levesque, 1989, 'The origin and distribution of kava (*Piper methysticum*, Forst. F., Piperaceae): a phytochemical approach', *Allertonia*, vol. 5, 2.

151 V. Lebot & P. Simeoni, 2004, 'Is the Quality of Kava (*Piper methysticum* Forst. f.) Responsible for Different Geographical Patterns?', *Ethnobotany Research & Applications*, 2, 19–28.

152 J. Lindley, 1838, *Flora medica*.

153 tropical.theferns.info/viewtropical.php?id=Piper+amalago.

154 B. Salehi et al., 2019, '*Piper* Species: A Comprehensive Review on Their Phytochemistry, Biological Activities and Applications', *Molecules*, 24, 7.

155 A. Baptista et al., 2019, 'Antimicrobial activity of the essential oil of *Piper amalago* L. (Piperaceae) collected in coastal Ecuador', *Pharmacology* online, vol. 3.

156 M. Avril, 2008, 'A study case on Timiz (Piper Capense)'.

157 B. Salehi et al., 2019, op. cit.

158 U. C. Srivastava & K. V. Sají, 'Under-exploited species of Piperaceae and their uses' in K. S. Krishnamurthy et al., 2008, op. cit.

159 'Piper chaba vines lucrative for Kurigram farmers', *The Daily Star*, 4 August 2017.

160 Local spice consumption can save foreign currency, www.newagebd.net, 25 December 2019.

161 B. Salehi et al., 2019, op. cit.

162 www.rain-tree.com.

163 alfredhartemink.nl.

164 M. Vann, 2012, 'Hoja Santa: a story of the sacred Mexican root beer leaf pepper plant', www.austinchronicle.com/daily/food/2012-08-24/hoja-santa/.

Chapter 5

1   H. N. Ridley, 1912, *Spices*, Macmillan & Co. Ltd, London.

2   G. Watt, 1908, *The commercial products of India*, John Murray, London.

3   A. C. Burnell, 1885, *The voyage of John Huyghen van Linschoten to the East Indies*, vol. 1, ch. 10, The Hakluyt Society, London.

4   P. A. Tiele, 1885, *The voyage of John Huyghen van Linschoten to the East Indies*, vol. 2, ch. 64, The Hakluyt Society, London.

5   K. P. Nair, 2020, *The Geography of Cardamom* (*Elettaria cardamomum M*) *The Queen of Spices*, vol. 2, Springer.

6   A. Kashyap, 2015 in K. B. Metheny & M. C. Beaudry (eds), *Archaeology of Food: An Encyclopedia*, Rowman & Littlefield; A. Kashyap & S. Weber, 2010, 'Harappan plant use revealed by starch grains from Farmana, India', *Antiquity*, 84, 326.

7   K. P. Prabhakaran Nair, 2013, *The Agronomy and Economy of Turmeric and Ginger*, Elsevier.

8   Sushruta, c. eighth century BCE, *Sushruta Samhita*, Ch. 46.

9   L. A. Lyall (translator), 1909, *The Sayings of Confucius*, Book X, 8, Longmans, Green & Co.

10   J. Innes Miller, 1969, op. cit.

11   C. Ptolemy, *Geography*, VII, 4, 1.

12   R. Strong, 2002, *Feast: A History of Grand Eating*, Jonathan Cape, London.

13   F. Rosengarten Jr, 1969, op. cit.

14   B. P. Foley et al., 2011, op. cit.

15   J. Innes Miller, 1969, op. cit.; M. Khvostov, 1907, *Researches into the history of oriental commerce in Graeco-Roman Egypt*, Kazan University.

16   Pliny, *Natural History*, XII, 14.

17   Dioscorides, *De Materia Medica*, 2.

18   E. H. Warmington, 1928, op. cit.; Sallust, *Histories*, Book IV, 72, B. Maurenbrecher (ed.), 1891 (in Latin).

19   Pliny, *Natural History*, XII, 28.

20   Ibid. XII, 29.

21   Dioscorides, *De Materia Medica*, 1.

22   E. H. Warmington, 1928, op. cit., p. 185.

23   S. Santos Braga, 2019, 'Ginger: Panacea or Consumer's Hype?', *Applied Science*, 9, 1570.

24   Apicius, *De Re Coquinaria*.

25   Hippocrates, *Epidemics* VII, 118.

26   Theophrastus, fourth–third century BCE, op. cit.

27   Celsus, *De Medicina*, III, 21; Ibid. vol. 24.

28   Dioscorides, *De Materia Medica*, 2.

29   Ibid. 1.

30   A. Gismondi et al., 2020, op. cit.

31   F. Rosengarten Jr, 1969, op. cit.

32   R. Tannahill, 1973, *Food in History*.

33   Digest of Justinian, 39, 16.7.

34   K. S. Mathew, 1983, *Portuguese trade with India in the sixteenth century*, New Delhi.

35   A. Hagen, 2006, op. cit.

36   C. Spencer, 2002, op. cit.

37 H. N. Ridley, 1912, op. cit.
38 J. Turner, 2004, op. cit.
39 A. C. Burnell, 1885, op. cit., ch. 31.
40 M. Van Der Veen, 2015, op. cit.
41 H. N. Ridley, 1912, op. cit.
42 C. Spencer, 2002, op. cit.
43 F. J. Green, 1979, op. cit.
44 W. E. Mead, 1931, *The English Medieval Feast*, George Allen & Unwin Ltd.
45 The Master Cooks of Richard II, 1390, op. cit.
46 J. O. Halliwell (ed.), 1883, *The voiage and travaile of Sir John Maundeville, kt., which treateth of the way to Hierusalem; and of marvayles of Inde, with other ilands and countryes*, rKeprinted from 1725 edition, Reeves and Turner, London.
47 Anon., 1393, *Le Ménagier de Paris*, Jerome Pichon (ed.), 1846, La Société des Bibliophiles François.
48 S. Ims, 2012, op. cit.
49 The Master Cooks of Richard II, 1390, op. cit.
50 Geoffrey Chaucer, *c.* 1400, *The Canterbury Tales*, General Prologue.
51 *The household book of Dame Alice de Bryene*, op. cit.
52 John Russell, 1460–70, op. cit.
53 P. W. Hammond, 1998, op. cit.
54 S. Ims, 2012, op. cit.
55 P. Freedman, 2005, 'Spices and Late-Medieval European Ideas of Scarcity and Value', *Speculum*, vol. 80, 4.
56 J. E. Thorold Rogers, 1866–1902, *A history of agriculture and prices in England*, vols 1–7, Oxford.
57 S. Halikowski Smith, 2001, 'Portugal and the European spice trade, 1480–1580', PhD thesis, European University Institute.
58 Thomas Vander Noot, *c.* 1510, *Een notabel boecxken van cokeryen*.
59 Sir Hugh Plat, 1603, op. cit.
60 K. Colquhoun, 2007, op. cit.
61 P. A. Tiele, 1885, op. cit., ch. 64.
62 S. Chaudhuri, 1969, 'Trade and Commercial Organisation in Bengal, with special reference to the English East India Company, 1650–1720', PhD thesis, University of London.
63 Hannah Glasse, 1747, op. cit.
64 J. E. Thorold Rogers, 1866, *A history of agriculture and prices in England*, vol. 1, Oxford.
65 John Murrel, 1617, op. cit.
66 William Shakespeare, 1598, *Love's Labours Lost*, Act V, Scene I.
67 Z. Groundes-Peace, 1971, *Mrs Groundes-Peace's Old Cookery Notebook*, David & Charles.

68 16 December 2019, abc7news.com.
69 H. N. Ridley, 1912, op. cit.
70 Juan José Ponce Vázquez, 2020, *Islanders and Empire: Smuggling and Political Defiance in Hispaniola, 1580–1690*, Cambridge University Press.
71 S. Halikowski Smith, 2001, op. cit.
72 daily.jstor.org/plant-of-the-month-turmeric.
73 P. Westland, 1987, op. cit.
74 www.indianmirror.com/ayurveda/indian-spices/cardamom.html.
75 A. Reddy, 2013, op. cit.
76 A. Hagen, 2006, op. cit.
77 J. E. Thorold Rogers, 1882, *A history of agriculture and prices in England*, vol. 4, Oxford.
78 F. Rosengarten Jr, 1969, op. cit.
79 J. Wiethold, 2007, *Exotische Gewurze aus archaologischen Ausgrabungen als Quellen zur mittelalterlichen und fruhneuzeitlichen Ernahrungsgeschichte*.
80 James Greig, 1996, 'Archaeobotanical and historical records compared– a new look at the taphonomy of edible and other useful plants from the 11th to the 18th centuries AD', *Circaea: The Journal of the Association for Environmental Archaeology*, 12 (2).
81 A. C. Zeven & J. M. J. De Wet, 1975, *Dictionary of cultivated plants and their regions of diversity*.

Chapter 6

1 P. Lape et al., 2018, 'New Data from an Open Neolithic Site in Eastern Indonesia', *Asian Perspectives*, 57, 2.
2 F. Rosengarten Jr, 1969, op. cit.
3 C. Dickson, 1996, 'Food, medicinal and other plants from the 15th century drains of Paisley Abbey, Scotland', *Vegetation History and Archaeobotany*, 5, 1–2; E. Hajnalova, 1985, 'New palaeobotanical finds from Medieval towns in Slovakia', *Slovenská Archeológia*, 33/2.
4 T. J. Zumbroich, 2005, 'The introduction of nutmeg (*Myristica Fragrans* Houtt.) and cinnamon (*Cinnamomum Verum* J.Presl) to America', *Acta Botanica Venezuelica*, 28, 1.
5 M. L. Smith, 2019, op. cit.; Pliny, *Natural History*, XII, 15.
6 E. Kingwell-Banham et al., 2018, op. cit.
7 G. Milton, 1999, op. cit.
8 John Russell, 1460–70, op. cit.
9 D. Namdar et al., 2013, op. cit.
10 Herodotus, *c.* 430 BCE, *Histories*, III, 111.
11 Dioscorides, *De Materia Medica*, 1.

12   F. Rosengarten Jr, 1969, op. cit.

13   Pliny, *Natural History*, XII, 42.

14   A. Hagen, 2006, op. cit.

15   F. Rosengarten Jr, 1969, op. cit.

16   J. Jacobs, 1919, 'Jewish contributions to civilization: an estimate', *The Jewish Publication Society of America*.

17   C. Spencer, 2002, op. cit.

18   *The household book of Dame Alice de Bryene*, op. cit.

19   P. A. Tiele, 1885, op. cit., ch. 63.

20   Pliny, *Natural History*, XII, 59.

21   E. G. Ravenstein, 1900, 'The Voyages of Diogo Cão and Bartholomeu Dias, 1482–88', *The Geographical Journal*, vol. 16, 6.

22   E. G. Ravenstein (ed.), 1898, *A Journal of the First Voyage of Vasco da Gama, 1497–1499*, The Hakluyt Society, London; João de Barros, 1552–63, *Décadas da Ásia: Dos feitos, que os Portuguezes fizeram no descubrimento, e conquista, dos mares, e terras do Oriente*.

23   H. E. J. Stanley (ed.), 1869, *The Three Voyages of Vasco da Gama and his Viceroyalty, from the Lendas da India of Gaspar Correa*, The Hakluyt Society, London.

24   E. G. Ravenstein (ed.), 1898, op. cit.

25   W. B. Greenlee (translator), 1938, *The Voyage of Pedro Alvares Cabral to Brazil and India*, The Hakluyt Society, London.

26   G. Correa, 1550s, 'Lendas da India', Academia Real das Sciencias de Lisboa, 1858–66.

27   H. E. J. Stanley (ed.), 1869, op. cit.

28   Ibid.

29   C. Wake, 1979, 'The changing pattern of Europe's pepper and spice imports, ca 1400–1700', *Journal of European Economic History*, vol. 8, 2.

30   P. E. Pieris, 1920, *Ceylon and the Portuguese, 1505–1658*, American Ceylon Mission Press.

31   C. R. de Silva, 1973, 'Trade in Ceylon cinnamon in the sixteenth century', *The Ceylon Journal of Historical and Social Studies*, vol. III, New Series, No. 2.

32   W. D. G. Birch (ed.), 1880, *The commentaries of the great Afonso DAlboquerque*, translated from the Portuguese edition of 1774, The Hakluyt Society, London.

33   H. E. J. Stanley, 1874, *The first voyage around the world, by Magellan*, The Hakluyt Society, London.

34   N. Pullen (translator), 1696, *Travels and voyages into Africa, Asia, and America, the East and West-Indies, Syria, Jerusalem, and the Holy-land performed by Mr. John Mocquet*, London.

35   J. Villiers, 1981, 'Trade and Society in the Banda Islands in the Sixteenth Century', *Modern Asian Studies*, vol. 15, 4.

36   M. Lobato, 1995, 'The Moluccan Archipelago and Eastern Indonesia in the Second Half of the 16th Century in the Light of Portuguese and Spanish Accounts', The Portuguese and the Pacific, International Colloquium at Santa Barbara.

37   F. C. Lane, 1940, 'The Mediterranean Spice Trade: Further Evidence of its Revival in the Sixteenth Century', *The American Historical Review*, vol. 45, 3.

38   F. Pretty, *Sir Francis Drake's Famous Voyage Round the World*.

39   Francis Fletcher (From notes of), 1652, *The World Encompassed by Sir Francis Drake*, Nicholas Bourne, London.

40   C. R. Markham (ed.), 1877, *The voyages of Sir James Lancaster to the East Indies, Narrative of the first voyage by Henry May*, The Hakluyt Society, London.

41   C. R. Markham (ed.), 1877, Ibid., 'The first voyage made to East India by Master James Lancaster', the Hakluyt Society, London.

42   B. Corney (ed.), 1855, *The Voyage of Sir Henry Middleton to Bantam and the Maluco Islands*, The Hakluyt Society, London.

43   F. C. Danvers (ed.), 1896, *Letters received by the East India Company*, vol. 1, Sampson, Low, Martson & Co., London.

44   S. Purchas, 1625, *Purchas his Pilgrimes*, vol. 3, James MacLehose and sons, Glasgow, 1905.

45   C. R. Markham (ed.), 1877, op. cit., *Commission Issued to Sir Henry Middleton*, The Hakluyt Society, London.

46   F. Rosengarten Jr, 1969, op. cit.

47   F. C. Danvers (ed.), 1896, op. cit., Document 119.

48   J. Villiers, 1990, 'One of the Especiallest Flowers in our Garden: TheEnglish Factory at Makassar, 1613–1667' in *Archipel*, vol. 39.

49   J. E. Thorold Rogers, 1866–1902, op. cit.

50   C. Wake, 1979, op. cit.

Chapter 7

1   H. K. M. Padilha & R. L. Barbieri, 2016, 'Plant breeding of chili peppers (Capsicum, Solanaceae) – A review', *Australian Journal of Basic and Applied Sciences*, 10 (15).

2   L. Perry et al., 2007, 'Starch Fossils and the Domestication and Dispersal of Chili Peppers (*Capsicum* spp L.) in the Americas', *Science*, 315.

3   L. Perry, 2015, in K. B. Metheny & M. C. Beaudry (eds), *Archaeology of Food*, Rowman & Littlefield.

4   K. H. Kraft et al., 2014, 'Multiple lines of evidence for the origin of domesticated chili pepper, *Capsicum annuum*, in Mexico', *Proceedings of the National Academy of Sciences*, 111, 17.

5   L. Perry et al., 2007, op. cit.

6   puckerbuttpeppercompany.com.

7   C. R. Markham (translator), 1893, *The Journal of Christopher Columbus*
     (*during his first voyage, 1492–93*), The Hakluyt Society, London.

8   F. A. MacNutt (translator), 1912, *The Eight Decades of Peter Martyr D'Anghera*,
     vol. 1, First Decade Book 1, p.65, G. P. Putnam's Sons.

9   R. H. Major (translator), 1870, 'Letter of Dr Chanca on the second voyage of
     Columbus', *Select Letters of Christopher Columbus*, The Hakluyt Society, London.

10   J. Andrews, 1993, 'Diffusion of Mesoamerican Food Complex to Southeastern
     Europe', *Geographical Review*, vol. 83, 2.

11   S. Halikowski Smith, 2015, 'In the shadow of a pepper-centric historiography:
     Understanding the global diffusion of capsicums in the sixteenth and
     seventeenth centuries', *Journal of Ethnopharmacology* (2015), dx.doi.org/10.1016/
     j.jep.2014.10.048i.

12   M. Christine Daunay, H. Laterrot & J. Janick, 2008, 'Iconography and History
     of Solanaceae: Antiquity to the 17th century' in J. Janick (ed.), *Horticultural
     Reviews*, vol. 34.

13   L. Fuchs, 1543, *New kreuterbuch* (De historia stirpium 1542).

14   J. Gerard, 1597, op. cit.

15   J. Andrews, 1993, op. cit.

16   M. Preusz et al., 2015, 'Exotic Spices in Flux: Archaeobotanical Material from
     Medieval and Early Modern Sites of the Czech Lands (Czech Republic)',
     IANSA, vol. 1, 2.

17   M. Christine Daunay, H. Laterrot & J. Janick, 2008, op. cit.

18   E. Katz, 2009, 'Chili Pepper, from Mexico to Europe: Food, Imaginary and
     Cultural Identity' in *Food, Imaginaries and Cultural Frontiers: Essays in Honour
     of Helen Macbeth*, University of Guadalajara.

19   'The History of Chili Peppers in China', storymaps.arcgis.com/stories.

20   J. Ettenberg, 2019, 'A brief history of chili peppers', www.legalnomads.com/
     history-chili-peppers.

21   I. Mehta, 2017, 'Chillies – The Prime Spice – A History', *IOSR-Journal of
     Humanities and Social Science*.

22   J. I. Lockhart (translator), 1844, *The Memoirs of the Conquistador Bernal Díaz
     Del Castillo*, J. Hatchard & Son, London.

23   S. D. & M. D. Coe, 1996, *The True History of Chocolate*, Thames & Hudson.

24   Antonio Colmenero de Ledesma, 1631, *Curioso tratado de la naturalez y calidad
     del Chocolate*, Madrid.

25   J. O. Swahn, 1997, *The Lore of Spices*, Barnes & Noble.

26   C. C. de Guzman & R. R. Zara, 2012, 'Vanilla' in K. V. Peter (ed.), *Handbook of
     herbs and spices*, vol. 1, Woodhead Publishing Ltd.

27   M. Randolph, 1836, *The Virginia Housewife*, John Plaskitt, Baltimore, Internet
     Archive.

28 V. Linares et al., 2019, 'First evidence for vanillin in the old world: Its use as mortuary offering in Middle Bronze Canaan', *Journal of Archaeological Science, Reports* 25.

29 C. R. Markham (translator), 1893, op. cit.

30 M. Preusz et al., 2015, op. cit.

31 J. Ray, 1686, *Historia Plantarum*, London.

32 Eliza Smith, 1727, op. cit.; Hannah Glasse, 1747, op. cit.

33 E. Kay, 2014, *Dining with the Georgians*, Amberley.

Chapter 8

1 R. P. Woodward, 'Sucrose' in K. B. Metheny & M. C. Beaudry (eds), 2015, *Archaeology of Food*, Rowman & Littlefield.

2 Plants of the World Online, Kew.

3 A. H. Paterson, P. H. Moore & T. L. Tew, 'The Gene Pool of *Saccharum* Species and their improvement' in A. H. Paterson (ed.), 2013, *Genomics of the Saccharinae*, Springer.

4 M. Dams & L. Dams, 1977, 'Spanish rock art depicting honey gathering during the Mesolithic', *Nature*, 268; M. Roffet-Salque et al., 2015, 'Widespread exploitation of the honeybee by early Neolithic farmers', Open Research Exeter, *Nature*.

5 F. d'Errico et al., 2012, 'Early evidence of San material culture represented by organic artifacts from Border Cave, South Africa', *Proceedings of the National Academy of Sciences*, vol. 109, 33.

6 M. B. Hammad, 2018, 'Bees and Beekeeping in Ancient Egypt', *Journal of Association of Arab Universities for Tourism and Hospitality*.

7 Herodotus, c. 430 BCE, *Histories*, I, 198.

8 Pliny, *Natural History*, XI, 12

9 Ibid. XXII, 50

10 Columella, *De Re Rustica*.

11 Petronius, 54–68 CE, *Satyricon*, Ch. 56.

12 Wu Mingren, 2019, 'A Treasure in Ruins: Ancient Mehrgarh Lost to Thieves and Violence', www.ancient-origins.net.

13 M. Gros-Balthazard & J. M. Flowers, 2021, 'A Brief History of the Origin of Domesticated Date Palms' in J. M. Al-Khayri et al. (eds), *The Date Palm Genome*, vol. 1, Compendium of Plant Genomes, Springer, doi. org/10.1007/978-3-030-73746-7_3.

14 Dioscorides, *De Materia Medica*, 2; Pliny, *Natural History*, XII, 17.

15 Strabo, c. 18 CE, *Geographica*, XV, 1.20.

16 G. Watt, 1908, op. cit.

17 E. Rhys (ed.), 1908, *The Travels of Marco Polo*, J. M. Dent & Sons Ltd.

18 R. C. Power et al., 2019, 'Asian Crop Dispersal in Africa and Late Holocene Human Adaptation to Tropical Environments', *Journal of World Prehistory*, 32.

19 M. Van Der Veen, 'Quseir Al-Qadim (Egypt)' in K. B. Metheny & M. C. Beaudry (eds), 2015, *Archaeology of Food*.

20 J. O. Swahn, 1997, op. cit.

21 J. E. Thorold Rogers, 1866, op. cit.

22 B. K. Wheaton, 1983, *Savouring the Past*, Chatto & Windus.

23 The Master Cooks of Richard II, 1390, op. cit.

24 J. B. Thacher, 1903, *The De Torres Memorandum, Christopher Columbus, His Life, His Work, His Remains*, G. P. Putnam's Sons.

25 P. A. Tiele, 1885, op. cit., ch. 58.

26 J. Gerard, 1597, op. cit.

27 R. Strong, 2002, op. cit.

28 E. Abbott, 2009, *Sugar*, Duckworth Overlook.

29 OECD-FAO Agricultural Outlook 2020–2029.

Chapter 9

1 A. Rubio-Moraga, et al., 2009, 'Saffron is a monomorphic species as revealed by RAPD, ISSR and microsatellite analyses', BMC Research Notes, 2:189, www.biomedcentral.com/1756-0500/2/189.

2 E. R. Ellison, 1978, op. cit.

3 C. M. Hogan, 2007, *Knossos Fieldnotes*, The Modern Antiquarian.

4 P. Willard, 2002, *Secrets of Saffron: The Vagabond Life of the World's Most Seductive Spice*, Souvenir Press.

5 Apicius, *De Re Coquinaria*.

6 A. Hagen, 2006, op. cit.

7 B. L. Evans, 1995, 'Cretoyne, Cretonée' in Mary-Jo Arn (ed.), *Medieval Food and Drink*, ACTA vol. XXI.

8 P. W. Hammond, 1998, op. cit.

9 C. B. Hieatt, 1996, 'The Middle English culinary recipes in MS. Harley 5401: an edition and commentary', *Medium Ævum*, 65.

10 J. E. Thorold Rogers, 1866–1902, op. cit.

11 Celsus, *De Medicina*, Books III, IV, V, VI.

12 P. Westland, 1987, op. cit.

13 Gervase Markeham, 1615, op. cit.

14 F. Sabban, 1985, op. cit.

15 N. Culpeper, 1653, *Complete Herbal*.

16 Pliny, *Natural History*, Book XXI, 17.

17 T. Popova, 2016, op. cit.

18 Ibid.; A. K. Pokharia et al., 2011, 'Archaeobotany and archaeology at Kanmer, a Harappan site in Kachchh, Gujarat: evidence for adaptation in response to climatic variability', *Current Science*, vol. 100, 12.

19 Pliny, *Natural History*, XXIV, 120.

20 P. B. Lewicka, 2011, *Food and Foodways of Medieval Cairenes: Aspects of Life in an Islamic Metropolis of the Eastern Mediterranean*, Brill.

21 L. Zaouali, 2007, *Medieval Cuisine of the Islamic World: A Concise History with 174 Recipes*, University of California Press.

22 P. Westland, 1987, op. cit.

23 C. Ulbright, 2010, *Natural Standard Herb and Supplement Guide: an Evidence-based Reference*.

24 J. Gerard, 1597, op. cit.

25 N. Culpeper, 1653, *Complete Herbal*.

26 S. Raghaven, 2007, op. cit.

27 R. K. Kakani & M. M. Anwer, 'Chapter 16, Fenugreek' in K. V. Peter (ed.), 2012, *Handbook of herbs and spices*, vol. 1, Wiley.

28 Theophrastus, fourth–third century BCE, op. cit., Book IX, 13.

29 Pliny, *Natural History*, XXII, 11.

30 G. Markham, 1623, *Country Contentments*.

31 Eliza Smith, 1727, op. cit.

32 A. C. Wootton, 1910, *Chronicles of Pharmacy*, vol. 2, Macmillan and Co. Ltd, London.

33 A. K. Pokharia et al., 2021, 'Rice, beans and pulses at Vadnagar: an early historical site with a Buddhist monastery in Gujarat, western India', Geobios (2021), doi.org/10.1016/j.geobios.2020.12.002.

34 Pliny, *Natural History*, XII, 12.

35 F. Adams, 1847, *The Seven Books of Paulus Aegineta*, vol. 3, The Sydenham Society.

36 P. A. Tiele, 1885, op. cit., ch. 81.

37 O. B. Frenkel, 2017, 'Transplantation of Asian spices in the Spanish empire 1518–1640: entrepreneurship, empiricism, and the crown', PhD thesis, McGill University.

38 Ibid.

39 J. Whitlam et al., 2018, 'Pre-agricultural plant management in the uplands of the central Zagros: the archaeobotanical evidence from Sheikh-e Abad', *Vegetation History and Archaeobotany*, 27(6).

40 H. Saul et al., 2013, 'Phytoliths in Pottery Reveal the Use of Spice in European Prehistoric Cuisine', *Plos One*.

41 A. Mikic, 2015, 'Reminiscences of the cultivated plants early days as treasured by ancient religious traditions: the mustard crop (Brassica spp. and Sinapis spp.) in earliest Christian and Islamic texts', *Genetic Resources and Crop Evolution*, 63.

42   S. Weber, 1999, 'Seeds of urbanism: palaeoethnobotany and the Indus civilisation', *Antiquity*, 73, 813–26.

43   E. R. Ellison, 1978, op. cit.

44   T. Popova, 2016, op. cit.

45   A. Livarda & M. Van der Veen, 2008, op. cit.

46   A. Hagen, 2006, op. cit.

47   The Master Cooks of Richard II, 1390, op. cit.

48   G. Tirel, fourteenth century, 'The Viandier of Taillevent'.

49   C. D. Wright, 2011, *A History of English Food*, Random House.

50   J. Taylor, 1638, *Taylors Feast*.

51   P. Westland, 1987, op. cit.; J. Thomas et al., 2012, 'Mustard' in K. V. Peter (ed.), *Handbook of herbs and spices*, vol. 1, Woodhead.

52   J. Gerard, 1597, op. cit.

53   N. Culpeper, 1653, *Complete Herbal*.

54   P. Westland, 1987, op. cit.

55   Pliny, *Natural History*, XX, 12.

56   M. Preusz et al., 2015, op. cit.

57   J. Gerard, 1597, op. cit.

58   T. Mayerne, 1658, *Archimagirus Anglo-Gallicus*; T. P., J. P., R. C., N. B., 1674, *The English and French Cook*; Hannah Woolley, 1670, op. cit.

59   J. Cooper, 1654, *The Art of Cookery Refin'd and Augmented*.

60   Kenelme Digby, 1669, op. cit.

61   Hannah Glasse, 1747, op. cit.

62   C. P. Bryan, 1930, op. cit.

63   P. G. Kritikos & S. P. Papadaki, 1967, 'The history of the poppy and of opium and their expansion in antiquity in the Eastern Mediterranean', *Bulletin of Narcotics*, 19, 3.

64   Hippocrates, *Diseases* III, Ch. 16; Hippocrates, *Internal Affections* Ch. 12; Ibid. Ch. 40.

65   Pliny, *Natural History*, XIX Ch. 53.

66   Ibid. XX Ch. 76.

67   Celsus, *De Medicina*, II, 32.

68   Ibid. III, 10.

69   Ibid. IV, 10; IV, 14; V, 15; V, 23.

70   Ibid. VI, 6; VI, 7; VI, 9.

71   M. Robinson & E. Rowan, 2015, op. cit.

72   Athenaeus, op. cit., *Epitome* II Ch. 83.

73   G. Watt, 1908, op. cit.

74   P. A. Tiele, 1885, op. cit., Ch. 78.

75   N. Culpeper, 1653, *Complete Herbal*.

76   Hannah Glasse, 1747, op. cit.

77 D. Bedigian, 2010, op. cit.
78 M. S. Vats, 1940, 'Excavations at Harappa', Manager of Publications, Government of India, Delhi; D. Q. Fuller, 2003, op. cit.
79 Ibid.
80 M. P. Charles, 1993, 'Botanical remains' in A. Green (ed.), *Abu Salabikh Excavations: The 6G Ash-Tip and its Contents: Cultic and Administrative Discard from the Temple?* vol. 4. British School of Archaeology in Iraq, London.
81 J. W. Parry, 1955, 'The story of spices', *Economic Botany*, vol. 9, 2.
82 A. Emery-Barbier, 1990, 'L'homme et l'environnement en Egypte durant la periode pre-dynastique' in S. Bottema, G. Entjes-Nieborg & W. Van Zeist (eds), *Man's role in the shaping of the Eastern Mediterranean Landscape*, Balkema, Rotterdam.
83 Pliny, *Natural History*, VI Ch. 32.
84 Ibid. XVIII Ch. 22; XXII Ch. 64.
85 F. Adams (translator), 1847, op. cit.
86 Herodotus, c. 430 BCE, *Histories*, III, 48.
87 R. Chakravarti, 2012, op. cit.
88 Pliny, *Natural History*, XII Ch. 26.
89 Kew Online, Plants of the World.
90 J. Mulherin, 1988, *Spices & Natural Flavourings*, Ward Lock.
91 P. Westland, 1987, op. cit.
92 M. Van Der Veen, 'Quseir Al-Qadim (Egypt)' in K. B. Metheny & M. C. Beaudry (eds), 2015, *Archaeology of Food*.
93 M. Shaida, 2000, *The Legendary Cuisine of Persia*, Grub Street.
94 F. Sabban, 1985, op. cit.
95 G. Watt, 1908, op. cit.
96 P. A. Tiele, 1885, op. cit., Ch. 51.
97 Theophrastus, fourth–third century BCE, op. cit., Book III, 18, 5; Pliny, *Natural History*, XIII, 13.
98 N. Culpeper, 1653, *Complete Herbal*.
99 www.tombos.org.
100 Useful Tropical Plants, tropical.theferns.info.
101 R. Pitopang et al., 2019, 'Diversity of Zingiberaceae and traditional uses by three indigenous groups at Lore Lindu National Park, Central Sulawesi, Indonesia', IOP Conf. Series: *Journal of Physics*: Conf. Series 1242; www.perennialsolutions. org/hardy-gingers-for-the-foodforest-understory; R. Teschke & Tran Dang Xuan, 2018, 'Viewpoint: A Contributory Role of Shell Ginger (*Alpinia zerumbet*) for Human Longevity in Okinawa, Japan?', *Nutrients*, 10, 2.
102 www.indiabiodiversity.org.
103 Useful Tropical Plants, op. cit.
104 Mansfeld's world database of agricultural and horticultural crops.

105 Useful Tropical Plants, op. cit.
106 P. N. Ravindra, G. S. Pillai & M. Divakaran, 2014, 'Other herbs and spices: mango ginger to wasabi' in *Handbook of herbs and spices*, pub. online, ncbi. nlm.nih.gov; K. Anoop, 2015, 'Curcuma aromatica Salisb: a multifaceted spice', *International Journal of Phytopharmacy Research*, vol. 6, 1.
107 J. S. Butola & R. K. Vashistha, 2013, 'An overview on conservation and utilisation of *Angelica glauca* Edgew. In three Himalayan states of India', *Medicinal Plants*, 5, 3.
108 www.theepicentre.com/spice/bush-tomato_akudjura.
109 V. Anju & K. B. Rameshkumar, 2017, 'Phytochemicals and bioactivities of *Garcinia gummi-gutta* (L.) N. Robson – A review', *Diversity of Garcinia species in the Western Ghats: Phytochemical Perspective*.
110 newagebd.net.
111 Sanchari Pal, 2016, 'Food secrets: 14 unusual Indian spices you're probably not using but definitely should try', thebetterindia.com.
112 www.thespruceeats.com/dried-lily-buds-695013.
113 www.thespicehouse.com.
114 A. O. Tairu et al., 1999, 'Identification of the Key Aroma Compounds in Dried Fruits of Xylopia aethiopica' in J. Janick (ed.), *Perspectives on New Crops and New Uses*, ASHS Press, Alexandria, VA.
115 J. E. Laferrière, 1990, 'Nutritional and pharmacological properties of yerbaníz, epazote, and Mountain Pima oregano', *Seedhead News* No. 29. *Native Seeds*.
116 J. O. Swahn, 1997, op. cit.

Chapter 10

1   A. C. Wootton, 1910, op. cit.
2   J. R. Coxe, 1846, *The Writings of Hippocrates and Galen*, Lindsay and Blakiston, Philadelphia.
3   A. C. Wootton, 1910, op. cit.
4   Hieronymus Frascatorius, 1546, *De Contagione et Contagiosis Morbis*.
5   F. Adams, 1847, op. cit. Book VII, 8.
6   *British Medical Journal* Correspondence, 19 August 1911.
7   A. C. Wootton, 1910, op. cit.
8   Ibid.
9   M. Jaafar, R. Vafamansouri, M. Tareen, D. Kamel, V. C. Ayroso, F. Tareen and A. I. Spielman, 2021, 'Quackery, Claims and Cures: Elixirs of the Past – Snake Oil and Indian Liniment', www.researchgate.net/publication/353417368.
10 W. L. Applequist & D. E. Moerman, 2011, 'Yarrow (*Achillea millefolium* L.): A Neglected Panacea? A Review of Ethnobotany, Bioactivity, and Biomedical Research', *Economic Botany*, 65, 2.

11 K. Hardy et al., 2012, 'Neanderthal medics? Evidence for food, cooking, and medicinal plants entrapped in dental calculus', *Naturwissenschaften*, DOI 10.1007/s00114-012-0942-0, Springer-Verlag.

12 C. D. Leake, 1952, *The Old Egyptian Medical Papyri*, University of Kansas Press.

13 N. H. Aboelsoud, 2010, 'Herbal medicine in ancient Egypt', *Journal of Medicinal Plants Research*, vol. 4 (2).

14 N. Boivin & D. Fuller, 2009, op. cit.

15 E. G. Cuthbert F. Atchley, 1909, *A History of the Use of Incense in Divine Worship*, Longmans, Green & Co.

16 Herodotus, c. 430 BCE, *Histories*, II, 40.

17 E. G. Cuthbert F. Atchley, 1909, op. cit.

18 Homer, eighth century BCE, *The Iliad*, Book XIV.

19 E. G. Cuthbert F. Atchley, 1909, op. cit.

20 *Papyri Graecae Magicae*, Internet Archive.

21 '7 "magic potions" grown by medieval monks', English Heritage blog (english-heritage.org.uk).

22 Theophrastus, fourth–third century BCE, op. cit. IX, 9, 3.

23 Pliny, *Natural History*, XXII, 9.

24 J. Gerard, 1597, op. cit.

25 A. M. Downham Moore & R. Pithavadian, 2021, 'Aphrodisiacs in the global history of medical thought', *Journal of Global History*, 16, 1.

26 R. Burton (translator), 1883, *The Kama Sutra of Vatsyayana*, VI, Ch. 1.

27 Ibid. VII Ch. 1.

28 F. F. Arbuthnot & R. Burton (translators), 1885, *Ananga-Ranga*, Kama Shastra Society of London and Benares, Cosmopoli.

29 Ibid. Ch. VI.

30 'The Origin of Ambergris' (uchicago.edu).

31 S. D. & M. D. Coe, 1996, op. cit.

32 A. M. Downham Moore & R. Pithavadian, 2021, op. cit.

Epilogue

1 cosylab.iiitd.edu.in/recipedb; cosylab.iiitd.edu.in/flavordb; S. E. Ahnert, 2013, 'Network analysis and data mining in food science: the emergence of computational gastronomy', *Flavour*, 2:4; A. Jain, N. K. Rakhi, G. Bagler, 2015, *Analysis of Food Pairing in Regional Cuisines of India*, Plos One, doi.org/10.1371/journal.pone.0139539.

2 S. E. Kintzios, 'Oregano' in *Handbook of herbs and spices*, vol. 2.

參 考 書 目

Adams, F., (translator), 1844, *The Seven Books of Paulus Aegineta*, The Sydenham Society, London

Apicius, *De Re Coquinaria*

Andrews, J., 1993, 'Diffusion of Mesoamerican Food Complex to Southeastern Europe', *Geographical Review*, vol. 83, No. 2

Arbuthnot, F. F. & Burton, R., (translators), 1885, *Ananga-Ranga*, Kama Shastra Society of London and Benares, Cosmopoli

Atchley, E. G. Cuthbert F., 1909, *A History of the Use of Incense in Divine Worship*, Longmans, Green & Co.

Barjamovic, G. et al., 2019, 'Food in Ancient Mesopotamia: Cooking the Yale Babylonian Culinary Recipes' in A. Lassen et al. (eds), 2019, *Ancient Mesopotamia Speaks*, Yale Peabody: New Haven, CT

Bedigian, D., 2010, 'History of the Cultivation and Use of Sesame', in D. Bedigian (ed.), *Sesame: The genus Sesamum*, CRC Press

Bedigian, D. & Harlan, J. R., 1986, 'Evidence for cultivation of sesame in the ancient world', *Economic Botany*, 40

Birch, W. D. G. (ed.), 1880, *The commentaries of the great Afonso DAlboquerque*, translated from the Portuguese edition of 1774, The Hakluyt Society, London

Boivin, N. & Fuller, D., 2009, 'Shell Middens, Ships and Seeds: Exploring Coastal Subsistence, Maritime Trade and the Dispersal of Domesticates in and Around the Ancient Arabian Peninsula', *Journal of World Prehistory*, 22

Breasted, J. H., 1906, *Ancient Records of Egypt*, vol. 2, p.265, University of Chicago Press

Bryan, C. P., 1930, *The Papyrus Ebers*, G. Bles, London

Burnell, A. C., 1885, *The voyage of John Huyghen van Linschoten to the East Indies*, vol. 1, The Hakluyt Society, London

Burton, R. (translator), 1883, *The Kama Sutra of Vatsyayana*, VI, Ch. 1

Casson, L., 1989, *The Periplus Maris Erythraei*, Princeton University Press Celsus, *De Medicina*

Chakravarti, R., 2012, 'Merchants, Merchandise and Merchantmen in the Western Seaboard of India: A Maritime Profile (c. 500 BCE–1500 CE)' in Prakash, Om (ed.), *Trading World of the Indian Ocean, 1500–1800*, New Delhi

Chinnock, E. J. (translator), 1884, *The Anabasis of Alexander or, The History of the Wars and Conquests of Alexander the Great*, Hodder and Stoughton

Cobb, M., 2018, 'Black Pepper Consumption in the Roman Empire', *Journal of the Economic and Social History of the Orient*, 61 (4)

Coe, S. D. & M. D., 1996, *The True History of Chocolate*, Thames & Hudson

Colquhoun, K., 2007, *Taste: The Story of Britain through its Cooking*, Bloomsbury

Columella, *De Re Rustica*, X

Corney, B. (ed.), 1855, *The Voyage of Sir Henry Middleton to Bantam and the Maluco Islands*, The Hakluyt Society, London

Culpeper, N., 1653, *Complete Herbal*

Danvers, F. C. (ed.), 1896, *Letters received by the East India Company*, vol. 1, Sampson, Low, Martson & Co., London

Daunay, M. Christine, Laterrot, H. & Janick, J., 2008, 'Iconography and History of Solanaceae: Antiquity to the 17th Century' in Janick, J. (ed.), *Horticultural Reviews*, vol. 34

Davidson, A., 1999, *The Oxford Companion to Food*

Dawson, Thomas, 1596, *The Good Huswifes Jewell*

Dayalan, D., 2018, 'Ancient seaports on the western coast of India: the hub of maritime silk route network', *Acta Via Serica*, vol. 3, 2

De Romanis, F., 2012, 'Playing Sudoku on the Verso of the "Muziris Papyrus": Pepper, Malabathron and Tortoise Shell in the Cargo of the *Hermapollon*', *Journal of Ancient Indian History*, 27

De Romanis, F., 2015, 'Comparitive Perspectives on the Pepper Trade' in De Romanis, F. & Maiuro. M. (eds), 2015, *Across the Ocean: Nine essays on Indo-Mediterranean trade*, Brill

Diamond, J., 1997, *Guns, Germs and Steel*, Chatto & Windus

Digby, Kenelme, 1669, *The Closet of the Eminently Learned Sir Kenelme Digby Kt opened*

Digest of Justinian, Book 39, 7

Dioscorides, *De Materia Medica*

Downham Moore, A. M. & Pithavadian, R., 2021, 'Aphrodisiacs in the global history of medical thought', *Journal of Global History*, 16, 1

Edwards, A. B., 1891, *Pharaohs Fellahs and Explorers*, Harper & Bros, New York

Ellison, E. R., 1978, 'A study of diet in Mesopotamia (c. 3000–600 BC) and associated agricultural techniques and methods of food preparation', PhD thesis, University of London

Fletcher, Francis (From notes of), 1652, *The World Encompassed by Sir Francis Drake*, Nicholas Bourne, London

Foley, B. P. et al., 2011, 'Aspects of ancient Greek trade re-evaluated with amphora DNA evidence', *Journal of Archaeological Science*

Frankopan, P., 2015, *The Silk Roads: A New History of the World*, Bloomsbury

Fuchs, L., 1543, *New kreuterbuch* (De historia stirpium 1542)

Fuller, D. Q., 2003, 'Further evidence on the prehistory of sesame', *Asian Agri-History*, vol. 7, 2

Gerard, J., 1597, *The Herball, or Generall Historie of Plantes*, John Norton, London

Gilboa, A. & Namdar, D., 2015, 'On the beginnings of South Asian spice trade with the Mediterranean region: a review', *Radiocarbon*, vol. 57, 2

Glasse, Hannah, 1747, *The Art of Cookery Made Plain and Easy*

Glenister, C. L., 2008, 'Profiling Punt: using trade relations to locate "God's Land"', M.Phil. thesis, University of Stellenbosch

Greenlee, W. B. (translator), 1938, *The Voyage of Pedro Alvares Cabral to Brazil and India*, The Hakluyt Society, London

Grey, Elizabeth, 1653, *A Choice Manual of Rare and Select Secrets in Physick and Chyrurgery*

Hagen, A., 2006, *Anglo-Saxon Food & Drink*, Anglo-Saxon Books

Hammond, P. W., 1998, *Food and Feast in Medieval England*, Wrens Park

Herodotus, c. 430 BCE, *Histories*

Hippocrates, fifth–fourth century BCE, *The Hippocratic Corpus The household book of Dame Alice de Bryene*, of Acton Hall, Suffolk, Sept 1412–Sept 1413, Suffolk Institute of Archaeology and Natural History

Ims, S., 2012, 'Spices in Late Medieval England Uses and Representations', thesis, Monash University

Kraft, K. H. et al., 2014, 'Multiple lines of evidence for the origin of domesticated chili pepper, *Capsicum annuum*, in Mexico', *Proceedings of the National Academy of Sciences*, 111, 17

Kwa Chong Guan, 2016, *The Maritime Silk Road: History of an Idea*, NSC Working Paper No. 23

Lane, F. C., 1940, 'The Mediterranean Spice Trade: Further Evidence of its Revival in the Sixteenth Century', *The American Historical Review*, vol. 45, 3

Leake, C. D., 1952, *The Old Egyptian Medical Papyri*, University of Kansas Press

Livarda, A. & Van der Veen, M., 2008, 'Social access and dispersal of condiments in North-West Europe from the Roman to the medieval period', *Vegetation History & Archaeobotany*

Lobato, M., 1995, 'The Moluccan Archipelago and Eastern Indonesia in the Second Half of the 16th century in the Light of Portuguese and Spanish Accounts', The Portuguese and the Pacific, International Colloquium at Santa Barbara

Lockhart, J. I. (translator), 1844, *The Memoirs of the Conquistador Bernal Díaz Del Castillo*, J. Hatchard & Son, London

MacNutt, F. A. (translator), 1912, *The Eight Decades of Peter Martyr D'Anghera*, vol. 1, G. P. Putnam's Sons

Major, R. H. (translator), 1870, 'Letter of Dr Chanca on the second voyage of Columbus', *Select Letters of Christopher Columbus*, The Hakluyt Society, London

Markeham, Gervase, 1615, *The English Huswife*

Markham, C. R. (ed.), 1877, *The Voyages of Sir James Lancaster to the East Indies*, The Hakluyt Society, London

Markham, C. R. (translator), 1893, *The Journal of Christopher Columbus (during his first voyage, 1492–93)*, The Hakluyt Society, London

Martial, *Epigrams*

The Master Cooks of Richard II, 1390, *The Forme of Cury*

May, Robert, 1660, *The Accomplisht Cook, or the Art and Mystery of Cooking*

McCrindle, J. W., 1877, *Ancient India as Described by Megasthenes and Arrian*, Trubner

McCrindle, J. W., 1885, *Ancient India as Described by Ptolemy*, Trubner

McCrindle, J. W., 1897, *The Christian Topography of Cosmas, an Egyptian Monk*, Hakluyt Society

McLaughlin, R., 2014, *The Roman Empire and the Indian Ocean: The Ancient World Economy and the Kingdoms of Africa, Arabia and India*, Pen & Sword Military

Miller, J. Innes, 1969, *The spice trade of the Roman Empire 29 BC to AD 641*, Oxford University Press

Murrell, John, 1615, *A New Book of Cookerie*

Murrel, John, 1617, *A Daily Exercise for Ladies and Gentlewomen*

'The mystery of the lost Roman herb', BBC Future, www.bbc.com/future/article/20170907-the-mystery-of-the-lost-roman-herb

Namdar, D. et al., 2013, 'Cinnamaldehyde in early Iron Age Phoenician flasks raises the possibility of Levantine trade with Southeast Asia', *Mediterranean Archaeology and Archaeometry*, 13, 2

Naville, E. & Hall, H. R., 1913, 'The XIth Dynasty Temple at Deir El-Bahari Part III', 32nd Memoir of the Egypt Exploration Fund, London

O'Meara, D. P., 2016, 'An assessment of the cesspit deposits of Northern England: An archaeobotanical perspective', MSc thesis, Durham University

One Thousand and One Nights (or The Arabian Nights), various ages, probably from eighth century CE

Osbaldeston, T. A. and Wood, R. P. A., 2000, Dioscorides, *De Materia Medica*, a new indexed version in modern English, Ibidis

The *Periplus Maris Erythraei*

Perry, L. et al., 2007, 'Starch Fossils and the Domestication and Dispersal of Chili Peppers (*Capsicum* spp L.) in the Americas', *Science*, 315

Peter, K. V. (ed.), 2001–06, *Handbook of Herbs and Spices*, vols 1–3, Woodhead Publishing Ltd

Plat, Sir Hugh, 1603, *Delightes for Ladies, to adorne their Persons, Tables, Closets, and Distillatories*

Pliny, *Natural History*

Popova, T., 2016, 'New archaeobotanical evidence for *Trigonella foenum-graecum* L. from the 4th century Serdica', *Quaternary International*

Pretty, F., *Sir Francis Drake's Famous Voyage Round the World*

Ptolemy, C., *Geography*

Pullen, N. (translator), 1696, *Travels and voyages into Africa, Asia, and America, the East and West-Indies, Syria, Jerusalem, and the Holy-land performed by Mr John Mocquet*, London

Raghavan, S., 2007, *Handbook of Spices, Seasonings, and Flavorings*, CRC Press

Ravenstein, E. G. (ed.), 1898, *A Journal of the First Voyage of Vasco da Gama, 1497–1499*, The Hakluyt Society, London

Ravenstein, E. G., 1900, 'The Voyages of Diogo Cão and Bartholomeu Dias, 1482–88', *The Geographical Journal*, vol. 16, 6

Reddy, A., 2013, 'Looking from Arabia to India: Analysis of the Early Roman 'India trade' in the Indian Ocean during the late Pre-Islamic Period (3rd century BC – 6th century AD)', PhD thesis, Deccan College Postgraduate and Research Institute

Robinson, M. & Rowan, E., 2015, 'Chapter 10: Roman Food Remains in Archaeology and the Contents of a Roman Sewer at Herculaneum' in Wilkins, J. & Nadeau, R. (eds), *Companion to Food in the Ancient World*, John Wiley & Sons

Rosengarten, F. Jr, 1969, *The Book of Spices*, pp. 23–96, Jove Publ., Inc., New York

Russell, John, 1460–70, *Boke of Nurture*

Sabban, F., 1985, 'Court cuisine in fourteenth-century imperial China: Some culinary aspects of Hu Sihui's Yinshan Zhengyao', *Food and Foodways: Explorations in the History and Culture of Human Nourishment*, 1:1–2, 161–96, DOI: 10.1080/07409710.1985.9961883

Schoff, W. H., 1912, *The Periplus of the Erythraean Sea*, Longmans, Green, and Co.

Scott, A. et al., 2020, 'Exotic foods reveal contact between South Asia and the Near East during the second millennium BCE', www.pnas.org/cgi/doi/10.1073/pnas.2014956117

Shirley, John, 1690, *The Accomplished Ladies Rich Closet of Rarities*

Sing C. Chew, 2016, 'From the *Nanhai* to the Indian Ocean and Beyond: Southeast Asia in the Maritime "Silk" Roads of the Eurasian World Economy 200 BC–AD 500' in Korotyev, Andrey, Gills, Barry & Chase-Dunn, Chis (eds), *Systemic Boundaries: Time Mapping Globalization since the Bronze Age*, Heidelberg, Springer

Smith, Eliza, 1727, *The Compleat Housewife*, J. Pemberton, London

Smith, J. F. et al., 2008, 'Placing the origin of two species-rich genera in the Late Cretaceous with later species divergence in the Tertiary: a phylogenetic, biogeographic and molecular dating analysis of *Piper* and *Peperomia* (Piperaceae)', *Plant Systematics and Evolution*, 275

Smith, S. Halikowski, 2001, 'Portugal and the European spice trade, 1480–1580', PhD thesis, European University Institute

Smith, S. Halikowski, 2015, 'In the shadow of a pepper-centric historiography: Understanding the global diffusion of capsicums in the sixteenth and seventeenth centuries', *Journal of Ethnopharmacology*, dx.doi.org/10.1016/ j.jep.2014.10.048i

Spencer, C., 2002, *British Food: An extraordinary thousand years of history*, Grub Street

Stanley, H. E. J. (ed.), 1869, *The Three Voyages of Vasco da Gama and his Viceroyalty, from the Lendas da India of Gaspar Correa*, The Hakluyt Society, London

Stanley, H. E. J., 1874, *The first voyage around the world, by Magellan*, The Hakluyt Society, London

Strabo, *c.* 18 CE, *Geographica*

Sushruta, *c.* eighth century BCE, *Sushruta Samhita*

Swahn, J. O., 1997, *The Lore of Spices*, Barnes & Noble

Theophrastus, fourth–third century BCE, *Enquiry into Plants*

Thorold Rogers, J. E., 1866–1902, *A history of agriculture and prices in England*, vols 1–7, Oxford

Tiele, P. A., 1885, *The voyage of John Huyghen van Linschoten to the East Indies*, vol. 2, The Hakluyt Society, London

Totelin, L. M. V., 2006, 'Hippocratic recipes: oral and written transmission of pharmacological knowledge in fifth- and fourth-century Greece', Doctoral thesis, University of London

Turner, J., 2004, *Spice: The History of a Temptation*, HarperCollins

Van der Veen, M., Livarda, A. & Hill, A., 2008, 'New Plant Foods in Roman Britain: Dispersal and Social Access', *Environmental Archaeology*, vol. 13, 1

Wake, C., 1979, 'The changing pattern of Europe's pepper and spice imports, ca 1400–1700', *Journal of European Economic History*, vol. 8, 2 Warmington, E. H., 1928, *The commerce between the Roman Empire and India*

Watt, G., 1908, *The commercial products of India*, John Murray, London

Westland, P., 1987, The Encyclopedia of Herbs & Spices, Marshall Cavendish

Whitewright, J., 2007, 'Roman Rigging Material from the Red Sea Port of Myos Hormos', *The International Journal of Nautical Archaeology*, 36.2

Wicker, F. D. P., 1998, 'The Road to Punt', *The Geographical Journal*, vol. 164, 2

Woolley, Hannah, 1675, *The Accomplish'd Lady's Delight*

Wootton, A. C., 1910, *Chronicles of Pharmacy*, Macmillan and Co. Ltd, London

Young, G. K., 1988, 'The long-distance "international" trade in the Roman east and its political effects 318 BC–AD 305', PhD thesis, University of Tasmania

Zech-Matterne, V. et al., 2015, '*Sesamum indicum* L. (sesame) in 2nd century BC Pompeii, southwest Italy, and a review of early sesame finds in Asia and Europe', *Vegetation History and Archaeobotany*, 24

Zosimus, *Historia Nova*, 5

圖　輯

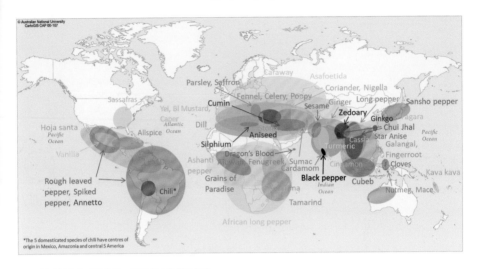

1. 55 種香料在全球的分佈，以及其大致原生地點。
（底圖在澳洲國立大學學術資訊服務 CartoGIS Services 的允許下翻印）

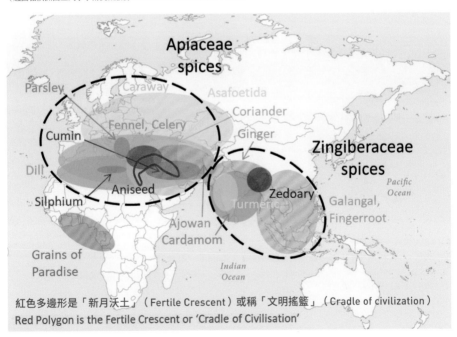

2. 芫荽（繖形科）和薑（薑科）中，主要香料植物的原生地點分布。
（底圖在澳洲國立大學學術資訊服務 CartoGIS Services 的允許下翻印）

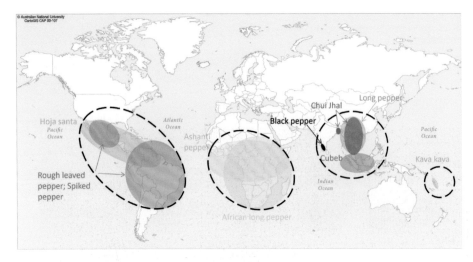

3. 胡椒科中主要香料植物的原生地點分布：請注意共有 4 個起源中心。

（底圖在澳洲國立大學學術資訊服務 CartoGIS Services 的允許下翻印）

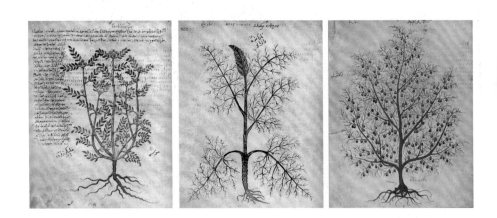

4. 16 世紀迪奧斯科里德斯《藥物論》的圖片。

從左到右：*Glykirizon*（甘草）、*Marathron*（甜茴香）、*Arkeuthis*（杜松）。

這本書是贈給安妮西亞‧茱莉安娜（Anicia Juliana）的禮物，感謝她在君士坦丁堡建造一座教堂。

（*Codex Aniciae Julianae*，維也納）。

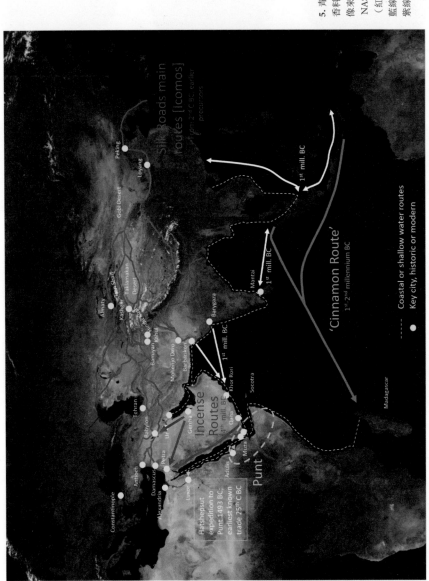

5. 青銅時期與鐵器時期的
香料貿易概述。（衛星影
像來源：Blue Marble 18mb
NASA Visible Earth）
（紅線：絲路主要路線；
藍線：肉桂之路；
紫線：薰香之路）

印度藏茴香　　　　　洋茴香籽　　　　　　蒔蘿

芹菜　　　　　　　　甜茴香　　　　　　　葛縷子

6. 比較 6 種繖形科常用香料。（圖片來自作者）

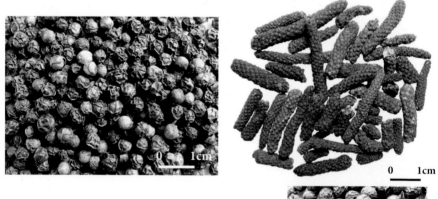

7. 由上到下順時針：乾燥黑胡椒果實；乾燥長胡椒果實；
乾燥蓽澄茄果實（圖片來自作者）

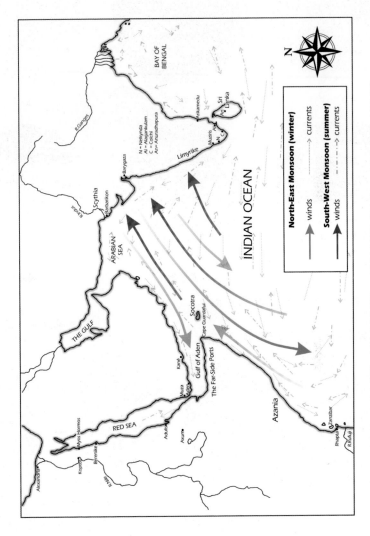

8. 西印度洋、阿拉伯海、紅海和海灣，圖解季風和洋流。（圖片由懷特〔J. Whitewright〕提供，2018 年）

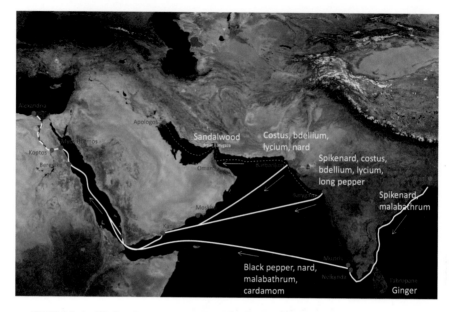

9. 地圖顯示公元 1 世紀與 2 世紀時，跨越印度洋與阿拉伯海的香料貿易。
（衛星影像來源：Blue Marble 18mb NASA Visible Earth）

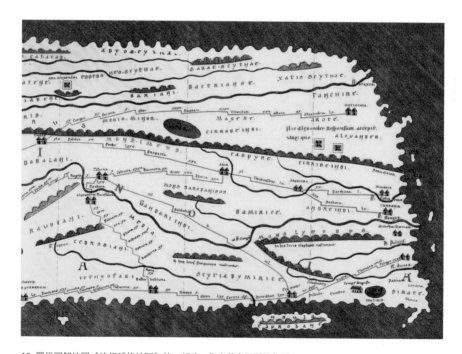

10. 羅馬圖解地圖《波伊廷格地圖》的一部分，指出穆齊里斯的位置。

11. 公元 2 世紀《穆齊里斯莎草紙文書》的正面。提到這批非常珍貴的貨物，需要看守與保護，以及可見大約 2,000 年前契約的成熟形式。（照片由澳洲國立大學提供，以及感謝拉斯波恩〔D. Rathbone〕的翻譯，2021）。

…你的其他管理者或經理，以及根據協定（？）（接下來到）科普特特的旅程，我將把這些（貨物）交給（？）值得信賴的騎駱駝者安排（？），穿過沙漠到斯科普特公立的收稅倉庫，或其他有守與保護下，直到東西帶到倉庫，直到把東西帶到封查下，把貨物裝到可以航行在河裡的船上，並加上從現在開始的所有費用，以收取它們置於你或你的人的管轄與費用，稅。另外，也會將它們置於在河裡的船上，並加上從現在開始的所有費用，算我的（我這邊的（？））四分之一稅、沙漠運輸費以及河運費還有其他的款項時，我沒有馬上履行上述以我到我的名字借的貸款，那麼你和你的管理者或經理就有選擇權和完整的管轄權。如果你選擇在未通知或傳喚仲裁的情況下就執行，以持有和擁有上述抵押品和收取（即扣除）四分之一稅，並把（三）部分轉移到你選擇的地方，把它們當作抵押品販售或使用，（及）發放給其他人。如果你這麼選擇，把它除把抵押品品項目，並用當時的表面價格就落在你的管理者或經理身上，和除去到期的貸款（上述），我們在各個方面都免責，這樣的話（貸金）餘額或差額都是我這個管理方暨給予抵押品者的事……

12. 《科勒藥用植物》（1887）中的
薑（*Zingiber officinale*）。
（生物多樣性歷史文獻圖書館）

13. 薑科植株（a-c）和根狀莖（d-g）
（a）大良薑（*A. galanga*）；（b）火炬薑花（*E. elatior*）；（c）茗荷（*Z. mioga*）；
（d）薑（*Z. officinale*）；（e）薑黃（*C. longa*）；（f）凹唇薑（*fingerroot*；*B. rotunda*）；
（g）大良薑（*A. galanga*）。（圖片來自作者）

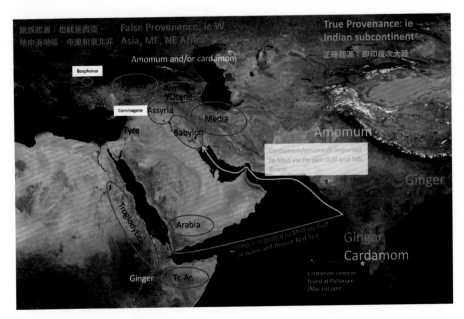

14. 一份公元2世紀晚期前，錯誤標示薑科香料起源的地圖。用紅色圈起來的，是古代作家所提供的錯誤起源：這些地方純粹是香料被帶來與接西方人士接觸之處。Tr. Ar. ＝阿拉伯的穴居建築區。將這些繪製在地圖上可以清楚顯示主要的貿易路線。（衛星影像來源：Blue Marble 18mb NASA Visible Earth）

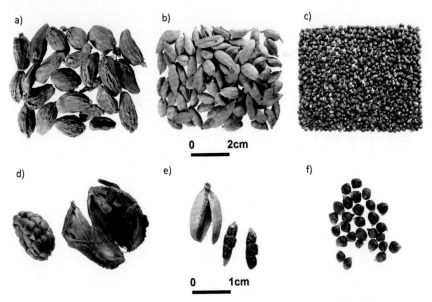

15. 由左到右：黑荳蔻（*Amomum sublatum*）、小荳蔻（*Elettaria cardamomum*）和天堂籽（*Aframomum melegueta*），下方為特寫。（圖片來自作者）

16. 《鳥類與各種自然物種》（1899，芝加哥）
中的丁香（*Syzygium aromaticum*）。
（生物多樣性歷史文獻圖書館）

17. 從印尼摩鹿加群島中的德那第看到的希里島（Hiri Island）。這些屬於葡萄牙人、德國人和英國人所爭的
「香料群島」。丁香是德那第最為重要的產物。（圖片來自作者）

18. 肉桂、肉豆蔻、肉豆蔻乾皮和丁香：這四種再加上黑胡椒，是葡萄牙、英國與荷蘭的探險家及商人在公元 15 ～ 17 世紀找尋的「黃金香料」。（圖片來自作者）

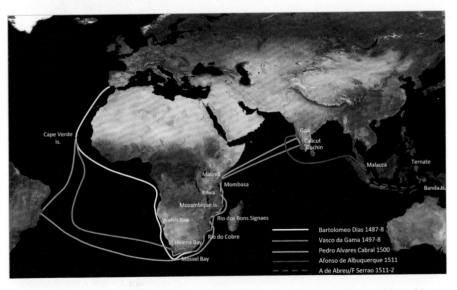

Cape Verde Is.

Goa
Calicut
Cochin

Malacca

Ternate

Malindi
Mombasa

Banda Is.

Kilwa

Mozambique Is.

Walvis Bay

Rio dos Bons Signaes

St Helena Bay

Rio do Cobre

Mossel Bay

Bartolomeo Dias 1487-8
Vasco da Gama 1497-8
Pedro Alvares Cabral 1500
Afonso de Albuquerque 1511
A de Abreu/F Serrao 1511-2

19. 葡萄牙早期主要到遠東的地理大發現航線。（衛星影像來源：Blue Marble 18mb NASA Visible Earth）

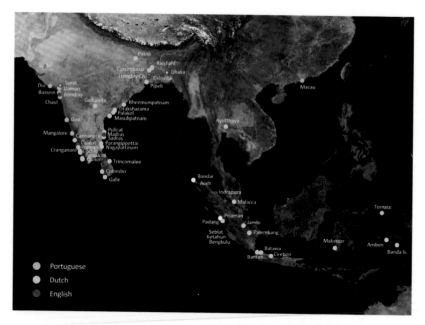

20. 在亞洲改變命運：葡萄牙、荷蘭和英國在公元 1700 年的貿易點。
（衛星影像來源：Blue Marble 18mb NASA Visible Earth）

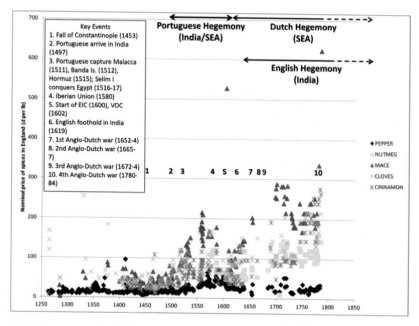

21. 公元 1263 ～ 1786 年，遠東香料在英國的價格。（資料來源：羅傑斯，1866 ～ 1902）

22.《科勒藥用植物》
（第二輯，1890）中的普通辣椒
（*Capsicum annuum*）。
（生物多樣性歷史文獻圖書館）

23. 各種番椒屬植物：（a）燈籠椒－海南黃燈籠椒（安娜·福羅德夏克〔Anna Frodesiak〕，
CC0-1.0）；（b）漿果辣椒－風鈴辣椒（魯伊比·迪亞·艾丁·納德賈〔Rouibi Dhia Eddine Nadjam〕，
CC-BY-SA-4.0）；（c）灌木狀辣椒－塔巴斯科辣椒；（d-h）普通辣椒－多種（作者）

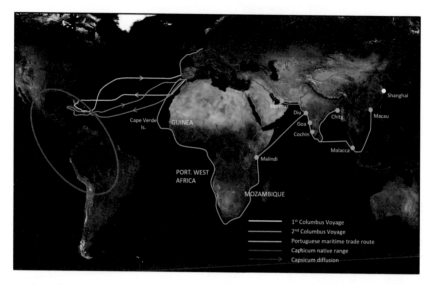

24. 在 100 年內征服全世界：辣椒的擴散。
（衛星影像來源：Blue Marble 18mb NASA Visible Earth）

25. 阿弗雷德・芒寧斯（Alfred Munnings，1878 ～ 1959）為 Colman's 英式芥末醬畫的廣告。

索 引